# iLike职场Photoshop CS4
# 平面广告设计完美实现

李红英　等编著

电子工业出版社
**Publishing House of Electronics Industry**
北京 · BEIJING

# 内 容 简 介

本书由一线资深培训专家与设计师结合多年设计经验倾力编著。全书运用最易于掌握的案例驱动教学法，通过对精选范例制作过程的详尽剖析和深入讲解，全面介绍了当前最流行的平面设计软件Photoshop CS4的使用技巧。全书由绘画设计、标示设计、海报招贴设计、户外广告设计、杂志广告设计、报纸广告设计、DM单设计、包装设计和工业造型设计9章，囊括了现今Photoshop运用行业的各个领域。

本书适合使用Photoshop进行图像设计的有一定基础的电脑美术爱好者，大中专院校学生以及平面、网页、广告设计人员阅读，也可用做各类平面设计培训班和大中专院校相关专业的参考教材。

**图书在版编目（CIP）数据**

iLike职场Photoshop CS4平面广告设计完美实现/李红英等编著.—北京：电子工业出版社，2010.1
ISBN 978-7-121-09760-7

Ⅰ. i⋯ Ⅱ. 李⋯ Ⅲ. 广告—计算机辅助设计—图形软件，Photoshop CS4 Ⅳ. J524.3-39

中国版本图书馆CIP数据核字（2009）第194698号

责任编辑：李红玉　　　　wuyuan@phei.com.cn
文字编辑：易　昆　姜　影
印　　刷：北京天竺颖华印刷厂
装　　订：三河市鑫金马印装有限公司
出版发行：电子工业出版社
　　　　　北京市海淀区万寿路173信箱　邮编：100036
　　　　　北京市海淀区翠微东里甲2号　邮编：100036
开　　本：787×1092　1/16　印张：22.75　字数：580千字
印　　次：2010年1月第1次印刷
定　　价：41.00元

# 前　言

Photoshop CS4是Adobe公司推出的新一代平面图形处理软件。它集成了很多令人赞叹的全新图像处理技术，让图像处理更加简洁、快速和得心应手；无论是被专业设计工作室还是科研或家庭用户使用，全新的Photoshop CS4都将作为一款强大的平面图形处理软件，帮助人们实现更多的艺术创意。

本书由一线资深培训专家与设计师结合多年设计经验倾力编著。全书运用最易于掌握的案例驱动教学法，通过对精选范例制作过程的详尽剖析和深入讲解，全面介绍了当前最流行的平面设计软件Photoshop CS4的使用技巧，这些技巧包括了目前各个行业制作过程中的绝大部分解决方案，具有很强的代表性。全书由绘画设计、标示设计、海报招贴设计、户外广告设计、杂志广告设计、报纸广告设计、DM单设计、包装设计和工业造型设计9章组成，涉及了现今Photoshop运用行业的各个领域。本书强调行业知识、设计理念、制作技巧与典型实例的完美结合，注重培养读者的实际操作能力，通过大量的技巧与实例，可以让读者在最短的时间内掌握必备的行业知识和制作技术，并能在最大程度上开拓读者的设计思维。

本书内容非常全面，结构安排合理，遵循了由易到难、深入浅出的讲解方式，非常符合读者的学习心理。在每个实例的结尾都添加了"知识点总结"、"拓展训练"和"职业快餐"三大模块，不仅可以让读者对所学的知识进行举一反三、灵活掌握，而且还让读者增加了必要的行业知识和相关设计理念，使读者的设计和制作水平得到全方位的提高。

本书适合使用Photoshop进行图像设计的有一定基础的电脑美术爱好者，大中专院校学生以及平面、网页、广告设计人员阅读，也可用做各类平面设计培训班和大中专院校相关专业的参考教材。

由于本书创作时间仓促，不足之处在所难免，欢迎广大读者和同行批评指正。

---

为方便读者阅读，若需要本书配套资料，请登录"华信教育资源网"（http://www.hxedu.com.cn），在"下载"频道的"图书资料"栏目下载。

# 目　录

# 第1章 绘画设计

# Chapter
# 01

# 实例1

## 写实风格插画设计

素材路径：源文件与素材\实例1\素材
源文件路径：源文件与素材\实例1\写实
风格插画.psd

实例效果图1

## 情景再现

今天有一个平面设计行业的朋友给我打电话："××，有个朋友的书中缺少一张插画，画的内容是三国名将赵云（赵子龙），要求画风为写实风格，图像效果一定要威武、生动。怎么样，能做吗？"因为我比较喜欢画这类题材的插画，所以就一口答应下来了。

首先我查阅了一下赵云的相关资料，然后根据客户的要求进行插画的构思。怎样才能显示出古代武将的威武呢？身穿戎装、横刀立马才是最威武的形象。确定了这一点，下面就可以根据该构思进行细节的绘制了。

## 任务分析

· 根据插画要求构思插画创意。
· 根据创意绘制草图并调整整体布局。
· 参照草图对图像进行精确的绘制。
· 对图像进行填色和修饰，突出图像的质感，将图像调整至自己满意的效果。
· 添加文字，调整字体、颜色以及效果。调整作品的整体布局，完成制作。

## 流程设计

在制作时，我们首先根据插画要求绘制出插画的草图，根据草图使用"钢笔"工具和"画笔"工具对图像进行精确的绘制，然后再使用"加深"工具和"减淡"工具对图像进行质感和立体感的处理。最后为主图像添加背景和文字，从而完成整幅作品的制作。

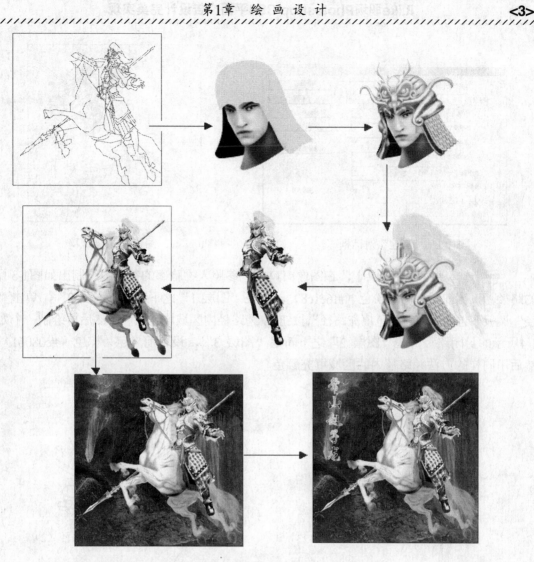

实例流程设计图1

# 任务实现

## 1. 绘制人物头部

step 01 选择"文件"|"新建"菜单命令[1],打开"新建"对话框,在其中设置"名称"为写实插画、"宽度"为36厘米、"高度"为36厘米、"分辨率"为72像素/英寸、"颜色模式"为RGB颜色,如图1-1所示。为了便于绘制,我们最好事先手绘好线稿,然后用扫描仪将线稿扫描进电脑,以供绘画时参考。如果需要直接在电脑中绘制线稿,可以使用"直线"工具[2] ↘ 绘制出主图像的大体轮廓。新建"图层 1"为轮廓进行描边,结果如图1-2所示。

---

[1] "新建"命令,选择该命令打开"新建"对话框,在其中可设置将要创建的图像的名称、尺寸、分辨率、色彩模式和背景颜色。

[2] "直线"工具,利用该工具可绘制直线或各种箭头。箭头类型可以在工具属性栏中进行设置,在绘制时只需要选中需要的类型拖动即可。

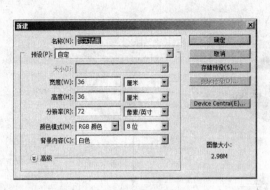

图1-1　"新建"对话框　　　　　　　　　　图1-2　插画线稿

**step 02** 选择"钢笔"工具 ，在图像窗口中，参照人物脸部的参考线绘制出如图1-3所示的路径，设置前景色为肉粉色（#f6e1c8），并在"图层 1"之下新建"图层 2"，单击"路径"调板下方的"用前景色填充路径"按钮[1] 为路径内区域填充颜色，然后再绘制一个如图1-4所示的封闭路径，在"图层 2"之下新建"图层 3"，设置前景色为棕色（#c08061），然后用同样的方法为路径内的区域填充颜色。

图1-3　绘制出的封闭路径（1）　　　　　　图1-4　绘制出的封闭路径（2）

**step 03** 使用"钢笔"工具 沿着头盔的轮廓线绘制出如图1-5所示的封闭路径，在"图层 2"之上新建"图层 4"为路径填充浅灰色（#dce1ec），然后在"图层 3"之下创建"图层 5"，绘制一个如图1-6所示的封闭路径，为其填充纯黑色。

图1-5　绘制出的封闭路径（3）　　　　　　图1-6　绘制出的封闭路径（4）

---

[1] "用前景色填充路径"按钮，单击该按钮可以用当前设置的前景色填充路径所包围的区域。

**step 04** 在"图层 2"之上新建"图层 6"，使用"画笔"工具 ✐[1]绘制出如图1-7所示的眼睛和眉毛，然后选择"涂抹"工具 ✐[2]，在工具属性栏中设置画笔类型为"喷溅 14像素"，完成后对刚绘制出的眉毛和眼睛进行适当的处理，使其边缘变得柔和一些，结果如图1-8所示。

图1-7  绘制出的眼睛和眉毛　　　　　　　图1-8  涂抹图像后的效果

**step 05** 复制绘制出的眉毛和眼睛并将其水平翻转[3]，适当调整它们的大小和位置，制作出另一侧的眼睛和眉毛，完成后分别选择"加深"工具和"减淡"工具，在工具属性栏中将笔刷类型都设置为"柔角 20像素"，完成后将"图层 2"中的图像进行适当加深和减淡处理，绘制出面部的立体效果，结果如图1-9所示。根据鼻子的参考线绘制出鼻子和唇部形状的封闭路径，结果如图1-10所示。

图1-9  图像处理后的效果　　　　　　　图1-10  绘制出的鼻子形状和
　　　　　　　　　　　　　　　　　　　　　　　　唇部的封闭路径

**step 06** 将路径转换为选区[4]，新建图层并用肉粉色（#f6e1c8）填充选区，对图像进行适当的加深和减淡处理，绘制出鼻子图像，结果如图1-11所示，完成后将选区取消。然后将"图层 2"设置为当前图层，选择"加深"工具，设置笔刷类型为"柔角 15像素"，在鼻子的边缘进行适当的加深处理，结果如图1-12所示。

---

[1]"画笔"工具，该工具的主要作用是绘制线条和图像，绘画时使用的颜色为前景色。在"画笔"工具属性栏右端有一个"切换画笔调板"按钮，在该按钮上单击可弹出"画笔"调板，该调板对于我们用Photoshop绘画来说是非常有帮助的，它不仅提供了大量的预置画笔，而且还可以通过设置参数及选项来随心所欲地修改画笔效果，全面掌握该调板的用法，将会使我们今后的创作如虎添翼。

[2]"涂抹"工具，利用该工具可以将图像处理成类似于手指涂抹的效果。在"涂抹"工具属性栏中有一个"手指绘画"选项。选中该复选框后，在图像中涂抹，将产生类似用手指蘸着前景色在未干的油墨上进行涂抹的效果。

[3]"水平翻转"命令，选中该命令，可以将当前图层中的图像进行水平的镜像翻转（背景图层除外）。

[4]路径与选区的相互转换，在绘制完成的路径上单击鼠标右键（此时选择的工具必须是路径绘制或者编辑工具），在弹出的快捷菜单中选择"建立选区"命令，在弹出的对话框中可以设置选区的羽化值，单击"确定"按钮即可创建选区。另外，直接单击"路径"调板下方的"将路径作为选区载入"按钮，也可直接将路径转换为不带羽化的选区。

图1-11　图像处理后的效果

图1-12　加深处理后的效果

step 07 继续用"加深"工具在"图层 2"中进行适当的加深处理，绘制人物的嘴巴，结果如图1-13所示。将"图层 3"设置为当前图层，分别使用"加深"工具 ◎ 和"减淡"工具 ◎[1]，并在工具属性栏中设置笔刷类型为"柔角 30像素"，对图像进行适当的加深和减淡处理，绘制出脖子的立体效果即可，结果如图1-14所示。

图1-13　绘制出的嘴巴效果

图1-14　加深和减淡处理后的效果

step 08 选择"椭圆选框"工具，绘制如图1-15所示的圆形选区，选择"渐变"工具 ◎[2]，打开"渐变编辑器"对话框，在其中设置从浅灰色（#f0f3f5）到灰色（#a0abbe）的渐变效果，参数设置如图1-16所示，完成后单击"确定"按钮。

图1-15　绘制出的圆形选区

图1-16　"渐变编辑器"对话框

---

[1] "加深"工具和"减淡"工具，利用这两个工具可改善图像的曝光效果，其中"减淡"工具可对图像的高光、阴影等部分进行加亮处理，"加深"工具可对图像的高光、阴影等部分进行变暗处理。

[2] "渐变"工具，利用该工具可快速制作出多种渐变效果，具体的操作方法是首先设置好渐变颜色和渐变方式，然后在图像上按下鼠标左键确定起点，再拖动鼠标指针到终点处释放鼠标，这样即可创建出渐变效果，拖动线段的长度和方向将决定渐变效果的变化。

step 09 在"图层 4"之上新建图层，在选区中填充径向渐变效果，结果如图1-17所示。完成后取消选区，选择"橡皮擦"工具 ◢，[1]，在工具属性栏中设置笔刷类型为"柔角 40像素"、"不透明度"为50%，然后对刚绘制的图像进行适当的擦除，效果如图1-18所示。

图1-17 填充渐变后的效果

图1-18 擦除图像后的效果

step 10 使用"矩形选框"工具，绘制一个如图1-19所示的矩形。再新建一个图层，在选区中填充线性渐变效果，效果如图1-20所示，完成后取消选区。

图1-19 绘制出的矩形选区

图1-20 填充渐变后的效果

step 11 选择"滤镜"|"液化"菜单命令，在弹出的对话框选择"向前变形"工具 ，并设置"画笔大小"为25像素，然后对图像进行如图1-21所示的液化处理，完成后单击"确定"按钮，图像的形状如图1-22所示。

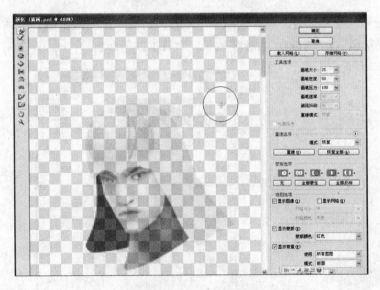
图1-21 "液化"对话框

图1-22 图像处理后的效果

---

[1] "橡皮擦"工具，该工具可用来擦除图像的颜色，其使用方法非常简单，选中该工具后，在图像窗口中单击并拖动即可。如果当前层为背景层，被擦除的图像位置上将显示背景色；如果当前层为普通图层，被擦除的图像位置将变为透明区。

**step 12** 使用自由变形[1]的方法对图像进行适当的变形并调整其位置，结果如图1-23所示。使用"钢笔"工具绘制一个如图1-24所示的封闭路径。

图1-23 调整图像的形状

图1-24 绘制出的封闭路径

**step 13** 将路径转换为选区，新建图层为选区填充浅灰色（#dce1ec），选择"加深"工具和"减淡"工具，设置笔刷类型为"柔角 8像素"，对图像边缘进行适当的加深和减淡处理，制作出立体效果，结果如图1-25所示，完成后将选区取消。然后将图像复制并进行水平翻转，适当调整其大小和位置，结果如图1-26所示。

图1-25 加深和减淡处理后的效果

图1-26 复制后的图像

**step 14** 绘制一个如图1-27所示的圆形选区，选择"渐变"工具，打开"渐变编辑器"对话框，在其中设置从纯白色到深灰色（#737d90）的渐变效果，如图1-28所示。

图1-27 绘制出的圆形选区

图1-28 "渐变编辑器"对话框

---

[1]自由变形，选择"编辑"|"自由变换"菜单命令（快捷键为【Ctrl+T】），可以用手动的方式对当前图层的图像或选区内的图像进行任意缩放、旋转等自由变形操作。

**step 15** 新建图层，在选区中填充径向渐变效果，结果如图1-29所示。继续绘制一个如图1-30所示的封闭路径。

图1-29 填充渐变后的效果

图1-30 绘制出的路径

**step 16** 将绘制的路径转换为选区，新建图层为选区填充浅灰色（#dce1ec），选择"加深"和"减淡"工具，设置笔刷类型为"柔角 15像素"，对图像进行适当的加深和减淡处理，制作出立体效果，结果如图1-31所示，完成后将选区取消。然后继续绘制一个如图1-32所示的封闭路径。

图1-31 加深和减淡处理后的效果

图1-32 绘制出的路径

**step 17** 将绘制的路径转换为选区，新建图层为选区填充浅灰色（#dce1ec），选择"加深"和"减淡"工具，设置笔刷类型为"柔角 13像素"，对图像进行适当的加深和减淡处理，制作出立体效果，结果如图1-33所示，完成后将选区取消。然后继续绘制一个如图1-34所示的封闭路径。

图1-33 加深和减淡处理后的效果

图1-34 绘制出的封闭路径

**step 18** 将绘制的路径转换为选区，新建图层为选区填充浅灰色（#dce1ec），选择"加深"和"减淡"工具，设置笔刷类型为"柔角 10像素"，对图像进行适当的加深和减淡处理，制作出立体效果，结果如图1-35所示，完成后将选区取消。然后继续绘制一个如图1-36所示的封闭路径。

**step 19** 将绘制的路径转换为选区，新建图层为选区填充浅灰色（#dce1ec），选择"加深"和"减淡"工具，设置笔刷类型为"柔角 6像素"，对图像进行适当的加深和减淡处理，制作出立体效果，结果如图1-37所示，完成后将选区取消。然后继续绘制一个如图1-38所示的封闭路径。

图1-35　图像处理后的效果

图1-36　绘制出的封闭路径

图1-37　图像处理后的效果

图1-38　绘制出的封闭路径

**step 20** 将绘制的路径转换为选区，新建图层为选区填充浅灰色（#dce1ec），选择"加深"和"减淡"工具，设置笔刷类型为"柔角 18像素"，对图像进行适当的加深和减淡处理，制作出立体效果，结果如图1-39所示，完成后将选区取消。使用同样的方法，再绘制出如图1-40所示的图像。

图1-39　图像加深和减淡处理后的效果

图1-40　绘制出的图像

**step 21** 绘制出一个如图1-41所示的椭圆形选区，新建图层为选区填充径向渐变效果，完成后再绘制两个圆形选区，并为它们填充径向渐变效果，效果如图1-42所示。

图1-41　绘制出的选区

图1-42　填充渐变后的效果

**step 22** 继续绘制一个如图1-43所示的圆形选区，完成后为选区填充径向渐变效果，结果如图1-44所示。

图1-43 绘制出的圆形选区

图1-44 为选区填充渐变后的效果

**step 23** 选择"涂抹"工具，在工具属性栏中设置笔刷类型为"尖角 8像素"，完成后将绘制出的图像进行适当的涂抹处理，结果如图1-45所示，然后再使用前面所讲的方法，绘制出如图1-46所示的图像。

图1-45 涂抹处理后的效果

图1-46 绘制出的图像

**step 24** 将前面绘制出的图像进行复制并水平翻转，适当调整复制出的图像的大小和位置，结果如图1-47所示。然后选择"加深"工具，在工具属性栏中设置笔刷类型为"柔角 30像素"，对头盔下部的图像进行适当的加深处理，结果如图1-48所示。

图1-47 复制图像并调整大小和位置

图1-48 加深处理后的效果

**step 25** 绘制一个如图1-49所示的封闭路径，将路径转换为选区，新建图层为选区填充浅灰色（#dce1ec），选择"加深"和"减淡"工具，设置笔刷类型为"柔角 5像素"，对图像进行适当的加深和减淡处理，制作出立体效果，结果如图1-50所示。

图1-49 绘制出的封闭路径

图1-50 图像处理后的效果

**step 26** 将绘制出的图像进行复制并适当调整它们的大小和位置,结果如图1-51所示。然后使用"钢笔"工具绘制出一条如图1-52所示的路径。

图1-51 将图像进行复制

图1-52 绘制出的路径

**step 27** 设置画笔笔刷为"尖角3像素",新建图层使用画笔为路径描边,然后打开"图层样式"对话框,在其中选择"斜面和浮雕"[1],具体参数设置如图1-53所示,完成后单击"确定"按钮,结果如图1-54所示。

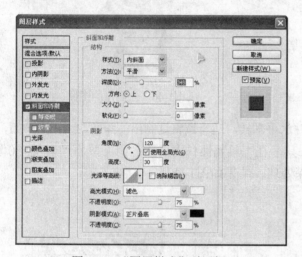

图1-53 "图层样式"对话框

图1-54 添加图层样式后的效果

**step 28** 将图像进行复制并适当调整其位置,结果如图1-55所示,在当前图层的下面再新建一个图层,在其中绘制一部分如图1-56所示的黑色图像。

图1-55 将图像进行复制

图1-56 绘制出的图像

---

[1] "斜面和浮雕"图层样式,使用该图层样式可以将各种高光和暗调的组合添加到图层中,使图像产生不同样式的浮雕效果。在其右侧编辑窗口中可设置浮雕的样式、方法、深度、方向大小等参数。

绘制一个如图1-57所示的封闭路径，将其转换为选区，新建图层并填充浅灰色（#dce1ec），打开"图层样式"对话框，在其中进行如图1-58所示的设置。

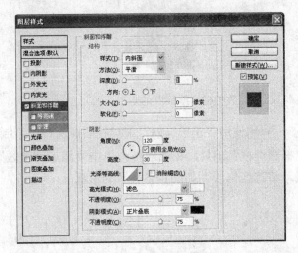

图1-57 绘制出的封闭路径　　　　　图1-58 "图层样式"对话框

单击"确定"按钮，结果如图1-59所示。将图像进行多次复制，适当调整它们的大小和位置，结果如图1-60所示。

图1-59 图像处理后的效果　　　　　图1-60 图像复制后的效果

使用自由变形的方法适当调整整体人物图像的大小和形状，结果如图1-61所示。然后载入"图层 4"的选区，将选区反选并删除选区内的图像，完成后对"图层 4"中的图像进行适当的加深处理，结果如图1-62所示。

图1-61 调整图像的形状　　　　　　图1-62 图像修改后的效果

使用"矩形选框"工具在图像窗口中绘制一个如图1-63所示的矩形选区，新建图层为选区填充浅灰色（#dce1ec），对图像进行适当的加深和减淡处理，制作出立体效果，结果如图1-64所示。

图1-63　绘制出的矩形选区

图1-64　图像处理后的效果

**step 33** 使用"矩形选框"工具在图像窗口中绘制一个如图1-65所示的矩形选区，然后选择"椭圆选框"工具，在属性栏中单击"添加到选区"按钮 ，在圆形选区之上绘制椭圆形选区，将选区修改为如图1-66所示的形状。

图1-65　绘制出的矩形选区

图1-66　添加选区后的效果

**step 34** 选择"渐变"工具，打开"渐变编辑器"对话框，在其中进行如图1-67所示的设置。完成后为选区填充线性渐变效果，结果如图1-68所示。

图1-67　"渐变编辑器"对话框

图1-68　填充渐变后的效果

**step 35** 选择"涂抹"工具，在工具"属性"栏中设置笔刷类型为"柔角 5像素"，对图像进行如图1-69所示的涂抹处理，然后将图像进行复制并适当调整大小和位置，结果如图1-70所示。

**step 36** 选择"画笔"工具，在属性栏中单击按钮 打开"画笔预设"选取器，单击右上角的按钮 ，从弹出的快捷菜单的选择"毛发"，如图1-71所示。设置前景色为浅灰色（#dce1ec），选择笔刷类型，新建图层单击鼠标左键绘制出如图1-72所示的毛发效果。

图1-69 涂抹后的效果

图1-70 调整图像的大小和形状

| | | | |
|---|---|---|---|
| 新建画笔预设... | Special Effect Brushes | 图钉 | 残缺边框笔刷1 | 联接符 |
| | Square Brushes | 圆、星、杂 | 残缺边框笔刷2 | 背景 |
| 蓝雾名画笔 | swirlystripey02 | 圆形按钮 | 毛笔 | 脚丫 |
| 颜色调解笔 | Thick Heavy Brushes | 圆脸 | 水抹和光笔刷 | 自然画笔 |
| 纯文本 | waterleak | 圈圈笔刷 | 污点 | 艺术图案 |
| ✓ 小缩览图 | Wet Media Brushes | 基本画笔 | 流线兔 | 艺术画笔 |
| 大缩览图 | xp小图标 | 对话框 | 混合画笔 | 花之语 |
| 小列表 | 不则体的蝶 | 小人物像 | 滚动条 | 花瓣 |
| 大列表 | 不规则形状 | 小图标 | 谍涡 | 花瓣吊坠 |
| 描边缩览图 | 书法画笔 | 小标纹 | 点阵笔刷 | 花蕾 |
| | 乱乱的 | 小花纹 | 烟花、星、脚印、污点、鱼、蚂蚁 | 花边 |
| 预设管理器... | 修饰图 | 小边框 | 玫瑰 | 花边图案 |
| | 修饰的花边 | 仿完成画笔 | 环形组合图 | 草 |
| 复位画笔... | 像索画笔刷 | 尺刻度韩国PS笔刷 | 碳球、水、星等纹理 | 草、树枝 |
| 载入画笔... | 光泡泡笔刷 | 带阴影的画笔 | 球 | 蝴蝶 |
| 存储画笔... | 光线、光 | 心、玫瑰花 | 球状网球体 | 表情 |
| 替换画笔... | 光芒 | 心型 | 痛迹 | 裂纹 |
| | 几何 | 所有画笔 | 缺线纹理 | 裂缝石墙纹理 |
| 26种漂亮羽毛 | 动物 | 抽丝 | 眼睛 | 角框图案、边框 |
| 52种贝壳类韩国PS笔刷 | 十二星座、卡通动物 | 指纹 | 眼睛和手 | 足迹 |
| antjewings2 | 十字光 雪花 | 插缘、卡通 | 矩形画笔 | 钦代仓宅钒浆 |
| Assorted Brushes | 单朝靠 | 放射光 | 精糙捕涂 | 钻石 |
| Basic Brushes | 卡通 | 放射及背景 | 破旧图案纹理 | 雪花 |
| Calligraphic Brushes | 卡通猫 | 救俺、备抚 | 破旧底纹、水墨纹理 | 雪花飘飘 |
| Drop Shadow Brushes | 可爱像素小符号 | 昆虫笔刷 | 破旧边框、欧式雕塑、废墟 | 音符 |
| Dry Media Brushes | 可爱的摇头 | 星光 | 立体球体 | 贴框图案笔刷 |
| Faux Finish Brushes | 各式云 | 星光灿烂 | 符号1 | 鲜花落公英 |
| Feathers brush | 各式星星、流星、五角星等图案 | 星光点点 | 符号2 | 鸟、字、花纹、字 |
| girlstuff | 各种土地纹理 | 星星 | 符号3 | 鸟的笔刷图 |
| Grass | 各种小花纹 | 星星雪花 | 符号4 | |
| Hair | 各种小图标 | 曲线纹理 | 符号5 | |
| LONG | 各种角度眼睛韩国PS笔刷 | 木马、雪、羊 | 箭头 | |
| Natural Brushes 2 | 各种黑暗图像 | 杂项 | 精美的画笔 | |
| Natural Brushes | 启子 | 树、叶、花、形 | 组合边框 | |
| PS工具栏画笔 | 嘴唇笔刷 | 树_1 | 网格 | |
| PS笔刷-植物笔刷 | 四方小花纹1 | 树枝 | 美丽的雪花 | |
| Ravn Hair Brushes1 | 四方小花纹2 | 格子笔刷1 | 羽毛 | |
| | 四方小花纹3 | 格子笔刷2 | 翅膀、花脚、花 | |
| | | 梦幻 | | |

图1-71 选择"毛发"类型

图1-72 绘制出的毛发

**step 37** 更换笔刷类型,新建图层绘制出如图1-73所示的毛发,使用自由变形的方法适当调整毛发的形状和大小,结果如图1-74所示。

图1-73 绘制出的毛发效果

图1-74 调整图像的大小和形状

**step 38** 更换笔刷类型,在"画笔预设"对话框中进行如图1-75所示的调整,完成后在图像窗口中绘制出如图1-76所示的毛发效果。

**step 39** 选择"图像"|"调整"|"亮度/对比度"菜单命令,在弹出的对话框中进行如图1-77所示的设置,完成后单击"确定"按钮,调整图像的对比度,结果如图1-78所示。

**step 40** 继续绘制出人物的身体部分,所用的方法与前面讲解的相同,这里由于篇幅限制就不做详细讲解了,绘制出的效果如图1-79所示。然后继续用同样的方法绘制出战马和长枪,具体效果如图1-80所示,在绘制时一定要注意图层的前后顺序和图像立体感的表现。不理解的地方读者可以参考本书配套资料中本实例的源文件。

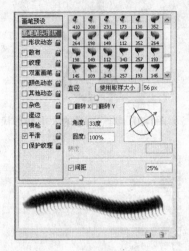

图1-75 相关参数设置

图1-76 绘制出的毛发效果

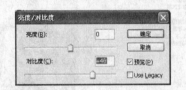

图1-77 "亮度/对比度"对话框

图1-78 调整图像的对比度

图1-79 绘制出的身体部分

图1-80 绘制出的战马和长枪

step 41 打开本书配套资料中"第1章/素材图片/背景素材.jpg"图片,如图1-81所示。然后将背景图片复制到插画图像窗口中,适当调整图像的大小,结果如图1-82所示。

图1-81 打开的背景素材

图1-82 调整图像的大小

step 42 选择"图像"|"调整"|"亮度/对比度"菜单命令，在弹出的对话框中进行如图1-83所示的设置，完成后单击"确定"按钮，调整图像的亮度和对比度，结果如图1-84所示。

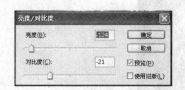

图1-83 "亮度/对比度"对话框　　　　图1-84 调整图像的亮度和对比度

step 43 选择"直排文字"工具，在图像窗口中输入如图1-85所示的文字。打开本书配套资料中"第1章/素材图片/火.jpg"图片，如图1-86所示。

图1-85 输入的文字　　　　　　　　图1-86 打开的火素材

step 44 将火素材图片全选并复制，载入刚才输入文字的选区，选择"编辑"|"贴入"菜单命令[1]，将图片粘贴到选区内，适当图像的大小和位置，结果如图1-87所示。然后新建图层，选择"编辑"|"描边"菜单命令，在弹出的对话框中进行如图1-88所示的设置。

图1-87 调整图像　　　　　　　　　图1-88 "描边"对话框

---

[1]"贴入"命令，复制完图像以后，在创建好选区的情况下选择该命令，将以选区为轮廓自动创建一个图层蒙版，此时可以随意调整图像的大小和位置，而蒙版的轮廓不会改变。

**step 46** 单击"确定"按钮为选区进行描边，完成后将选区取消，结果如图1-89所示。至此，整个实例就全部制作完成了，最后将文件进行保存。

图1-89　描边后的效果

## 设计说明

　　本例我们绘制的是《三国演义》中的英雄人物赵云（赵子龙），众所周知，赵云是三国中顶天立地的英雄，被誉为常胜将军，所以该作品的主题思想是表现赵云的勇猛。经过反复考虑，我们将插画的人物定格在最能表现其勇猛的横枪立马这个动作上。插画的主物体是我们精心刻画的部分，绘制时要抓住其主要特点，赵云的特点是英俊潇洒，着白衣白甲使长枪；胯下白色骏马状甚雄伟。这些都是我们要精心绘制的细节。

## 知识点总结

　　本例主要运用了"画笔"工具、"渐变"工具和自由变形操作来对图像进行了细致的刻画。

　　1."画笔"工具

　　在工具箱中选择"画笔"工具 🖌️后，其工具属性栏将显示为如图1-90所示，其中左侧各选项的意义如下所示。

图1-90　"画笔"工具属性栏

　　"画笔"：在其右侧的下拉按钮 ▾上单击鼠标，将弹出画笔选项调板，用户可在其中选择所需的笔刷类型，并设置画笔的主直径大小和硬度值，其中主直径值越大，笔触越粗；硬度值越大，笔触边缘越尖锐。单击调板右上角的三角形按钮 ⊙，可弹出画笔选项下拉菜单，利用该菜单可以保存、删除和加载笔刷类型。单击"从此画笔创建新的预设"按钮 🔳，可以将当前画笔保存为新的画笔预设。

　　"模式"：用来选择"画笔"工具的混合模式。

　　"不透明度"：该参数用于设置画笔的不透明度，值越小透明度越强。

　　"流量"：该选项决定了笔触颜色的浓度，值越大浓度越高，反之越淡。

　　"喷枪"：单击"喷枪"按钮 ✍后，"画笔"工具就具有了喷枪的属性，可以作为喷枪工具来使用。

2.“渐变”工具

利用“渐变”工具◪可快速制作出多种渐变效果，具体的操作方法是首先设置好渐变颜色和渐变方式，然后在图像上按下鼠标确定起点，拖动鼠标指针到终点处释放鼠标，这样即可创建出渐变效果，拖动线段的长度和方向将决定渐变效果的变化。选择“渐变”工具后，其工具属性栏将如图1-91所示，其中各项的意义和功能如下所示。

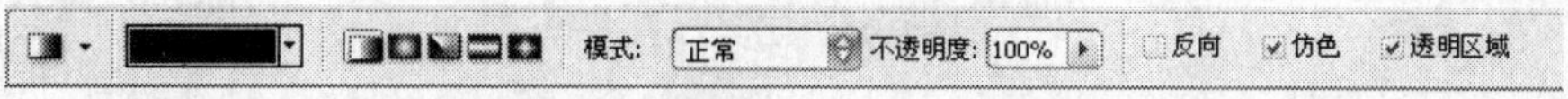


图1-91 “渐变”工具属性栏

“点按可编辑渐变”按钮：该选项主要用于设置渐变的颜色，单击其右侧的下拉按钮▾，将弹出如图1-92所示的“渐变项”列表框，用户可在其中选择所需要的渐变图案。

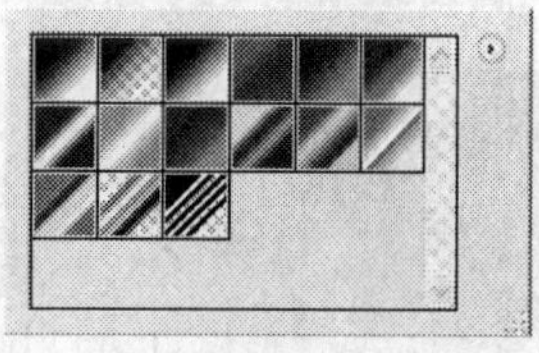

图1-92 “渐变项”列表框

渐变方式按钮▦▦▦▦▦：渐变方式按钮中从左到右依次是“线性渐变”按钮、“径向渐变”按钮、“角度渐变”按钮、“对称渐变”按钮和“菱形渐变”按钮。“线性渐变”将从起点到终点产生直线渐变效果；“径向渐变”将从起点到终点产生圆形渐变效果；“角度渐变”将产生锥形渐变效果；“对称渐变”产生对称直线渐变效果；“菱形渐变”与“径向渐变”功能相似，只是它产生的是菱形渐变效果。效果演示如图1-93所示。

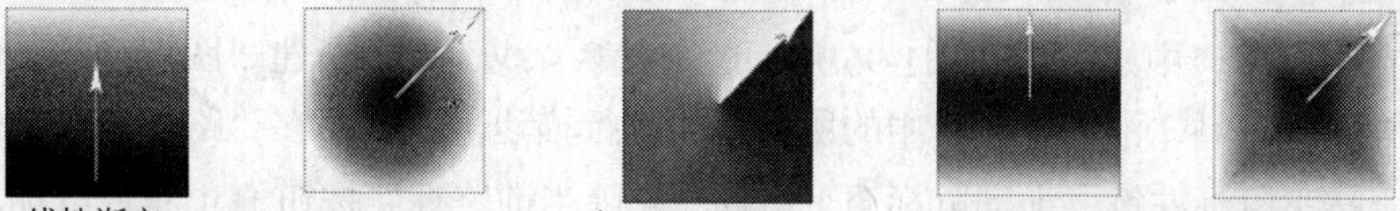

线性渐变　径向渐变　角度渐变　对称渐变　菱形渐变

图1-93 五种渐变方式的效果演示

“模式”：该选项用于设置渐变的色彩混合模式，单击其右侧的下拉按钮，在弹出的下拉菜单中选择需要的混合模式即可。

“不透明度”：该参数用于设置渐变图案的不透明度。

“反向”：选中该复选框后，可颠倒渐变图案的颜色顺序。

“仿色”：选中该复选框后，可使渐变颜色间的过渡更加平滑、柔和。

“透明区域”：只有选中该复选框后，才可在渐变图案中使用透明效果。

3. 自由变形

选择【编辑】→【自由变换】菜单命令（快捷键为【Ctrl+T】），可以用手动的方式对当前图层的图像或选区内的图像进行任意缩放、旋转等自由变形操作，使用该命令时工具属性栏自动显示为如图1-94所示的效果。其中各项的具体意义如下所示。

“参考点位置”⁙：通过单击上面的白色方框可以调整变形参考点的位置，其中黑色的方块标志当前参考点。

“设置参考点的水平位置” X: 1962.5 px ：调整该参数可以修改变形框的水平位置。

“使用参考点相关定位” △ Y: 1209.5 px ：调整该参数可以修改变形框的垂直位置。

“设置水平缩放” W: 100.0% ：调整该参数可以在水平方向上缩放图像。

“保持长宽比”▯：按下该按钮，图像可以按照固定的长宽比进行缩放。

"设置垂直缩放比例" H: 100.0% ：调整该参数可以在垂直方向上缩放图像。

"旋转" △ 0.0 度：调整该参数可以将图像以参考点为中心进行旋转。

"设置水平倾斜" H: 0.0 度：调整该参数可以将图像在水平方向上进行倾斜。

"设置垂直倾斜" V: 0.0 度：调整该参数可以将图像在垂直方向上进行倾斜。

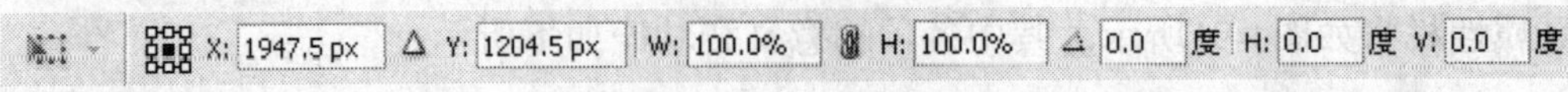

X: 1947.5 px △ Y: 1204.5 px W: 100.0% H: 100.0% △ 0.0 度 H: 0.0 度 V: 0.0 度

图1-94 工具属性栏

## 拓展训练

图1-95 实例最终效果

利用前面绘制写实风格插画的知识，我们可以拓广到绘制其他类型的绘画作品上，下面是运用同样的方法绘制的美女插画，如图1-95所示。逼真的头发是Photoshop绘制中的一个难点，这里我们使用路径描边的方法对头发进行绘制，通过对本实例的学习，可以让读者全面掌握用Photoshop绘制逼真效果的相关技巧，由于操作步骤与前面所讲的有些相似，下面只给出了本实例的一些关键操作提示。

step 01 打开"新建"对话框，在其中设置相应的参数，新建一个图像窗口。使用"直线"工具 ＼，在图像窗口中绘制出如图1-96所示的多条参考线。然后新建"图层 1"，使用工具箱中的"画笔"工具 ✐ 沿图像窗口中的所有直线进行描边，完成后在"路径"调板中的"工作路径"上按下鼠标左键，拖动鼠标至下方的"删除当前路径"按钮 🗑 上释放鼠标，将直线全部删除。最后切换到"图层"调板，将当前图层的不透明度设为50%。至此，草图就绘制完成了，结果如图1-97所示。

图1-96 绘制出的辅助线

图1-97 描边后的效果

图1-98 为图像填充基本色后的效果

step 02 使用"钢笔"工具沿着上一步中绘制好的参考线绘制出人物各部分的轮廓线。在绘制时，要将人物的面部、眼睛、嘴巴、鼻子、头发、手臂、腿部、衣服、鞋子进行单独绘制，将路径转换为选区后，分别新建图层来进行填色，这样便于后面对其进行质感的处理。为各部分填充颜色后的效果如图1-98所示。

step 03 使用"加深"工具和"减淡"工具，对人物的面部图像进行适当的处理，制作出人物面部的质感效果，在处理时一定要配合选区来完成，这样可以很好地体现出立体感和层次感。处理好的效果如图1-99所示。

**step 04** 使用同样的方法，继续对人物的手臂和腿部进行加深和减淡处理，结果如图1-100所示。

图1-99　调整后的效果　　　　　　　　图1-100　处理出的手臂和腿部的效果

**step 05** 使用"钢笔"工具在人物的头发处绘制出如图1-101所示的4条路径。然后使用"加深"工具和"减淡"工具沿着路径的走向，对头发图像进行适当的加深和减淡处理，创建出图像的立体效果，结果如图1-102所示。

图1-101　绘制出的路径　　　　　　　　图1-102　加深和减淡处理后的效果

**step 06** 按住【Alt】键，用"路径选择"工具 ，对现有的路径进行适当复制，并结合"直接选择"工具 ，对复制出的路径进行适当调整，使纹理变得更细致一些，如图1-103所示。然后设置前景色为稍浅的色彩，并设置画笔类型为较细的类型，在"路径"调板下方的"用画笔描边路径"上单击鼠标左键，沿路径进行描边，完成后框选图像窗口中的所有路径，按【Delete】键将他们删除，结果如图1-104所示。

图1-103　复制出的所有路径　　　　　　图1-104　描边后的效果

**step 07** 沿头发的纹理对发丝图像进行适当加深和减淡处理，绘制出发丝的暗部和高光，完成后在"图层"调板中将当前图层的不透明度设为50%，结果如图1-105所示。然后选择"涂抹"工具 ，在其"属性"栏中适当设置画笔大小，在头发图像的边缘进行适当的涂抹，绘制出发梢效果，结果如图1-106所示。

图1-105　加深和减淡处理后的效果

**step 08** 使用"加深"和"减淡"工具并配合选区绘制出衣服的褶皱效果，以体现出图像的立体感，处理后的效果如图1-107所示。

图1-106　涂抹后的效果　　　　　　　　　图1-107　绘制出的立体效果

**step 09** 打开本书配套资料中的"第1章/布料花纹01"文件，如图1-108所示，选择"编辑">"定义图案"菜单，将打开的素材图片定义为图案。然后选择"矩形选框"工具，在图像窗口中创建一个如图1-109所示的选区。

**step 10** 选择"编辑">"填充"菜单打开"填充"对话框，在其中进行如图1-110所示的设置，完成后单击"确定"按钮，为选区填充图案。

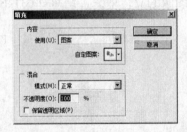

图1-108　打开的图案　　　图1-109　绘制出的矩形选区　　　图1-110　"填充"对话框

**step 11** 撤销选区，选择"滤镜">"扭曲">"切变"菜单，在弹出的对话框中进行如图1-111所示的设置，完成后单击"确定"按钮将图像扭曲，然后使用"移动"工具适当调整其位置，结果如图1-112所示。

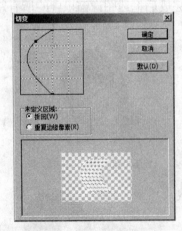

图1-111　"切变"对话框　　　　　　　图1-112　图像调整后的位置

**step 12** 载入上衣图像的选区，将选区反选，删除选区内的图像，完成后撤销选区。然后进入"图层"调板，在其中将当前图层的混合模式设为"叠加"，结果如图1-113所示。使用同样的方法，制作出人物裙子的效果，结果如图1-114所示。

图1-113 制作出的上衣效果

图1-114 制作出的裙子效果

**step 13** 打开本书配套资料中的"第1章/梦幻仙境.bmp"文件，如图1-115所示。使用"移动"工具，将背景移动复制到人物图像窗口的底层，适当调整人物的大小和位置，最终效果如图1-116所示。

图1-115 打开的文件

图1-116 最终效果

## 职业快餐

插画是绘画的一种，它要具备一定的绘画条件，既要能够从它的形象本身，表现一个明确的主题，同时又要必须服从于原著，不能与文字所表达的内容脱节，所以它的特点是既具有相对的独立性，又具有必要的从属性。下面笔者就来详细讲解插画的分类及其创作时的注意事项，让读者对插画有一个全面的了解和认识，为今后独立创作插画打好坚实的基础。

### 1. 插画的分类

插画根据所配书籍种类的不同可分为两类，一类是文艺性插画，另一类是科技及史地插画。文艺性插画的特点是绘画者选择书中某个人物、场景和情节，用绘画的形式表现出来，使可读性和可视性有机结合起来，既能加深读者对书中内容的理解，同时又能增加读者阅读的兴趣，如图1-117所示。科技及史地插图的特点是形象准确、实际，能够帮助读者进一步理解书中知识内容，可以起到文字难以表达的作用，如图1-118所示。

插画按其表现形式来分，可分为写实性和装饰性两大类。写实性的插画运用了蒙太奇的手法，图像看起来非常真实，如图1-119所示。它一般包括油画、素描、水粉、水彩等绘画形式；装饰性的插画一般不受透视、比例等客观

图1-117 文学性插画

条件的限制，更多是根据立意组织在画面之上，如图1-120所示。我国的传统绘画和民间绘画都采用了这种表现形式，它一般包括水墨画、白描、版画、漫画等绘画形式。

图1-118 史地插图

图1-119 写实性插画

图1-120 装饰性插画

### 2. 插画的构图

无论是何种形式的绘画都必须讲究构图，构图就是如何把要画的东西安排得合理、好看，它是一种艺术手段，是为表达绘画内容服务的。构图是一幅绘画作品的骨架，它安排的合理与否将直接决定着作品的成败。

那么如何才能做到构图合理呢？一般来说先要分清楚所画的物体形象的主次，然后按其主次关系决定出物体的轻重虚实，所绘制的主体要安排在画面中显著的位置，有些读者可能会把主体放在画面的中心，这是不正确的，通常来说画面的中心并不是最佳位置，最佳位置应该是整幅画面两对边三等分点的连线所形成的四个交点处，构图时只要用其中的任意三个点就可以了，如图1-121所示。在安排主物体与次物体的位置关系时，一定要遵循多样统一、均衡和疏与密三个基本的构图原则，这样安排的构图才算是合理的，如图1-122所示。

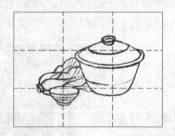
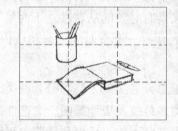
图1-121 画面的最佳位置

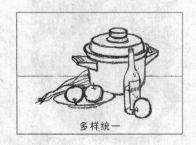
多样统一

均衡

疏与密

图1-122 三种不同的构图原则

### 3. 插画的创作过程

插画创作的一般过程是首先通读原著，准确地把握原著的主题思想，搞清原著的写作风格，了解原著所描写的时间、人物及环境。然后根据自己的理解去查阅与之相近的视觉形象资料，如绘画、雕塑、建筑、工艺品等，从中找出规律，并以此为依据按原著要求确定作品的形象。最后找出原著中比较适合于用绘画表现的情节内容，抓住其主题，用绘画的形式将其表现出来，在绘画过程中，绘画者一定要注意不要将所绘制的作品仅仅停留在看文视图上，还要经过再创作，使其具有艺术感染力，让读者从中既能加深对原著的理解，又能得到艺术的享受。

要想成为一名好的插画创作者，不仅要具有一定的绘画基础，而且还要能根据原著的内容和性质加以充分的发挥。在绘制插画造型时不要只停留在描绘客观对象的基础之上，还要有主观的追求和情感的体现。要提高绘制插画的能力，同样还需要自己坚持不懈的努力。

## 实例2

## 矢量风格插画设计

素材路径：源文件与素材\实例2\素材
源文件路径：源文件与素材\实例2\矢量
风格插画.psd

实例效果图2

## 情景再现

今天一早老总把我叫到办公室，说："××，今天业务员小张接到一个单子，客户要我们绘制一个韩国风格的插画，反应的主题是时尚，可以添加适当的文字来突出主题。我看这个任务就非你莫属了，因为咱们公司你的绘画能力是最强的。"一听这话我就毫不犹豫地答应下来了。

回到自己的座位上，我就开始查找韩国风格的相关插画，了解了韩国插画的表现风格后，就开始根据自己的构思在稿纸上绘制插画的草图，经过反复的绘画和修改，终于确定了插画的最终形式。插画的创意确定下来之后，我就开始根据该创意认真进行细节的绘制了。

## 任务分析

- 根据创意绘制草图。
- 参照草图细致地刻画图像的细节。
- 设置基本色并绘制出高光和阴影，以体现图像的立体感。
- 添加文字图像，调整作品的整体布局，完成制作。

## 流程设计

在制作时，我们首先利用"直线"工具绘制出插画人物的草图，其次参照草图用"钢笔"工具精心刻画细节，并将对应部分转换为选区填充基本色，然后再绘制出五官以及设置阴影和高光，最后根据创意添加相应的文字图像，保存文件，完成插画的绘制。

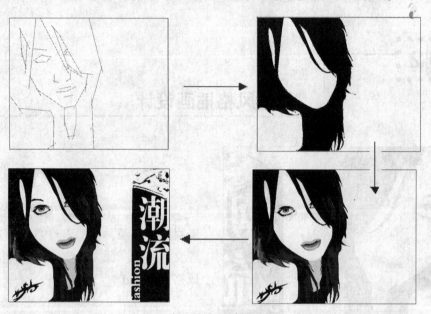

实例流程设计图2

## 任务实现

### 1. 抠出人物图像

step 01 打开"新建"对话框，在其中进行如图1-123所示的设置，单击"确定"按钮新建一个图像窗口。设置前景色为淡青色（#f0fcfa），按【Alt+Delete】组合键为图像窗口填充前景色[1]，结果如图1-124所示。

step 02 在工具栏中选择"直线"工具，在其"属性"栏中单击"路径"按钮[2]，在图像窗口中单击并拖动鼠标，绘制出人物的基本形状，结果如图1-125所示，选择"画笔"工具

---

[1]填充前景色，在Photoshop中前景色非常重要，图像的绘制与色彩调整后的颜色基本上都是由前景色来决定的，前景色的颜色值可以通过"拾色器"对话框来进行设置。按【Alt+Delete】组合键即可为当前图层或者当前图层内的选区填充前景色。

[2]"路径"按钮，选择任何一种形状绘制工具，单击工具"属性"栏中的"路径"按钮即可直接在图像窗口中绘制路径。

，设置笔刷类型为"尖角 3像素"，新建"图层 1"，切换到"路径"调板，单击"用画笔描边路径"按钮，为路径进行描边。然后再使用"钢笔"工具[1]绘制出如图1-126所示的封闭路径。

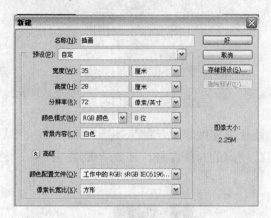

图1-123 "新建"对话框

图1-124 填充前景色

图1-125 绘制出的直线

图1-126 绘制出的封闭路径

step 03 新建"图层 2"，设置前景色为浅黄色（#fefce3），在"路径"调板中单击"用前景色填充路径"按钮为路径填充颜色。使用"钢笔"工具再绘制出一个如图1-127所示的封闭路径，在"图层 2"的下面新建"图层 3"，为其填充灰黄色（#e0ddb2），然后在图像窗口的左下角绘制一个如图1-128所示的封闭路径。

图1-127 绘制出的封闭路径

图1-128 绘制出的封闭路径

step 04 新建"图层 4"，为选区填充浅黄色（#fefce3），如图1-129所示。然后使用"画笔"工具沿着前后绘制好的头发轮廓线绘制出头发的路径，为了便于观察，暂时将绘制好的图层设置为不可见，结果如图1-130所示。

---

[1] "钢笔"工具，使用"钢笔"工具可以在图像窗口中随心所欲地绘制形状或者路径，同时它也是非常方便的选区创建工具，在制作复杂轮廓的图像选区时，可以先使用"钢笔"工具沿着轮廓绘制出闭合路径，然后将路径转换为选区即可。

图1-129　填充颜色后的效果

图1-130　绘制出的封闭路径

**step 05** 在所有图层之上新建"图层5"，为路径填充纯黑色，结果如图1-131所示。然后再使用"钢笔"工具绘制出如图1-132所示的眼睛轮廓的封闭路径，新建"图层6"，为路径填充纯黑色。

图1-131　填充颜色后的效果

图1-132　绘制出的眼睛路径

**step 06** 继续在眼睛区域处绘制一个如图1-133所示的封闭路径，新建"图层7"并填充淡青色（#f0fcfa）。然后选择"椭圆选框"工具在眼睛区域处创建一个如图1-134所示的圆形选区。

图1-133　绘制出的封闭路径

图1-134　创建出的圆形选区

**step 07** 新建"图层8"，选择"渐变"工具，打开"渐变编辑器"对话框，在其中进行如图1-135所示的设置，完成后单击"确定"按钮将其关闭。然后从下到上在选区中填充如图1-136所示的径向渐变。

**step 08** 继续在眼睛区域处绘制一个如图1-137所示的圆形选区，并为其填充纯黑色。然后载入"图层7"的选区，将选区反选删除多余的图像，效果如图1-138所示。

**step 09** 使用同样的方法绘制出如图1-139所示的另一只眼睛。然后再使用前面所讲的方法，绘制出如图1-140所示的嘴巴。

**step 10** 分别选择"加深"和"减淡"工具，在工具属性栏中设置笔刷类型为"柔角8像素"，在嘴巴处进行适当的加深和减淡处理，绘制出高光和暗部，结果如图1-141所示。然后再在面部绘制出如图1-142所示的封闭路径。

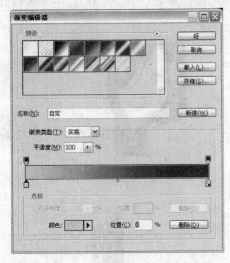

图1-135 "渐变编辑器"对话框

图1-136 填充渐变后的效果

图1-137 绘制出的圆形选区

图1-138 删除多余图像后的效果

图1-139 绘制出的眼睛

图1-140 绘制出的嘴巴

图1-141 加深处理后的效果

图1-142 绘制出的封闭路径

**step 11** 在"图层 2"之上新建图层，为路径填充暗黄色（#f7f1cf），结果如图1-143所示。然后再绘制出如图1-144所示的封闭路径并为路径填充白色。

图1-143 填充颜色后的效果

图1-144 绘制出的路径

**step 12** 继续绘制出如图1-145所示的路径，并将其转换为选区，设置"图层5"为当前图层，按【Delete】组合键删除选区内的图像，结果如图1-146所示。

**step 13** 继续使用前面所讲的方法，在头发区域处绘制出染发效果，在胳膊处绘制出纹身图案，结果如图1-147所示。然后打开配套资料"源文件与素材\实例2\素材\艺术字素材.psd"文件，如图1-148所示。

图1-145　绘制出的路径

图1-146　删除图像后的效果

图1-147　绘制出的染发和纹身效果

图1-148　打开的素材

**step 14** 使用"移动"工具 ▶╂[1]将素材中的"图层 1"移动复制到"插画"图像窗口中，适当调整其大小和位置，结果如图1-149所示。在前面的绘制过程中，我们忘了绘制眉毛，用"钢笔"工具绘制好基本轮廓后填充纯黑色，结果如图1-150所示。至此，整个实例就全部制作完成了，将文件进行保存。

图1-149　调整图像的大小和位置

图1-150　绘制出的眉毛效果

## 设计说明

本例是一个时尚杂志中的插画，用矢量画的形式来表现时尚女孩更能突显其特点，而且还能表现出很强的视觉冲击力。

---

1 "移动"工具，利用该工具可以移动当前层中图像的位置，其方法是在图层调板中选择要移动图像的图层，然后在工具箱中选择"移动"工具，将光标移到图像窗口中单击并拖动，即可移动当前层中的图像。如果在移动图像时按下【Alt】键，可将移动的图像进行复制，此时会得到一个新的图层；如果在载入选区的情况下按住【Alt】键用"移动"工具拖动，可以在同一图层中复制对象。

人物是本插画的主题，黑衣、浓妆、纹身和栗色长发，处处透露着时尚的元素。另外配有图案的潮流二字，不仅在视觉感上与主图像形成完美的统一，并且更加明显地突出了本作品的主题思想。

## 知识点总结

本例主要运用了通道调板、"色阶"命令和图层蒙版。

### 1. 前景色和背景色的设置

用户在编辑、修饰图像的过程中，经常会根据需要来设置不同的前景色和背景色，下面将重点讲解一下设置前景色和背景色的几种常用方法。

利用"拾色器"对话框设置颜色：利用"拾色器"对话框设置颜色是用户最常用的方法。它的操作方法非常简单，首先在工具箱中单击前景色或背景色图标，弹出"拾色器"对话框，如图1-151所示。然后在中间的光谱中选择需要的颜色区域，再在左侧的颜色区单击选择颜色，或者在右侧的R、G、B或C、M、Y、K文本框中直接输入数值来精确设置颜色，完成后单击"确定"按钮即可。

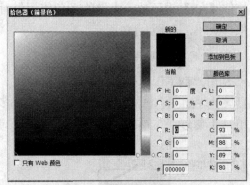

图1-151 "拾色器"对话框

利用"颜色"调板设置颜色：利用"颜色"调板，也可以非常轻松地设置前景色和背景色，具体方法是首先将"颜色"调板设为当前工作状态，如图1-152所示。然后在其中单击前景色或背景色颜色框，分别拖动R、G、B下方的滑块或直接在其右侧文本框中输入数值来调整颜色。另外，也可通过单击最下方的样本颜色条来获取需要的颜色。在调板右上角的三角按钮 ▼☰ 上单击，弹出如图1-153所示的快捷菜单，用户可以从中选择其他设置颜色的方式及颜色样板条类型。

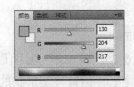

图1-152 "颜色"调板

图1-153 "颜色"调板快捷菜单

利用"色板"调板设置颜色："色板"调板中的颜色都是Photoshop系统预先设置好的，如图1-154所示。用户可在其中直接选择需要的颜色。此外，用户还可在其调板中添加色样，方法是首先设置好前景色的颜色，然后将鼠标指针移到调板中的灰色区域，当鼠标指针呈油漆桶形状 ⬧ 时单击，这时弹出如图1-155所示的"色板名称"对话框，在其中设置好色样名称后，单击"好"按钮即可添加色样。此外，用户若要删除调板中的某一个色样，可按住【Alt】键不放，将鼠标指针移至要删除的色样上，当鼠标指针呈剪刀状 ✂ 时单击即可。

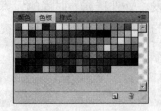

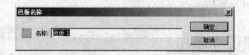

图1-154　"色板"调板　　　　　　　　　　　　　　图1-155　"色板名称"对话框

　　利用"吸管"工具 🖉 从图像中吸取颜色：利用"吸管"工具可以在图像中吸取某个像素点的颜色，或者以拾取点周围多个像素的平均色进行取样。其方法是首先在工具箱中选择该工具，然后在图像中要吸取的颜色上单击，这时工具箱中的前景色图标将变为吸取的颜色。若按住【Alt】键不放，吸取的颜色将用做背景色。此外，用户可利用"吸管"工具属性栏设置取样大小，如图1-156所示。

　　2. "钢笔"工具

　　利用"钢笔"工具 🖊 可精确创建直线、曲线路径或形状。在工具箱中选择该工具后，其工具属性栏如图1-157所示。属性栏中的大多数选项的意义与前面讲过的形状工具基本相同，这里不再重复。下面只介绍它们不同的选项。

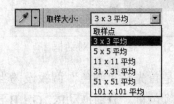

图1-156　"吸管"工具属性栏　　　　　　　　　图1-157　"钢笔"工具属性栏

　　"钢笔选项"下拉调板：若选中调板中的"橡皮带"复选框，当在图像中移动鼠标指针创建路径时，它会自动显示出一条路径的预览轨迹。

　　"自动添加/删除"：选中该复选框后，可使"钢笔"工具具有添加和删除锚点的功能，即单击路径线可增加锚点，单击路径上的锚点可将其删除。

　　使用钢笔工具时应注意如下几点问题。

　　（1）在某点单击将绘制该点与上一点的连接直线。

　　（2）在某点单击并拖动将绘制该点与上一点之间的曲线。

　　（3）将鼠标指针移至起点时，鼠标指针的形状显示为 🖊，此时单击可封闭形状或路径。

　　（4）在属性栏中选中"自动添加/删除"复选框后，将鼠标指针移至形状的中间各锚点处时，鼠标指针将显示为 🖊，此时单击可删除锚点。

　　（5）在属性栏中选中"自动添加/删除"复选框后，将鼠标指针移至形状中间的非锚点位置时，鼠标指针将显示为 🖊，此时单击可在该形状位置上增加锚点。如果单击并拖动，则可调整形状的外观。

　　（6）默认状态下，只有在封闭了当前形状后，才可绘制另一个形状。但是，如果用户希望在未封闭形状前绘制新形状，只需按【Esc】键，也可单击钢笔工具或其他工具，此时鼠标指针将显示为 🖊。

（7）将鼠标指针移至形状终点时，鼠标指针将显示为 ✎ ，此时单击并拖动鼠标可绘制形状终点的方向控制线。

（8）在绘制路径时，可利用Photoshop的撤销功能逐步回溯删除所绘线段。

### 3. "路径"调板

利用"路径"调板，用户可执行所有针对于路径的操作，包括将选区转换为路径、将路径转换为选区、删除路径、创建新路径等。"路径"调板如图1-158所示。

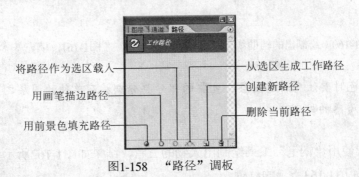

将路径作为选区载入 ——
用画笔描边路径 ——
用前景色填充路径 ——
—— 从选区生成工作路径
—— 创建新路径
—— 删除当前路径

图1-158 "路径"调板

其中各部分的意义和功能如下所示。

"用前景色填充路径" ⬤：单击该按钮可以用当前设置的前景色填充路径所包围的区域。

"用画笔描边路径" ⭕：单击该按钮，可以使用当前画笔和当前前景色对所选路径进行描边。

"将路径作为选区载入" ⬚：单击该按钮，可以将当前所选择的封闭路径转换为选区。

"从选区生成工作路径" ⬠：单击该按钮，可以将图像窗口中的选区转换为封闭路径。

"创建新路径" ▣：单击该按钮，可以创建一个新的路径图层。

"删除当前路径" 🗑：单击该按钮将删除当前选定的路径图层。

## 拓展训练

利用前面绘制实例插画的知识，我们可以拓广到绘制其他的矢量效果图上，下面是运用同样方法绘制的矢量插页效果图，如图1-159所示。衣服的褶皱和质感是本例的一个难点，这里我们使用将路径转换为选区的方法为其填充同一色系不同深度的颜色来实现，为了突出其真实感，我们在制作选区时运用了选区计算的方法。通过对本实例的学习，可以让读者全面掌握Photoshop绘制矢量画的相关技巧，由于操作步骤与前面所讲的有些相似，下面我只给出了本实例的一些关键操作提示。

**step 01** 新建图像文件，使用"直线"工具绘制出插画人物的基本轮廓，如图1-160所示。然后使用"钢笔"工具绘制出人物各部分的基本图形，并填充相应的基本色，结果如图1-161所示。

图1-159 实例最终效果

图1-160　绘制出的辅助线

图1-161　填充基本色后的效果

**制作说明**　在填色时要注意新建图层，重要的部分要分别放在单独的图层之中，这样便于后面质感的处理。

step 02 继续使用"钢笔"工具绘制出人物的五官，结果如图1-162所示。然后，再在人物头发上绘制出如图1-163所示的纹理。

图1-162　绘制出的五官

图1-163　绘制出的头发纹理

step 03 使用"橡皮擦"工具，对棕红色头发图像的下边缘进行适当的擦除，得到头发图像的层次感，结果如图1-164所示。然后继续使用"钢笔"工具绘制出衣服的褶皱效果，结果如图1-165所示。

图1-164　擦除边缘后的效果

图1-165　绘制出的衣服褶皱效果

step 04 在腿部绘制出阴影和高光，以体现出质感，结果如图1-166所示。然后，继续使用"钢笔"工具绘制出鞋子的基本图形和高光部分，结果如图1-167所示。

图1-166 绘制出的腿部

图1-167 绘制出的鞋子

**制作说明** 在基本图像之上绘制图像时，要注意使用选区相交的方法，这样能够精确地制作出想要的选区。

step 05 载入腿部的选区，使用选区相交的方法，在腿部下方绘制一个矩形选区，得到袜子的选区，在选区内绘制如图1-168所示的纹理。然后使用"渐变"工具和"画笔"工具绘制出书本的立体效果，结果如图1-169所示。

图1-168 绘制出的袜子效果

图1-169 绘制出的书本效果

step 06 打开本书配套资料"第1章/素材文件/背景.jpg"文件，如图1-170所示。使用"移动"工具将背景图像移动复制到插画图像窗口中，适当调整其大小，使其充满这个窗口，结果如图1-171所示。至此，整个实例就制作完成了。

图1-170 打开的背景图片

图1-171 添加背景后的图像效果

## 职业快餐

卡通角色的造型要求是多样化的，在多样化的基础之上一定要寻求具有民族性的个性统一，只有做到这一点，你的设计作品才可能形成品牌化的风格，从而受到广大观众的喜爱。

### 1. 卡通角色的造型分类

当今社会上比较流行的卡通造型可分为两类，一类是日式卡通，另一类是美式卡通。

日式卡通角色的造型特点是：大眼睛、小鼻子、小嘴巴，男女发型均为长发，笔墨多集中在整体设计上，注重其质感的表现，脸形多位瓜子形，男性的棱角比较突出，女性的线条比较圆滑，在整体设计上偏向于中世纪武士风格或是超现时的高科技感，如图1-172所示。

图1-172　日式卡通角色的男女造型

美式卡通角色的造型特点是：造型多样化，有高有矮、有胖有瘦，五官画的比较具体，整体比例基本正常，整体线条圆滑流畅，在角色的面部造型上可刻画出人物的正反派别，正面人物的造型为英俊可爱型，如图1-173所示，反面人物的造型为丑陋阴险型，如图1-174所示。

图1-173　美式卡通角色中的正面人物造型　　　　图1-174　美式卡通角色中的反面人物造型

日式卡通造型和美式卡通造型在艺术处理上是有区别的，前者是着重于整体统一风格上的包装，是从民族个性和理想精神境界上演变而来的；后者是角色本身个性上的处理，是为个体性格服务的。

### 2. 卡通角色的创作过程

在创作卡通角色时，一般情况下可遵循以下4个步骤。

（1）构思创意

查阅资料，把握人物的特点，使用铅笔把脑海中的创意绘在草稿纸上，绘制时只需要用简洁的线条记录下脑海中的创意构思即可，因为脑海中的创意往往会一闪而过，绘制的过于仔细会使创意中断。

（2）绘制草图

　　将前面绘制的线条进行近一步的修饰，刻划出方方面面的细节，并对不合适的地方进行修改或删除，该过程要求进行仔细绘制，因为这里绘制出的将是初稿，是以后进行上色的基础，初稿绘制的好坏直接决定着最终效果。

（3）扫描图像

　　将绘制出的图像通过扫描仪输入电脑，在电脑中进一步修饰图像，抠出主体框架，然后上色和进一步绘制。

（4）上色和绘制质感

　　根据创意在框架中填充颜色，并在上色的基础上，根据所绘制的事物的特征和整体布局，渲染出事物的质感和立体感。

　　以上就是创作卡通角色的全部过程。

# Chapter 02

# 第**2**章　标 示 设 计

**实例3**

# 企业标志设计

源文件路径：源文件与素材\实例3\
企业标志设计.psd

实例效果图3

## 情景再现

标志设计是平面设计行业中比较简单的一部分，这里说的简单仅仅是指制作技术，其实标志的创意是最精华的浓缩，需要设计者有开拓性的思维和丰富的想象力。

今天我们的工作是为"星火文化传播有限公司"设计标志，经过我们反复的思考，决定以图形和文字相结合的形式来设置该标志，能够既形象又生动的体现出其内涵。

## 任务分析

- 根据企业名称构思创意。
- 根据创意绘制主图形。
- 根据主图形的风格设置名称的个性化字体。
- 添加企业的全称并调整其整体布局。

## 流程设计

在制作时，我们首先使用"钢笔"工具绘制出镂空五角星的火焰主图形，然后再创建文字选区并将其转换为路径，使用"直接选择"工具调整出个性化文字效果。最后用"横排文字"工具输入企业的全称。

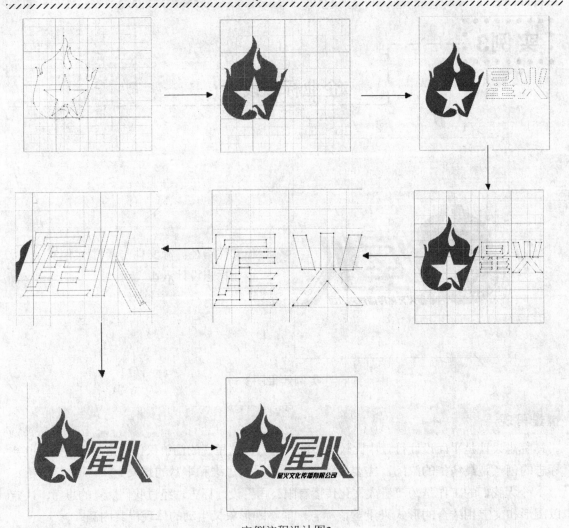

实例流程设计图3

## 任务实现

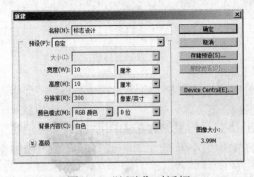

图2-1 "新建"对话框

**step 01** 选择"文件"|"新建"菜单命令,打开"新建"对话框,在其中设置"名称"为标志设计、"宽度"为10厘米、"高度"为10厘米、"分辨率"为300像素/英寸、"颜色模式"为RGB颜色,如图2-1所示。

**step 02** 为了便于绘制,我们需要事先将网格显示出来作为参考线。选择"视图"|"显示"|"网格"菜单命令[1],如图2-2所示。此时图像窗口中显示出网格,效果如图2-3所示。

---

1 "网格"命令,选择该项可以在图像窗口中显示出网格,在进行图像设计时可以起到辅助线的作用,使制作出的图像更精确。

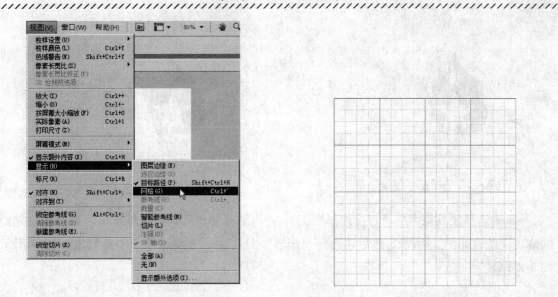

<table>
<tr><td>图2-2　选择"网格"命令</td><td>图2-3　显示出的网格</td></tr>
</table>

**step 03** 选择工具箱中的"钢笔"工具，在工具属性栏中单击"路径"按钮，在图像窗口中连续单击鼠标左键，绘制出标志的基本形状，完成后选择"转换点"工具，在锚点上按下鼠标左键拖动，将锚点变平滑，结果如图2-4所示。切换到"图层"调板，单击下方的"创建新图层"按钮，在"背景"图层之上新建"图层 1"，设置前景色为红色（#f70301），切换到"路径"调板，单击下方的"用前景色填充路径"按钮 为路径填充前景色，结果如图2-5所示。

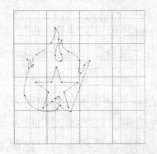

<table>
<tr><td>图2-4　绘制出的封闭路径</td><td>图2-5　填充颜色后的效果</td></tr>
</table>

**step 04** 选择工具箱中的"横排文字蒙版"工具，输入"星火"文字，在图像窗口中得到如图2-6所示的文字选区，切换到"路径"调板，单击下方的"从选区生成工作路径"按钮 将选区转换为路径，效果如图2-7所示。

---

[1]"转换点"工具，利用该工具 可以转换锚点的类型，锚点类型共有两种，即角点和平滑点。利用该工具可使这两种锚点互相转换。在工具箱中选择"转换点"工具 后，当单击路径上的平滑点时，即可将其转换为角点；当单击并拖动路径上的角点时，又可将其转换为平滑点。

[2]"创建新图层"按钮，单击"图层"调板下方的"创建新图层"按钮 ，此时将在当前层的上方创建完全透明的新图层。另外通过选择"图层"|"新建"|"图层"菜单命令，也可创建一个完全透明的新图层。

[3]"横排文字蒙版"工具，使用该工具可以使输入的文字自动转换为选区。

图2-6  输入的文字选区

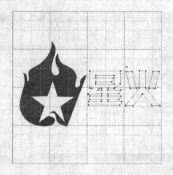

图2-7  转换为路径后的效果

**step 06** 选择工具箱中的"直接选择"工具 ![icon]，选择"星"文字上的锚点，适当调整它们的位置，结果如图2-8所示。然后再选择"矩形"工具 ![icon]²，在图像窗口中绘制出如图2-9所示的矩形路径。

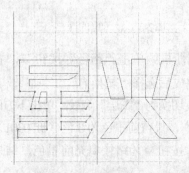

图2-8  调整路径的形状

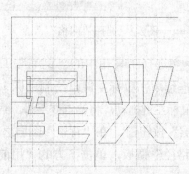

图2-9  绘制出的矩形路径

**step 08** 选择"路径选择"工具 ![icon]³，配合【Shift】键将矩形和星文字路径同时选中，在工具属性栏中单击"从形状区域减去"图标 ![icon]，完成后单击"组合"按钮 ![组合]，如图2-10所示，将路径进行修剪，结果如图2-11所示。

**step 07** 继续使用"矩形"工具，在路径上绘制出多个路径，结果如图2-12所示。选择"路径选择"工具，配合【Shift】键将矩形和星文字路径同时选中，在工具属性栏中单击"添加到形状区域"图标 ![icon]，完成后单击"组合"按钮 ![组合]，将路径进行合并，结果如图2-13所示。

---

¹"直接选择"工具，利用该工具可选择和移动当前路径上的任意锚点或锚点两侧的方向线和方向点。单击路径上的任意一个锚点，即可将其选择，这时被选择的锚点将变为实心方块，若要选择多个锚点，可在当前图像窗口中拖动鼠标指针或按住【Shift】键不放，依次单击各个锚点。拖动所选择的锚点即可将其移动，若拖动平滑点两侧的方向点，即可改变其两侧曲线的形状。

²"矩形"工具，利用该工具可绘制各种矩形。此外，通过设置"矩形"工具的属性，还可绘制正方形，固定尺寸的矩形，固定宽、高比例的矩形等。

³"路径选择"工具，利用该工具可以对当前路径和子路径进行移动、选择、复制和对齐等操作。在工具箱中选择该工具后，在图像窗口中拖动光标或按住【Shift】键不放，依次单击子路径，均可选择多个子路径。在图像窗口中用光标拖动所选择的路径到适当的位置，即可移动路径，路径被移动后形状不发生变化。要复制路径，首先选择需要复制的路径，然后按住【Alt】键不放将其拖动即可。

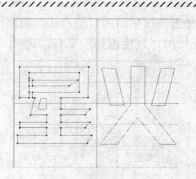

图2-10 工具属性栏中的设置      图2-11 路径修改后的效果

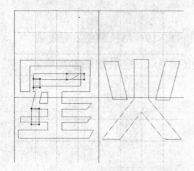 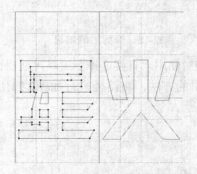

图2-12 绘制好的路径      图2-13 合并后的路径

**step 08** 继续在路径上绘制出如图2-14所示的路径，然后使用前面所讲的方法，将路径进行修剪，结果如图2-15所示。

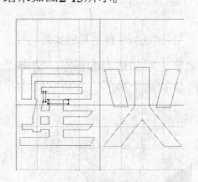 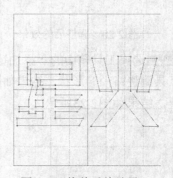

图2-14 绘制出的矩形      图2-15 修剪后的效果

**step 09** 选择"直接选择"工具，适当调整路径上锚点的位置，结果如图2-16所示。然后继续绘制出一个如图2-17所示的矩形。

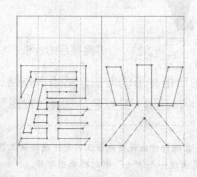 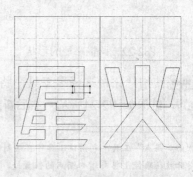

图2-16 调整后的形状      图2-17 绘制出的矩形

**step 10** 使用前面所讲的方法，将路径进行修剪，结果如图2-18所示。然后使用前面所讲的方法，使用"直接选择"工具，适当调整路径的形状，结果如图2-19所示。

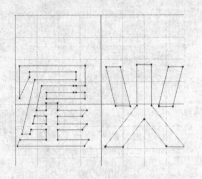

图2-18 修剪后的效果

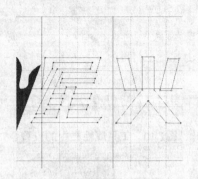

图2-19 路径调整后的效果

**step 11** 使用"直接选择"工具，适当调整火字路径的形状，结果如图2-20所示，然后再用前面所讲的方法，将路径进行如图2-21所示的修剪。

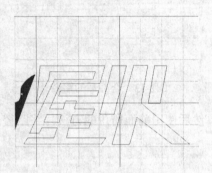

图2-20 调整后的效果

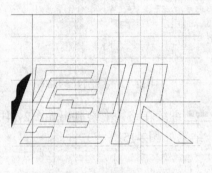

图2-21 修剪后的效果

**step 12** 选择工具箱中的"添加锚点"工具 ◊⁺[1]，在火字上添加适当的锚点，使用"直接选择"工具调整路径的形状，结果如图2-22所示。然后再绘制两个矩形，并将它们合并到文字路径上，结果如图2-23所示。

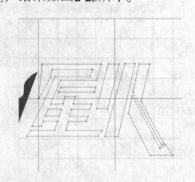

图2-22 调整路径的形状

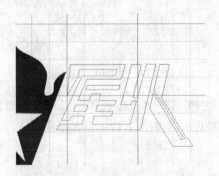

图2-23 合并路径后的效果

**step 13** 使用"路径选择"工具，将路径选中，使用自由变形的方法，适当调整路径的大小和位置，结果如图2-24所示。然后新建"图层 2"，为路径填充纯红色，选择"视图"|"显

---

[1]"添加锚点"工具，利用该工具可在绘制的路径上增加锚点；其操作方法是首先在工具箱中选择该工具，然后将鼠标指针放在路径上想要增加锚点的位置处，当鼠标指针的右下角出现一个"+"形状时单击即可。

/////////////////////////////////////////////////////////////////////////////////////

示"|"网格"菜单命令，取消网格的显示，图像的效果如图2-25所示。

**step 14** 使用"横排文字"工具，在图形的下方输入文字"星火文字传播有限公司"，适当调整其大小和位置，结果如图2-26所示。至此，整个实例就全部制作完成了，最后将文件进行保存。

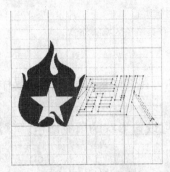　　　　　　　　

图2-24　加深和减淡处理后的效果　　　图2-25　复制后的图像　　　图2-26　输入的文字

## 设计说明

本例我们设计的是一个名为"星火文化传播有限公司"的标志，采用的是图形与文字相结合的表现形式。五角星和火焰相结合的主图形一目了然，很容易让人们联想到星火。坚实有力的个性化字体"星火"具有很强的视觉冲击力，可以带给人们震撼的感觉。红色与火相吻合，另外红色还代表着积极、奔放、热情，正好符合公司的企业文化。

## 知识点总结

本例主要运用了"形状"工具和"钢笔"工具来对图形进行绘制。

### 1. 形状工具属性栏

形状工具属性栏如图2-27所示，由图中可以看出，利用形状工具可创建3类对象：形状、路径及填充区域，其意义分别介绍如下。

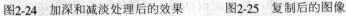

图2-27　形状工具属性栏

"形状图层"按钮 ▣：若激活此按钮，当利用路径工具在图像中绘制路径时，将会创建以前景色为填充色的形状，并在"图层"调板中自动生成形状图层，同时在"路径"调板中以剪贴路径的形式存在。

"路径"按钮 ▨：激活此按钮。当利用路径工具在图像中绘制路径时，将会在"路径"调板中自动生成工作路径。

"填充像素"按钮 ▢：只有使用特殊形状的工具时此按钮才可使用。当激活此按钮，在图像中绘制路径时，将会以当前前景色填充图形，但在"路径"调板中不会生成工作路径。

"形状工具选择区" ▢▢○○＼▨：从中可以选择需要的形状绘制工具。

"几何选项"按钮 ▾：单击此按钮，在弹出的形状选择列表中可以选择任意的形状样式。

"添加到路径区域"按钮 ▣、"从路径区域减去"按钮 ▣、"交叉路径区域"按钮 ▣及

"重叠路径区域除外"按钮：这4种运算方式与选区的运算方式相同，在一个形状图层中绘制多个形状时，可对路径进行相加、相减、相交等操作。其具体效果如图2-28所示。

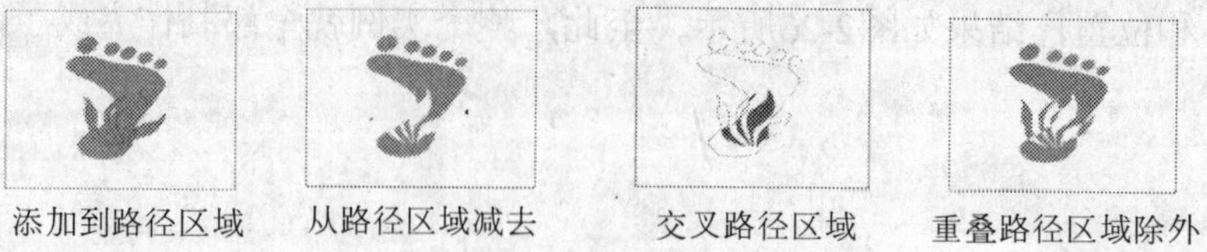

　添加到路径区域　　　　从路径区域减去　　　　交叉路径区域　　　　重叠路径区域除外

图2-28　形状运算方式的具体效果

"样式"：单击其下拉按钮，将会弹出一个下拉调板，用户可在其中选择相应的图层样式，使图像产生各种立体效果。

"颜色"：单击此按钮，将弹出"拾色器"对话框，从中可设置形状的填充颜色。

### 2. 图层的创建方法

创建图层是Photoshop软件中极为常用的操作，用户可根据需要创建各种类型的图层。下面就来介绍各种图层的创建方法。

（1）普通图层的创建

图2-29　"新建图层"对话框

当用户要新建一个普通图层时，方法有两种：一种是直接单击"图层"调板下方的"创建新图层"按钮，此时将会在"图层"调板中当前图层的上方创建新的图层；另一种方法是执行"图层">"新建">"图层"菜单命令，此时会弹出"新建图层"对话框，如图2-29所示。用户可在其中设置新建图层的名称、颜色、色彩模式及不透明度等选项。另外，当勾选"使用前一图层创建剪贴蒙版"选项时，则表示将新建的图层与其下面的图层组合成为一个剪贴组。设置完毕后，单击"确定"按钮即可创建一个新的图层。

（2）文本图层的创建

当用户需要输入文字时，可在工具箱中选择"文字工具"，然后在当前图像文件中点击输入即可，此时文本图层的缩览图显示为图标。文字输入完成后，点击工具属性栏中的按钮即可确认操作。

图2-30　弹出的下拉菜单

在"图层"调板中双击文本图层缩览图即可选择输入文字，并可在其属性栏中设置文字的字体、字号及颜色等属性。

（3）调整图层的创建

调整图层的创建非常简单，只需单击"图层"调板下方的"创建新的填充或调整图层"按钮，此时会弹出如图2-30所示的下拉菜单，用户可在其中选择合适的选项，然后在弹出的相应对话框中单击"确定"按钮即可创建一个调整图层。

（4）填充图层的创建

填充图层的创建方法类似于调整图层的创建方法。单击"图层"调板下方的"创建新的填充或调整图层"按钮，在弹出的下拉菜单中选择"纯色"、"渐变"及"图案"菜单命令中的任意一个，此时会弹出相应的对话框，用户可在对话框中对参数进行适当的设置，最后单击"确定"按钮即可。如图2-31所示为填充内容为"图案"的效果图。

原图

添加"图案"效果

图2-31 填充内容为"图案"的效果

用户可通过执行"图层"＞"更改图层内容"子菜单中的命令改变当前填充图层的内容或将其转换为调整图层。此外，还可通过执行"图层"＞"栅格化"＞"填充内容"或"图层"菜单命令，将填充图层转换为普通图层。

（5）形状图层的创建

当用户需要创建形状图层时，可先在工具箱中选择路径形状工具，然后在其属性栏中单击"形状图层"按钮 □，最后在图像文件中单击绘制图形即可。若要更改形状图层的内容，则可通过在"图层"＞"更改图层内容"子菜单中选择要更改的选项，然后将会弹出相应的对话框，用户可在其中进行参数等的设置，最后单击"确定"按钮即可。同样，通过执行"图层"＞"栅格化"＞"形状"菜单命令也可将形状图层转换为普通图层。

## 拓展训练

本例我们将制作一个水果店的标志，效果如图2-32所示。本例属于字母型标志，该类型是现代标志设计的一种主流设计手法。一般由经过变形的字母为母体来进行设计。字母型标志是一种图形化的文字，这类标志可使其图形的特征得到强化，还可使标志的趣味性和表现力得到增强。

图2-32 实例最终效果

**step 01** 打开"新建"对话框，在弹出的对话框中设置"宽度"为8厘米，"高度"为5厘米，"分辨率"为300像素，如图2-33所示，单击"确定"按钮新建一个图像窗口。新建"图层1"，使用"矩形"工具和"椭圆"工具绘制出矩形路径和椭圆路径，然后将它们转换为选区，并填充橘黄色（#ed5100），结果如图2-34所示。

**step 02** 在"图层"调板中双击"图层 1"，在弹出的"图层样式"对话框中进行如图2-35所示的设置。单击"添加图层样式"按钮，选择描边，大小为5像素，位置为外部，混合模式为正常，不透明度为100%，填充类型为颜色，效果如图2-36所示。

**step 03** 新建"图层 2"，使用"矩形"工具和"椭圆"工具分别绘制矩形和椭圆形，将它们转换为选区，填充黄色（#d1ca00），如图2-37所示。在"图层"调板中双击"图层 2"

打开"图层样式"对话框，在其中选择描边，设置大小为5像素，位置为外部，混合模式为正常，不透明度为100%，填充类型为颜色，如图2-38所示，单击"确定"按钮，为选区描边，结果如图2-39所示。新建"图层 3"，使用"钢笔工具"，绘制水滴形状，填充黄色（#e7d700），使用"椭圆工具"，绘制椭圆路径，载入选区，填充亮黄色（#eee369），结果如图2-40所示。

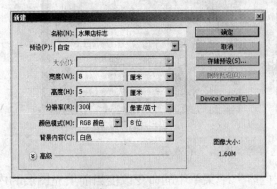

图2-33 "新建"对话框

图2-34 绘制出的图像

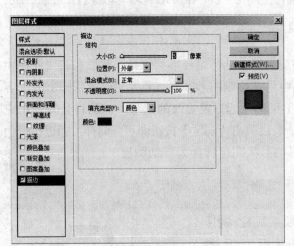

图2-35 "图层样式"对话框

图2-36 描边后的效果

图2-37 填充颜色后的效果

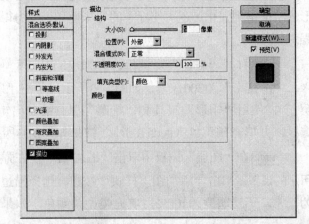

图2-38 "图层样式"对话框

图2-39 描边后的效果

图2-40 绘制出的图形

**step04** 选择"图层 3"，单击"图层"调板中的"添加图层蒙版"按钮，选择"画笔"工具，在工具属性栏中设置笔刷类型为175像素，不透明度为50%，如图2-41所示。在"图层 3"的蒙版上涂抹，效果如图2-42所示。

图2-41 "画笔"工具属性栏

图2-42 涂抹后的效果

**step05** 复制"图层 3"，并适当调整图像的大小和位置，效果如图2-43所示，选择"钢笔工具"，绘制路径，将路径转换为选区，新建"图层 4"，填充暗黄色（#b8a100），结果如图2-44所示。

图2-43 绘制出的路径

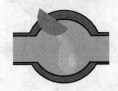

图2-44 填充暗黄色后的效果

**step06** 选择"图层 4"，单击"锁定透明像素"按钮，将选区向上移动，填充暗黄色（#d3cd00），如2-45所示。使用"钢笔工具"，绘制水滴形状，填充黄色（#fee722），如图2-46所示，选择"图层 4"，按"添加图层样式按钮"，打开"图层样式"对话框。选择描边，设置大小为3像素、位置为外部、混合模式为正常、不透明度为100%、填充类型为渐变、样式为线性，如图2-47所示。单击"确定"按钮效果如图2-48所示。在"图层"调板中将"图层 4"放置到"图层 3"下方，如图2-49所示。选择图层3副本，将不透明度调整为95%，再复制"图层4"，调整好位置和方向，如图2-50所示。

图2-45 填充颜色后的效果

图2-46 绘制水滴形状，填充颜色后的效果

**step07** 选择"钢笔工具"，绘制文字图形路径，将路径载入选区，新建"图层 5"，填充橘黄色（#ffbf0c），如图2-51所示。然后打开"图层样式"对话框，选择斜面和浮雕、样式为内斜面、方法为平滑、深度为100%、方向为上、大小为3像素、软化为8像素、角度为160度、高度为0、高光模式为实色混合、颜色为#ffffad，不透明度为100%、阴影模式为正片叠底、不透明度为0，如图2-52所示。

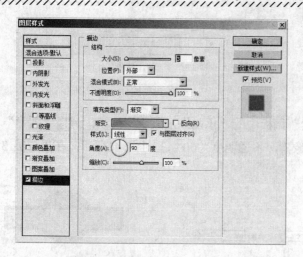

图2-47 "图层样式"对话框

图2-48 描边后的效果

图2-49 调整图层的顺序

图2-50 复制图像

图2-51 制作出的文字图形

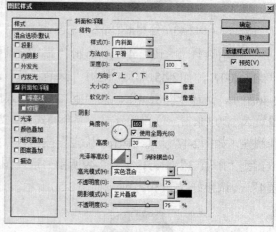

图2-52 "图层样式"对话框（1）

**step 08** 继续在"图层样式"对话框中选择描边、大小为5像素、位置为外部、混合模式为正常、不透明度为100%、填充类型为颜色，如图2-53所示。单击"确定"按钮后效果如图2-54所示。选择"钢笔工具"，绘制路径，新建"图层6"，填充颜色#745b03，绘制出的图像效果如图2-55所示。用"椭圆"工具，绘制两个椭圆路径，将其转换为选区，新建图层使用"渐变"工具，为选区填充渐变效果，效果如图2-56所示。

**step 09** 选择"钢笔"工具，绘制路径，将路径转换为选区，新建图层，填充颜色#a8a104，如图2-57所示。选择"模糊"工具，将图像进行适当的模糊处理，最终效果如图2-58所示。

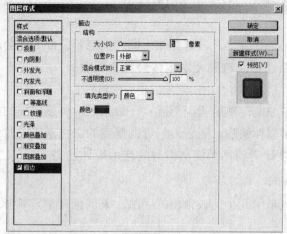

图2-53 "图层样式"对话框（2）

图2-54 添加样式后的效果

图2-55 绘制出的图像

图2-56 填充渐变后的效果

图2-57 绘制出的图像

图2-58 制作出的图像效果

## 职业快餐

标志是指用于政治、经济等各种社会团体组织机构，以及各种专业化、社会化活动中的标示。它包括的方面非常广泛，上到国旗国徽，下到个人签名，都可以称为标志。下面笔者就来详细讲解标志的特点、表现手法以及构图类型，让读者对标志设计有一个全面的了解和认识，为今后独立设计标志打好坚实的基础。

### 1. 标志的特点

无论何种形式的标志，都具有以下4个特点。

### A. 简练醒目

简练醒目是标志最突出的特点，标志的主要作用是通过其自身的造型和色彩，给人们留下深刻的印象。按照人类的视觉心理，造型简单、色彩对比越强烈，给人留下的印象就越深刻，越不容易使人忘记，因此绝大多数标志都是色彩对比强烈醒目、造型简练清晰。

### B. 极易识别

极易识别是标志的又一个重要特点，标志代表的是现实事物的形象，所以一定要通过其自身的形状和色彩来表现出事物的性质、特点和归属等内涵。标志形象将直接关系到国家、企业乃至个人的根本利益，决不能相互雷同，以免给人们造成错觉。一个成功的标志可以使人一眼就能识别出它所代表的意义，从而加深人们对事物本质的认识。

**C. 立意准确**

标志无论用何种形式来表现，其含义一定要准确，以避免使人们产生意料之外的误会，只有这样才可能使人们在极短的时间内一目了然、准确无误地体会其表现意图。

**D. 极具美感**

所有的标志在设计制作上都要符合美学原则，能给人以美感。一般来说，美感越强的标志越容易吸引和感染人，给人的印象也越深刻和强烈。随着人们日益提高的文化素养，对于标志的美感要求也越来越高了，这就要求设计者要不断提高自身的艺术设计能力。

**2. 标志设计的表现手法**

标志设计的表现手法多种多样，下面列举了几个比较常用的手法，以供读者学习参考。

**A. 具象手法**

该手法是以现实事物的形象或与之相关的典型特征为依据，对其进行高度概括、总结。这类手法的特点是直接、明确，使人一目了然，易于识别，能够便于人们迅速理解和记忆，如图2-59所示。

图2-59　具象类标志

**B. 抽象手法**

该手法是将完全抽象的几何图形、文字或符号按照一定的设计构思和形式美的法则加以排列组合。用这类手法设计的标志往往具有深刻的抽象含义和象征意味，能够给人以强烈的现代感和视觉冲击力，如图2-60所示。

图2-60　抽象类标志

**C. 象征手法**

该手法是以与所表达事物有某种意义上的联系的图形、文字或色彩为原型，对其进行艺术处理，以比喻、形容等方式来体现所表达事物的种种内涵。用这类手法设计的标志蕴意深邃，符合人们的审美心理，比较受欢迎，如图2-61所示。

图2-61　象征类标志

**D. 寓意手法**

该手法是用与所表达内容的含义相近似或具有寓意性的形象,以影射、暗示、示意的方式来表现要展现的事物。用这类手法设计的标志不仅形象,而且极具韵味,是人们比较喜闻乐见的一种形式,如图2-62所示。

图2-62 寓意类标志

**3. 标志的构图类型**

一个成功的标志,除了要有好的构思和好的表现手法外,还要具有整体的美感,也就是构图要合理,要符合人们的审美心理。由于标志有以上多种表现手法,所以其构图类型也多种多样,一般可分为规则型、对比型、适合型和立体型4种。

**A. 规则型**

将图形或文字按照对齐、对称、平行或渐变等形式有秩序、有规律、有节奏、有韵律地进行排列和组合,给人以整齐感,如图2-63所示。

图2-63 规则型标志

**B. 对比型**

也叫反衬,主要是将图形或文字进行颜色的对比(如黑白灰、红黄蓝等)和形状的对比(如大小、方圆、曲直、横竖等),这种形式比较活泼,能给人以鲜明感,如图2-64所示。

图2-64 对比型标志

**C. 适合型**

将简练的图形或文字组合到一个抽象的几何图形中,图形和文字的形状要错落有致,颜色搭配要富有变化,这种形式能给人以个性感和丰富感,如图2-65所示。

图2-65 适合型标志

D. 立体型

将平面的图像或文字进行不同程度的透视处理，增强其立体效果，能够给人以空间感，如图2-66所示。

图2-66　立体型标志

## 实例4

### 商品标志设计

源文件路径：源文件与素材\实例4\
商品标志设计.psd

实例效果图4

## 情景再现

我们是儿童食品快乐熊的包装设计合作伙伴，主要负责该产品的包装设计和推广工作。今天一早刚到公司，就接到快乐熊系列食品公司市场部经理的电话。

"××，你好！2009年我公司要将标志进行升级，因为以前的标志太平面化了，没有个性，另外色泽也不够鲜艳，这次我们要将标志进行全新的升级。谢谢!"

根据对客户资料的详细分析，我们迅速进入到了标志设计的构思当中。

## 任务分析

· 绘制卡通形象作为主图形。
· 绘制圆形作为背景。
· 输入文字并调整大小和位置。

## 流程设计

在制作时，我们首先利用"椭圆"工具和"直接选择"工具绘制出卡通形象，其次使用"渐变"工具为轮廓填充颜色，并使用"橡皮擦"工具对图像进行适当的修饰，然后再使用"椭圆选框"工具绘制出背景，最后绘制圆形路径，使用"横排文字"工具沿绘制好的圆形路径输入文字，完成商标的制作。

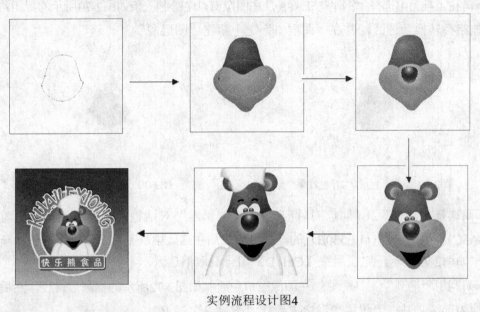

实例流程设计图4

## 任务实现

**step01** 按【Ctrl+N】组合键打开"新建"对话框，在其中设置"名称"为商标、"宽度"为8厘米、"高度"为8厘米、"分辨率"为300像素/英寸、"颜色模式"为RGB颜色，设置完成后单击"确定"按钮新建一幅图像。

**step02** 选择"椭圆"工具 ○[1]，在图像窗口中绘制一个如图2-67所示的椭圆形路径，然后选择"添加锚点"工具 ，为椭圆形路径添加适当的锚点，并结合"直接选择"工具 适当修改路径的形状，结果如图2-68所示。

图2-67 绘制出的椭圆路径

图2-68 修改椭圆后的效果

---

[1] "椭圆"工具，利用该工具可绘制出圆形或者椭圆形的路径和形状。

**step 03** 在"背景"图层之上新建"图层 1"，切换到"路径"调板，单击下方的"将路径作为选区载入"按钮○，将封闭路径转换为选区，然后选择"渐变"工具■，在其属性栏中按下"径向渐变"按钮■，并单击"点按可编辑渐变"图标打开"渐变编辑器"对话框，在其中设置颜色为棕色（#E37332）到浅棕色（#964010）的渐变，完成后在选区中从左上角到右下角拖动鼠标添加渐变效果，结果如图2-69所示。最后按【Ctrl+D】组合键取消选区。

**step 04** 在工具箱中选择"钢笔"工具♦，在图像窗口中绘制一条如图2-70所示的封闭路径，然后将该路径转换为选区，并在"图层 1"之上新建"图层 2"。

图2-69　创建完成的渐变效果

图2-70　绘制出的封闭路径

**step 05** 选择"渐变"工具■，并打开"渐变编辑器"对话框，在其中设置颜色为黄色（#FBCA5C）到橘红色（#EE530E）的渐变，完成后在选区中从上到下拖动鼠标添加渐变效果，结果如图2-71所示，完成后按【Ctrl+D】组合键取消选区。

**step 06** 利用"椭圆"工具，继续在图像窗口中绘制如图2-72所示的椭圆形路径，然后将该路径转换为选区，并在"图层 2"之上新建"图层 3"。

图2-71　添加渐变后的效果

图2-72　绘制完成的椭圆形路径

**step 07** 继续选择"渐变"工具■，在选区中从中心向边缘拖动鼠标添加渐变效果，结果如图2-73所示，完成后按【Ctrl+D】组合键取消选区。然后选择"橡皮擦"工具，在其属性栏中设置画笔类型为"柔角100像素"、"不透明度"为50%，设置完成后对当前图层中的图像进行适当的擦除，结果如图2-74所示。

图2-73　添加渐变后的效果

图2-74　擦除图像后的效果

**step 08** 继续用"椭圆"工具在图像窗口中绘制如图2-75所示的椭圆形路径，将该路径转换为选区，并在"图层 3"之上新建"图层 4"，然后选择"渐变"工具 ▣，打开"渐变编辑器"对话框，设置颜色为亮黄色（#FEED87）到橙色（#F05D15）的渐变，完成后在选区中从中心向边缘拖动鼠标添加渐变效果，结果如图2-76所示，最后将选区取消。

图2-75　绘制完成的椭圆形路径　　　　　　　　图2-76　添加渐变后的效果

**step 09** 选择"橡皮擦"工具，在其属性栏中修改画笔类型为"柔角45像素"，然后适当擦除当前图层中图像的下边缘，结果如图2-77所示。

**step 10** 继续绘制一个椭圆形路径，用"直接选择"工具对其进行如图2-78所示的修改，然后将该路径转换为选区，并在"图层 4"之上新建"图层 5"。

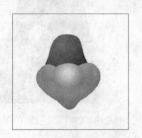
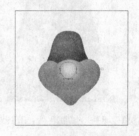

图2-77　擦除图像后的效果　　　　　　　　　　图2-78　修改后的路径

**step 11** 选择"渐变"工具 ▣，在"渐变编辑器"对话框中设置颜色为黄色（#FFD641）到深棕色（#5C340C）到橙色（#E55415）的渐变，完成后在选区中从上到下拖动鼠标添加渐变效果，结果如图2-79所示。完成后按【Ctrl+D】组合键取消选区。

**step 12** 用"钢笔"工具在图像窗口中绘制一条如图2-80所示的封闭路径，然后在"图层 2"之上新建"图层 6"，并为路径填充纯黑色，完成后将路径删除。

**step 13** 继续用"钢笔"工具绘制一条如图2-81所示的封闭路径，在"图层 1"之上新建"图层 7"，并为路径填充纯白色，完成后将路径删除。然后选择"椭圆选框"工具 ◯[1]，按住【Shift】键的同时在图像窗口中拖动鼠标，创建一个如图2-82所示的圆形选区。

**step 14** 选择"渐变"工具 ▣，在"渐变编辑器"对话框中设置颜色为浅蓝色（#C1DAF5）到深棕色（#573312）的渐变，完成后在选区中从上到下拖动鼠标添加渐变效果，结果如图2-83所示。然后选择"移动"工具[2]，按住【Alt】键在图像窗口中水平向左移动选区内的图像，

---

[1] "椭圆选框"工具，选择该工具后在图像窗口中按下鼠标左键并拖出所需大小的选框即可创建出椭圆选区，在使用"椭圆选框"工具 ◯ 时，可结合键盘中的快捷键对图像进行绘制。

[2] "移动"工具，利用该工具可以移动当前层中图像的位置，其方法是在图层调板中选择要移动图像的图层，然后在工具箱中选择"移动"工具，将光标移到图像窗口中单击并拖动，即可移动当前层中的图像。

将其复制，结果如图2-84所示，完成后取消选区。

图2-79 添加渐变后的效果

图2-80 绘制出的封闭路径

图2-81 绘制出的封闭路径

图2-82 绘制出的圆形选区

图2-83 添加渐变后的效果

图2-84 将选区内的图像复制

**制作说明** 用"移动"工具配合【Alt】键复制选区内的图像，可以确保复制出的图像与原图像在同一图层中。

**step 16** 继续选择"椭圆选框"工具，在图像窗口中绘制一个如图2-85所示的椭圆形选区，然后选择"选择"|"变换选区"菜单命令1，为选区添加自由变形框，在变形框之外拖动鼠标，将选区进行适当的旋转，结果如图2-86所示，完成后按【Enter】键确定。

图2-85 绘制出的椭圆形选区

图2-86 将选区进行适当的变形

---

1 "变换选区"工具，选择该命令可对当前选区进行旋转、缩放、翻转、扭曲等变形操作。其操作方法是选择该命令后，按住【Ctrl】键的同时拖动自由变形框上的控制点，可进行扭曲变形；按住【Ctrl+Alt+Shift】组合键的同时拖动控制点，可进行透视变形。

step 16 在"图层 1"之下新建"图层 8",继续选择"渐变"工具 ▣,在"渐变编辑器"对话框中设置颜色为棕色（#E16F2F）到深棕色（#944010）的渐变,完成后在选区中从中心到边缘拖动鼠标添加渐变效果,结果如图2-87所示。然后用上一步所讲的方法创建椭圆形选区,并对其进行适当的变形,结果如图2-88所示。

图2-87 添加渐变后的效果

图2-88 绘制出的椭圆形选区

step 17 选择"渐变"工具 ▣,在"渐变编辑器"对话框中设置颜色为棕色（#CE4911）到黄色（＃FEB154）的渐变,完成后在选区中从左下角到右上角拖动鼠标添加渐变效果,结果如图2-89所示。然后用第（14）步所讲的方法复制选区内的图像,并适当调整其位置,选择"编辑"|"变换"|"水平翻转"菜单命令,将选区内的图像翻转,完成后取消选区,结果如图2-90所示。

图2-89 添加渐变后的效果

图2-90 复制并水平翻转图像

step 18 设置"图层 7"为当前图层,并设置前景色为纯黑色,选择"画笔"工具,在其属性栏中设置画笔类型为"尖角5像素",然后在图像窗口中绘制如图2-91所示的眉毛。

step 19 选择"钢笔"工具,在图像窗口中绘制如图2-92所示的封闭路径,然后在"图层 5"之上新建"图层 9",并为路径填充浅灰色（#E6E6E6）,完成后将路径删除。

图2-91 绘制出的眉毛

图2-92 绘制出的封闭路径

step 20 分别选择"加深"工具和"减淡"工具,在工具属性栏中设置笔刷类型为"柔角10像素",完成后在图像的边缘和中心适当地进行加深和减淡处理,结果如图2-93所示。然后继续用"钢笔"工具,在图像窗口中绘制如图2-94所示的封闭路径。

图2-93　加深和减淡处理后的效果　　　　图2-94　绘制出的封闭路径

**step 21** 在"图层 1"之下新建"图层 10"，为路径填充浅灰色（#E6E6E6），完成后将路径删除，然后分别选择"加深"工具和"减淡"工具，在工具属性栏中设置笔刷类型为"柔角 8像素"，对图像进行适当的加深和减淡处理，结果如图2-95所示。

**step 22** 继续绘制一条如图2-96所示的封闭路径，将其转换为选区，并在"图层 10"之下新建"图层 11"，然后为路径填充浅灰色（#E6E6E6），分别选择"加深"工具和"减淡"工具，在工具属性栏中设置笔刷类型为"柔角 6像素"，对图像进行适当的加深和减淡处理。

图2-95　对图像进行加深和减淡处理　　　　图2-96　绘制出的封闭路径

**step 23** 用第（17）步中所讲的方法，将选区内的图像复制并进行水平翻转，得到小熊的另一只胳膊，完成后取消选区，结果如图2-97所示。接下来用"椭圆选框"工具绘制一个如图2-98所示的圆形选区，按【Ctrl+Shift+I】组合键将选区反向[1]，按【Delete】键删除选区内的图像，完成后再次按【Ctrl+Shift+I】组合键将选区反选。

图2-97　复制并水平翻转图像　　　　图2-98　绘制出的圆形选区

**step 24** 在"图层 11"之下新建"图层 12"，选择"渐变"工具■，在"渐变编辑器"对话框中设置颜色为米黄色（#FCDFA0）到暗棕色（#8A7054）的渐变，完成后在选区中从中心到边缘拖动鼠标添加渐变效果，结果如图2-99所示。然后选择"编辑"|"描边"菜单命令[2]，

---

[1] "反向"命令，在创建好选区的情况下，选择该命令可以将选区进行反选。

[2] "描边"命令，利用该命令可以为选区、路径添加描边效果，从而可以制作出漂亮的轮廓和边缘，另外利用"描边"菜单还可以为普通图层中的不透明像素进行描边。

在弹出的"描边"对话框中进行如图2-100所示的设置，其中颜色为黄色（#FFFB28），单击"确定"按钮为选区描边。

图2-99 添加渐变后的效果

图2-100 "描边"对话框中的设置

**step 25** 选择"选择"|"修改"|"扩展"菜单命令[1]，在弹出的对话框中进行如图2-101所示的参数设置，完成后单击"确定"按钮将选区扩展，结果如图2-102所示。然后在"图层12"之下新建"图层13"，设置前景色为橙色（#FC9E3D），按【Alt+Delete】组合键为选区填充前景色。

图2-101 "扩展选区"对话框中的设置

图2-102 扩展选区后的效果

**step 26** 再次选择"编辑"|"描边"菜单命令，在弹出的对话框中进行如图2-103所示的设置，完成后单击"确定"按钮为选区描边，结果如图2-104所示，最后将选区取消。

图2-103 "描边"对话框中的设置

图2-104 为选区描边后的效果

**step 27** 选择"矩形选框"工具[2]，在图像窗口中绘制一个如图2-105所示的矩形选区，然后

---

[1] "扩展"命令，利用该命令可以将制作的选区按设定的像素数目向外扩展。在图像中制作好一个选区后，选择该命令，打开"扩展选区"对话框，用户可在其中设置合适的扩展量值。

[2] "矩形选框"工具，选择该工具后在图像窗口中按下鼠标左键并拖动可绘制出矩形选框，在工具属性栏中可以通过设置羽化值来模糊选区的边缘。

选择"选择"|"修改"|"扩展"菜单命令，在弹出的对话框中进行如图2-106所示的参数设置，单击"确定"按钮平滑选区，完成后在"图层 9"之上新建"图层 14"，并为选区填充红色（#F83F0F）。

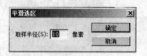

图2-105　绘制出的矩形选区　　　　　　　　图2-106　"平滑选区"对话框中的设置

**step 28** 选择"编辑"|"描边"菜单命令，在弹出的对话框中进行如图2-107所示的设置，完成后单击"确定"按钮为选区描边，结果如图2-108所示，最后将选区取消。

图2-107　"描边"对话框中的设置　　　　　　图2-108　为选区描边后的效果

**step 29** 选择"横排文字"工具[1]，在红色区域处输入文字"快乐熊食品"，在"图层"调板中双击文字图层缩略图将文字全部选择，然后单击属性栏中的"切换字符和段落调板"按钮，打开"字符"调板[2]，在其中进行如图2-109所示的参数设置。

**step 30** 按住【Ctrl】键在"图层"调板中单击"图层 14"，载入其选区，然后适当调整选区的位置后在"图层 14"之下新建"图层 15"，并为选区填充纯黑色，制作出阴影，结果如图2-110所示。

**step 31** 选择"钢笔"工具，在图像窗口中绘制一条如图2-111所示的路径，然后选择"横排文字蒙版"工具[3]，将光标移动到路径上单击鼠标左键，沿路径创建出如图2-112所示的文字选区。

**step 32** 在"图层 12"之上新建"图层 16"，选择"渐变"工具，在"渐变编辑器"对话框中设置颜色为浅红色（#FBCBBC）到红色（#FB4A2E）的渐变，完成后在选区中从

---

[1] "横排文字"工具，使用该工具可在图像窗口中横向输入文字。选择该工具后，可以在工具属性栏中设置字体、字号和颜色。

[2] "字符"调板，在该调板中包含了文字的所有信息，选择输入的文字后，在该调板中进行相应的设置可对文字进行调整。

[3] "横排文字蒙版"工具，利用该工具可以在图像窗口中直接输入文字的选区。

下到上拖动鼠标添加渐变效果，结果如图2-113所示。然后选择"编辑"|"描边"菜单命令，在弹出的"描边"对话框中进行如图2-114所示的设置，其中颜色为纯白色，单击"确定"按钮为选区描边，最后将选区取消。

图2-109 "字符"调板中的参数设置

图2-110 制作出的阴影效果

图2-111 绘制出的路径

图2-112 创建出的文字选区

图2-113 添加渐变后的效果

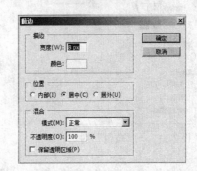

图2-114 "描边"对话框中的设置

**step 33** 用第（30）步所讲的方法，制作出文字的阴影，结果如图2-115所示。至此，商标就全部制作完成了，为了便于观察，最好再创建一个渐变背景，选择"渐变"工具，在"渐变编辑器"对话框中设置颜色为天蓝色（#97CEFD）到蓝色（#024BCF）的渐变，然后将"背景"图层设为当前图层，在图像窗口中从下到上拖动鼠标添加渐变效果，结果如图2-116所示，最后按【Ctrl+S】组合键将文件进行保存。

图2-115 制作出的阴影效果

图2-116 创建好的渐变背景

## 设计说明

　　本例是为一种名为"快乐熊"的儿童食品设计制作商标，因为这种食品所针对的消费群体是儿童，所以在构思创意时，一定要从儿童的心理出发，一听到食品的名称"快乐熊"，儿童肯定会马上想到憨态可鞠的小熊，因此笔者将这个商标的主体形象设定为一个具象型的小熊图案。众所周知儿童食品主要是靠包装和商标来吸引孩子的注意力的，因此设计制作的这个图案一定要生动、可爱。另外，在大多数孩子们的眼里，所有的动物都是他们的朋友和伙伴，所以这个图案最好还要具有一定的人性化，在本例中为了突出其人性化，笔者为小熊添加了白色的厨师服，这样既突出了人性化，又紧扣食品的主体，简直是恰到好处。在文字的安排上，笔者采用了横排和环绕相结合的形式，这种形式给人的感觉比较活泼，非常适合儿童天性好动的心理。在色彩方面笔者主要运用了在食品商标中比较常见的橙色、黄色和红色，因为这几种颜色的搭配可以带给人们非常好的视觉诱惑。

## 知识点总结

　　本例主要运用了"描边"命令、选框工具和文字工具。

　　1. "描边"命令

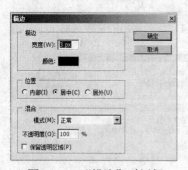

图2-117　　"描边"对话框

　　在当前存在选区或者普通图层中含有不透明像素的情况下，选择【编辑】→【描边】菜单命令，可打开如图2-117所示的"描边"对话框，在其中用户通过设置描边的宽度、边界颜色及描边的位置等可以很轻松地完成对选区的描边操作。

　　"描边"对话框中各个参数的具体意义如下所示。

　　"宽度"：在其中输入数值可以确定描边线条的宽度，数值越大线条越宽。

　　"颜色"：单击其右侧的色块，即可弹出"拾色器"对话框，在其中用户可以设置任意一种颜色作为描边线条的颜色。

　　"位置"：其中的3个选项表示描边线条相对于选区或不透明像素边缘的位置，如图2-118所示为3个不同位置的效果对比。

图2-118　　描边的位置对比

"混合"：包括"模式"、"不透明度"和"保留透明区域"3个设置项，其中"模式"和"不透明度"参数与前面讲解的"画笔"工具属性栏中的参数意义相同。当需要描边的对象是普通图层中的不透明像素时，"保留透明区域"复选框将为可用状态，此时选择该复选框，将不会对透明区域的边缘进行描边，也就是此时如果设置描边位置为"外部"，将不会产生描边效果。

### 2. 选框工具组

选框工具组中包括"矩形选框"工具、"椭圆选框"工具、"单行选框"工具、"单列选框"工具4种。当按住工具箱中的"矩形选框"工具不放时，会在右侧弹出如图2-119所示的选框工具组，只需将光标移动到想要选择的工具图标上释放即可，此时选择的工具将会在工具箱中显示。

选框工具的操作非常简单，在工具箱中选择相应的工具后，只需要在图像窗口中单击拖动就可以创建选区。"单行选框"工具和"单列选框"工具的使用方法与"矩形选框"工具和"椭圆选框"工具的使用方法相比更加简单，只需在图像窗口中单击即可得到单行或单列选区，这两个工具主要用于制作一些线条。

选择选框工具组中的任何一个工具，其工具属性栏中都会显示相同的内容，只是当分别选择"矩形选框"工具、"单行选框"工具和"单列选框"工具时，这些内容中的一部分选项将不能使用。图2-120所示为选择"椭圆选框"工具时，工具属性栏中的显示情况。

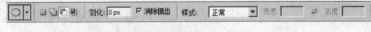

图2-119 选框工具组　　　　　　　　　图2-120 "椭圆选框"工具属性栏

工具属性栏中几个选项的具体意义如下。

选区运算按钮：从左至右，4个按钮的意义分别为"新选区"、"添加到选区"、"从选区减去"及"与选区交叉"。在已经存在选区的情况下，单击"新选区"按钮，在图像窗口中创建选区，则新的选区将代替原来的选区；单击"添加到选区"按钮，在图像窗口中创建选区，则该选区将与原来的选区相加得到新的选区；单击"从选区减去"按钮，在图像窗口中创建与原选区相交的选区，这样系统将会从原选区中减去相交的部分，从而得到一个新的选区；单击"与选区相交"按钮，同样创建与原选区相交的选区，则相交的部分将会变为一个新的选区。

"羽化"参数：设置该参数可以使选区的边缘产生一种逐渐透明直到消失的过渡效果。图2-121所示为设置羽化前后的效果对比。

"消除锯齿"：此复选框只有在选择"椭圆选区"工具时才有效。选中"消除锯齿"复选框后创建选区，则可使选区边缘的像素与背景像素之间产生一种颜色过渡，从而使选区的边缘变得平滑。如果取消"消除锯齿"复选框的勾选，创建出的椭圆形选区或者圆形选区的边缘容易出现锯齿。

"样式"下拉列表：该下拉列表中有3个选项，它们分别是"正常"、"固定长宽比"和"固定大小"。默认状态下选择的是"正常"选项，此时可以在图像窗口中创建任意大小和宽高比例的选区；若选择"固定长宽比"选项，其右侧的"宽度"和"高度"文本框会被激活，在这两个文本框中输入数值可锁定要创建选区的宽高比例；若选择"固定大小"选项，可在其右侧的"宽度"和"高度"文本框中分别输入要创建选区的宽度和高度值，这样在图像窗口中单击即可创建出精确大小的选区。

图2-121 设置"羽化"参数前后的效果对比

3. "字符"调板

图2-122 "字符"调板

"字符"调板如图2-122所示，用户可利用其中的各种设置来控制文字的字体格式。

"字符"调板的最上方为"字体"、"字形"选择框。

**T**：在其右侧文本框中可设置文字的大小。

**IÃ**：用于设置文字的行距，即文字行与行之间的距离。

**IT**：用于缩放字符的高度。

**T**：用于缩放字符的宽度。

**M**：用于设置所选字符的比例间距。

**AV**：用于调整字符的间距。

**AV**：用于微调两个字符间的字距。

**Aⁱ**：用于设置文字在默认高度的基础上向上或向下偏移的高度。

颜色框：可设置文字的颜色。

**T T TT Tr T¹ T, T F**：利用该按钮组可将所选字符加粗、倾斜、添加下画线等。

## 拓展训练

利用前面所讲的商标设计的相关知识，我们下面来设计制作一款宠物饲料的商标，最终效果如图2-123所示。可爱的动物卡通形象，不仅很好地衬托出了主题，而且还起到了吸引人们视线的作用。由于操作步骤与前面所讲的有些相似，下面我只给出了本实例的一些关键操作的提示。

图2-123 实例最终效果

**step 01** 新建一个宽度为10厘米、高度为8厘米、分辨率为300像素的图像文件，使用"圆角矩形"工具，绘制圆角矩形路径，为路径填充颜色（#a5dc89），并为路径描纯黑色的边，如图2-124所示。

**step 02** 新建图层，使用"椭圆选框"工具创建羽化半径为2像素的多个椭圆选区，为选区填充颜色（#99d07d）以制作底纹图像，如图2-125所示。

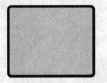

图2-124 为路径填充颜色并描边　　　　　图2-125 绘制出的底纹图像

step 03 新建图层，创建椭圆形选区并填充颜色（#cee7bd），打开"图层样式"对话框，为图像添加描边效果结果如图2-126所示。然后将该图像进行旋转复制，适当调整其位置，并在这些图像之上再绘制一个圆形，制作出花朵效果，如图2-127所示。

图2-126 绘制出的椭圆效果　　　　　　图2-127 绘制出的花朵效果

step 04 将花朵图像进行复制，并适当调整它们的位置，然后新建图层，使用"圆角矩形"工具绘制路径，填充黑色，如图2-128所示。继续使用"圆角矩形"工具，绘制路径，填充白色并描粉红色的边，结果如图2-129所示。

图2-128 绘制圆角矩形　　　　　　　　图2-129 绘制出的图像

step 05 使用"钢笔"工具绘制出主图形，并用"横排文字"工具在图像中输入文字，最终效果如图2-130所示。至此，整个实例就制作完成。

图2-130 图像的最终效果

## 职业快餐

　　商标顾名思义就是商品的标志，它是商品质量和企业信誉的象征。优质的商品会提高其商标在消费者心中的信誉，而信誉好的商标又会提升商品的价格和销售量，由此可见商标在商业社会中的地位是多么重要。另外，现在大多数的商品广告和包装都是以商标为定位来设计的，尤其是名优商品，所以商标也正逐渐成为当今商业竞争的一个重要因素。下面笔者就来详细讲解商标设计的一些基础知识和注意事项，从而使读者对商标设计有一个全面的了解和认识。

### 1. 商标的表现形式

商标的表现形式极其丰富多样，并且现在还在不断发展创新，下面笔者仅举出几种常见的表现形式，以供读者参考。

#### A. 图案型

图案型商标是将一种或多种图形按照美学的原理进行组合而成的商标。这里的图案可以是抽象的，也可以是具象的。抽象图案的特点是造型简洁、醒目，并有很强的象征意义，这种类型的标志比较常见，如图2-131所示；具象图案的特点是造型工整、秩序性强，使人一目了然，便于识别和记忆，如图2-132所示。

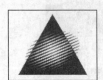      

图2-131　抽象图案商标　　　　　　　图2-132　具象图案商标

#### B. 文字型

文字型商标是将文字进行适当的加工变形而成的。这里的文字主要可分为汉字和字母两种，汉字的特点是形简、意美，使人一眼就能看出其代表的意义，如图2-133所示。字母的特点是造型简练、形态各异、易于变化、可塑性强，具有非常明确的含义，如图2-134所示。

图2-133　汉字商标　　　　　　　　图2-134　字母商标

#### C. 综合型

综合型商标是将图案和文字混合在一起形成的，其中文字可起到传递信息的作用，使其含义更加明确；图案则可将商品的各种内涵直观地展现给大家，从而更容易使人们识别和记忆，如图2-135所示。

图2-135　综合型商标

### 2. 商标设计中的色彩应用

大家都知道色彩不仅能激发出人们的情感，还能描绘出人们的思想境界。一个具有个性色彩表现的商标，往往更能抓住人们的视线。在商标设计中，色彩通过结合具体的形象，运用不同的色调，可以使人们产生不同的生理反应和心理联想，从而可以树立其品牌形象。下面笔者就来讲解一些商标设计中常用色彩的应用和合理的颜色搭配方法。

A. 蓝色

蓝色是当今商标设计中最流行的一种颜色，它代表着宁静、协调、和平、信心和科技，它被广泛应用于运输业、药品业、体育用品业、化工业、电子业等多种领域，但是切忌将该颜色应用于食品业，因为世界上很少有蓝色食品，它会抑制人们的胃口。蓝色是属于比较柔和的色调，它比较适合与中性色调（如灰色、米色、浅黄色）进行搭配，以形成很好的问候色，但是它不适合与冷色调（如绿色、白色）或橙色进行搭配，因为与冷色调搭配会使人产生抑郁感，与橙色搭配会使人产生不稳定感。

B. 米色

米色是一种中性色，它代表着实用、保守和独立，因为它给人的感觉比较朴实，所以该颜色比较适合于作为图形背景色，这样可以使人们更易读懂设计内容。

C. 黑色

黑色被认为是一种保守色，它代表着严肃、悲哀、压抑、神秘和经历丰富，在商标设计中对于黑色的应用是非常谨慎的，它不适合用于儿童产品的商标中，而在艺术类行业中它可能是最佳的选择，因为在艺术家眼里它是一种最具魅力的色彩。

D. 绿色

绿色是冷色调，它代表着活泼、聪明和健康，因为对大多数人来说，它能够产生一种强烈的感情，其中有积极的也有消极的，所以在应用该颜色时一定要慎之又慎。它多被应用于金融业、林业、食品业、卫生保健业和建筑业。

E. 红色

红色是所有颜色中最热烈的一种颜色，它代表着强烈的激情和热情，速度与激动、慷慨与热情、竞争与发展都可以用该颜色来体现。因为红色会给人一种不安宁的感觉，所以它不适合与褐色、蓝色、绿色和紫色进行搭配。该颜色多被应用于食品业、出版业、药品业和金融业。

F. 黄色

黄色是暖色调，它代表着乐观、高贵、热心、豪华、理想主义和充满想象力，在商标设计中它经常被用做背景色，因为这样可以形成比较明显的明暗差别效果。该颜色多被应用于食品业、装饰业、金融业和珠宝业。

# Chapter

## 03

# 第3章 海报招贴设计

# 实例5

## 牛奶广告招贴设计

素材路径：源文件与素材\实例5\素材
源文件路径：源文件与素材\实例5\
海报招贴设计.psd

实例效果图5

## 情景再现

今天接到一个单子，设计制作一款高钙牛奶的招贴广告，素材图片是由客户提供的，客户的要求是突出新鲜和高钙这两个显著特点。

根据以往的经验，像牛奶、可乐、饮料等液体产品的广告，用其产品的质感来表现会出现特别好的效果，我们用喷溅的牛奶既能吸引人们的注意力，又可以体现出牛奶的新鲜。

根据这个创意，我们继续构思其他的细节部分。

## 任务分析

· 根据产品的性质构思创意。
· 根据创意收集素材。
· 调整素材并将它们合理组合，反映出创意和主题。
· 添加商标和产品名称，并调整作品的整体布局，完成作品的制作。

## 流程设计

在制作时，我们首先用"液化"滤镜绘制出牛奶的轮廓，然后用"减淡"工具和"加深"工具绘制牛奶的质感，这样可以得到我们想要的任意的牛奶形状。最后将商品图像和标志与绘制好的牛奶图像合理搭配，从而得到一幅完整的牛奶广告招贴。

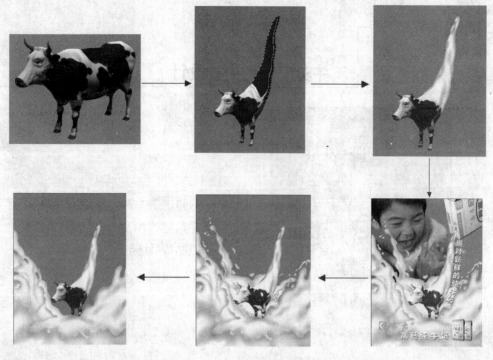

实例流程设计图5

## 任务实现

### 1. 绘制流淌的牛奶

**step 04** 选择"文件"|"新建"菜单命令，在弹出的"新建"对话框中进行如图3-1所示的参数设置，单击"确定"按钮创建一个新文件。然后设置前景色为绿色（#02a01c），按【Alt+Delete】组合键为"背景"图层填充前景色。最后，选择"视图"|"校样颜色"菜单命令[1]，以便实时观察印刷色效果。

**step 02** 选择"文件"|"打开"菜单命令，在"打开"对话框中选择配套资料中的"源文件与素材\实例5\素材\奶牛图片.psd"的文件，将其打开，如图3-2所示。

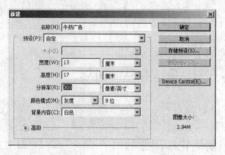

图3-1    "新建"对话框                       图3-2    打开的图片

---

[1] "校样颜色"命令，选择该命令可以将RGB模式下的图像以CMYK模式显示，这个命令在平面设计中非常有用。在进行设计制作时，为了确保Photoshop软件中的所有命令都能用，要设置文件的模式为RGB，但是因为要印刷的作品最终都要转为CMYK模式，这样转换模式后会丢掉一部分颜色，应用"校样颜色"命令可以使印刷出的作品与设计时的作品没有偏差，同时又能保证所有的命令都可用。

step 03 将"奶牛图片.psd"文件中的"图层1"移动复制到我们新创建的"牛奶广告"图像窗口中，得到"图层1"，按【Ctrl+T】组合键为奶牛图像添加自由变形框，将光标移动到变形框四角的小方框上，按住【Shift】键拖动鼠标，将图像进行等比例缩放。然后选择"图像"|"调整"|"亮度/对比度"菜单命令，在弹出的对话框中进行如图3-3所示的参数设置，单击"确定"按钮改变图层的亮度。

step 04 选择"滤镜"|"液化"菜单命令[1]，在弹出的对话框中设置画笔大小为106，然后对奶牛进行如图3-4所示的液化处理，操作完成后单击"确定"按钮。

图3-3 调整图像的亮度

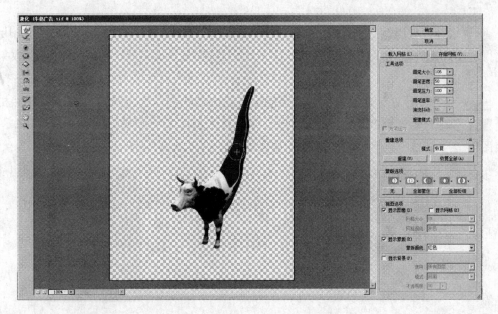

图3-4 对奶牛进行液化处理

step 05 按【Ctrl】键在"图层"调板中单击"图层1"，载入其选区，然后选择"套索"工具[2]，并在属性栏中按下"从选区减去"按钮，在画面中选区的下端进行绘制，将选区进行减去处理，结果如图3-5所示。

step 06 设置前景色为纯白色，并在"图层1"之上创建"图层2"，接着在该图层中给选区填充前景色，操作完成后撤销选区。用上面所讲的方法，继续载入"图层1"的选区，

---

[1] "液化"滤镜，利用该滤镜可使图像产生特殊的扭曲效果，如漩涡、扩展、收缩等效果。"液化"滤镜仅作用于当前图层的当前选区（如果没有选区，则作用于当前图层的整幅图像），因此，用户在准备使用该命令前应首先选中要操作的图层并制作合适的选区。

[2] "套索"工具，选择该工具可以拖动鼠标自由绘制选区，一般用于创建精确度要求不高的选区。使用该工具时，只需按住鼠标在图像窗口中拖动，定义要选择的区域，然后将鼠标指针移动到起始点处释放鼠标，这样便以鼠标指针移动的轨迹为边界创建一个选区。

选择"涂抹"工具 [1]，在工具属性栏中设置笔刷类型为"柔角 20像素"、"强度"为40%，在选区中对"图层 2"进行涂抹，最终结果如图3-6所示，操作完成后撤销选区。

图3-5　创建出的选区

图3-6　对图像进行涂抹后的效果

> **制作说明**　此时的填充色不选择纯白色，因为纯白色无法进行加深和减淡处理。

**step 07** 选择"橡皮擦"工具 ，在工具属性栏中适当调节笔刷的大小，然后在"图层 1"中进行适当的擦除，为了便于观察，我们将"图层 2"暂时设为不可见，此时图像效果如图3-7所示。

**step 08** 将"图层 2"设置为可见，选择工具箱中的"加深"工具 ，在工具属性栏中适当设置"笔刷类型"为"柔角 20像素"，并设置其范围为"高光"、曝光度为10%，然后在"图层 2"中沿白色区域的边缘进行加深处理，结果如图3-8所示。

图3-7　对"图层 1"进行适当的擦除

图3-8　加深处理后的效果

**step 09** 因为粘稠的牛奶在从容器中倒出时，表面会产生条状的突起和凹陷，效果如图3-9所示，而不是平滑的，所以我们要继续用"加深"工具对白色区域进行处理，绘制出其上的条状的突起和凹陷，在绘制观察中切记突起的地方为亮，凹陷的地方为暗，绘制好的最终结果如图3-10所示。至此，流淌的牛奶就绘制完成了。

**2. 绘制飞溅的牛奶**

**step 01** 下面我们来绘制飞溅的牛奶，在"图层 2"之上创建"图层 3"，使用"矩形选框"工具在该图层中绘制选区并为其填充前景色，结果如图3-11所示，操作完成后撤销选区。

---

　　[1]"涂抹"工具，选择该工具后在图像上拖动鼠标，可以产生出油画创作中类似手指涂抹出的效果。"涂抹"工具的功能非常强大，通过设置笔刷类型，可以涂抹出毛发、立体化等效果。

图3-9　观察牛奶图片

图3-10　绘制出流淌的牛奶

**step 02** 用前面所讲的方法，使用"液化"滤镜对"图层 3"中的白色矩形进行适当的液化处理，最终结果如图3-12所示。

图3-11　创建选区并填充前景色

图3-12　对"图层 3"进行液化处理

**step 03** 使用前面所讲的方法，选择"加深"工具，在工具属性栏中设置"画笔类型"为"柔角15像素"，在"图层 3"中沿白色区域的边缘进行加深处理，结果如图3-13所示。用"套索"工具在"图层 3"中绘制选区，然后按【Ctrl+Alt+D】组合键弹出"羽化选区"对话框[1]，在该对话框中进行如图3-14所示的参数设置，设置完成后单击"好"按钮将选区羽化。

图3-13　沿边缘进行加深处理

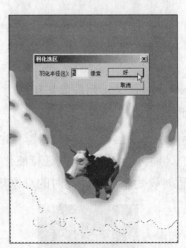

图3-14　将选区进行羽化

---

[1] "羽化"命令，选择该命令可以打开"羽化选区"对话框（其快捷键为【Ctrl+Alt+D】），通过在其中设置"羽化半径"的参数可以修改选区边缘的模糊程度。

**step 04** 使用"加深"工具，设置"画笔类型"为"柔角 20"像素，在选区中进行加深处理，结果如图3-15所示。然后按【Ctrl+Shift+I】组合键将选区反选，继续在选区边缘进行加深处理，最终结果如图3-16所示。

图3-15 在选区中进行加深处理

图3-16 在选区中进行加深处理

**step 05** 用同样的方法，继续创建选区并进行羽化，如图3-17所示，再在选区中进行适当的加深处理，最终结果如图3-18所示。

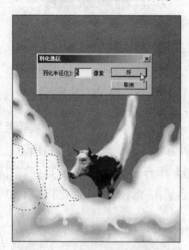

图3-17 创建选区并羽化

图3-18 进行加深处理

**step 06** 撤销选区，用前面所讲的方法，继续在"图层 3"中进行加深处理，最终结果如图3-19所示。

**step 07** 在"图层 1"之下创建"图层 4"，用前面所讲的方法，在该图层中创建矩形选区并填充为纯白色，然后对其进行液化和加深处理，为了便于观察，我们将"图层 1"和"图层 2"暂时设为不可见，此时的观察效果如图3-20所示。

图3-19 "图层 3"的处理结果

图3-20 "图层 4"的处理结果

**step 08** 将"图层 1"和"图层 2"设为可见,在"图层 3"之上创建"图层 5",继续用"套索"工具创建选区,然后选择"选择"|"修改"|"平滑"菜单命令¹,在弹出的对话框中进行如图3-21所示的参数设置,单击"确定"按钮平滑选区。

**step 09** 给选区填充纯白色,并进行适当的加深处理,制作出飞溅的奶滴,结果如图3-22所示。至此,飞溅的牛奶也绘制完成了。

图3-21 "平滑选区"对话框中的参数设置          图3-22 制作出飞溅的奶滴

**step 10** 此时,我们观察整体效果,发现奶牛在画面中显得有点暗,与整个画面的色彩不太协调,下面我们来对它进行修改,将"图层 1"设置为当前图层,选择"图像"|"调整"|"曲线"命令菜单²,在弹出的对话框中进行如图3-23所示的调整,调整完成后单击"确定"按钮,此时奶牛的效果如图3-24所示,这样奶牛的颜色就与整体色彩相匹配了。

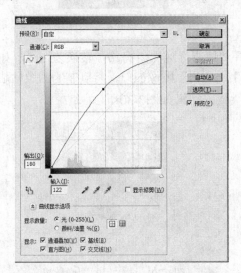

图3-23 "曲线"对话框中的调整结果          图3-24 画面的最终效果

---

¹"平滑"命令,在图像中制作好一个选区后,选择该命令,打开"平滑选区"对话框,用户可通过在其中设置"取样半径"值来光滑选区的边缘。

²"曲线"命令,使用该命令可以调整图像的整个色调范围及色彩平衡。"曲线"命令不仅可以精确调节0~255色调范围内的任意点,而且还可以通过调整个别颜色通道的色调来平衡图像的色彩。

3. 牛奶广告的制作

**step 01** 下面我们在绘制好的图像的基础上制作一幅完整的牛奶广告招贴。选择"文件"| "打开"菜单命令，在"打开"对话框中选择配套资料中的"源文件与素材\实例5\素材\奶盒 01.psd"的文件，将其打开，如图3-25所示。使用"移动"工具 ►+[1]将"图层 1"移动复制到"牛奶广告"图像窗口中，用自由变形的方法适当调整图像的大小和位置，结果如图3-26所示。

图3-25　打开的素材文件　　　　　　　　　图3-26　调整图像的大小和位置

**step 02** 打开配套资料中的"源文件与素材\实例5\素材\人物.jpg"的文件，如图3-27所示。然后使用"钢笔"工具沿着人物的轮廓绘制出封闭路径，如图3-28所示。

图3-27　打开的素材文件　　　　　　　　　图3-28　绘制出的封闭路径

**step 03** 单击鼠标右键，从弹出的快捷菜单中选择"建立选区"，将路径转换为选区，如图 3-29所示。将选区内的图像进行复制，然后进入"牛奶广告"图像窗口，将复制的图像粘贴，然后使用自由变形的方法适当调整图像的大小和位置，结果如图3-30所示。

图3-29　转换后的选区　　　　　　　　　　图3-30　调整后的图像效果

---

1 "移动"工具，利用该工具可以移动当前层中图像的位置，其方法是在图层调板中选择要移动图像的图层，然后在工具箱中选择"移动"工具，将光标移到图像窗口中单击并拖动，即可移动当前层中的图像。另外，利用该工具还可以将图像移动到另一个图像窗口中。

**step 04** 在"图层"调板中将除人物图层、奶盒图层和"背景"图层之外的所有图层都设置为不可见，选择"磁性套索"工具，沿着人物的衣服创建出如图3-31所示的选区，然后在工具属性栏中单击"从选区减去"按钮，再在图像窗口中沿着人物左手的轮廓绘制选区，结果如图3-32所示。

图3-31　创建出的选区　　　　　　　　　　　图3-32　绘制出的选区

**step 05** 选择"图像"|"调整"|"替换颜色"菜单命令[2]，在弹出的对话框中进行如图3-33所示的设置，完成后单击"确定"按钮，调整选区内图像的颜色，为了便于观察按【Ctrl+D】组合键取消选区，结果如图3-34所示。

图3-33　"替换颜色"对话框　　　　　　　　　图3-34　调整后的图像颜色

**step 06** 在"图层"调板中将所有图层都设置为可见，使用"钢笔"工具沿着流淌的牛奶绘制出如图3-35所示的路径。然后选择"横排文字"工具，在工具属性栏中进行如图3-36所示的设置。

---

[1]"磁性套索"工具，该工具主要适用于对边界分明的图案的选择。在制作选区时它会根据选择的图像边界的像素点颜色与背景颜色的差别自动勾画出选区边界，从而快速制作出需要的选区。

[2]"替换颜色"命令，选择该命令可打开"替换颜色"对话框，将光标移动到图像窗口中想要替换的颜色区域处单击选择替换色彩，然后在对话框中通过设置"色相"、"饱和度"和"亮度"的参数来改变选择的颜色区域的色彩。

图3-35　绘制出的路径　　　　　　　　　　图3-36　工具属性栏中的设置

**step07** 设置前景色为纯白色，将光标移动到绘制好的路径上，单击鼠标左键沿着路径输入文字[1]，结果如图3-37所示。切换到"图层"调板，在刚创建的文字图层上双击鼠标左键打开"图层样式"对话框，在其中进行如图3-38所示的设置。

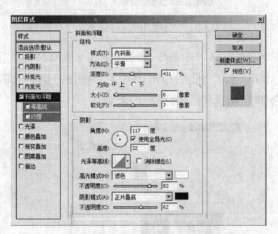

图3-37　输入的文字　　　　　　　　　　图3-38　"图层样式"对话框

**step08** 单击"确定"按钮，为文字添加"斜面和浮雕"图层样式[2]，结果如图3-39所示。然后打开配套资料中该实例的其他素材，将它们都复制到"牛奶广告"图像窗口中，适当调整它们的大小和位置，结果如图3-40所示。

图3-39　添加图层样式后的效果　　　　　　图3-40　调整后的图像效果

---

[1] 沿路径输入文字的方法非常简单，首先使用"钢笔"工具或各种形状工具绘制好路径，然后在文字工具组中选择任意一个文字工具，将光标移动到绘制好的路径上，当鼠标指针显示为▼形状时单击鼠标左键，这时输入的文字就会自动沿路径排列了。使用"直接选择"工具或"路径选择"工具可以沿路径移动、翻转文字。

[2] "斜面和浮雕"图层样式，使用该图层样式可以将各种高光和暗调的组合添加到图层，使图像产生不同样式的浮雕效果。在对话框右侧的编辑窗口中可设置浮雕的样式、方法、深度、方向大小等参数。

**step04** 选择"横排文字"工具，设置前景色为纯白色，在图像窗口中输入如图3-41所示的文字。然后在"图层"调板中的文字图层上双击鼠标左键打开"图层样式"对话框，在其中进行如图3-42所示的设置，完成后单击"确定"按钮为文字添加斜面和浮雕效果，结果如图3-43所示。至此，整个实例就制作完成了，按【Ctrl+S】组合键将文件进行保存。

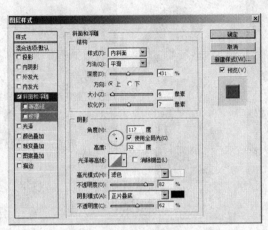

图3-41 添加图层样    图3-42 调整后的图像效果    图3-43 添加图层样
式后的效果                                            式后的效果

## 设计说明

本例我们设计的是一个高钙纯牛奶的广告招贴，本作品的创意紧紧围绕纯牛奶展开，从包装盒中流淌出的牛奶渐渐变成了一只健壮的奶牛，既突出了牛奶的纯和高钙，又产生出了很强的视觉冲击力；既提起了人们的阅读兴趣，又加深了记忆。

## 知识点总结

本例主要运用了"液化"滤镜、"曲线"命令、"移动"工具和"替换颜色"命令。

### 1."液化"滤镜

"液化"滤镜仅作用于当前图层的当前选区（如果没有选区，则作用于当前图层的整幅图像），因此，用户在准备使用该命令前应首先选中要操作的图层并制作合适的选区。选择"滤镜"|"液化"菜单命令，打开"液化"对话框，如图3-44所示。

其中各主要选项的意义如下。

"向前变形"工具 ：选中该工具后，可通过拖动鼠标指针改变像素。

"顺时针旋转扭曲"工具 ：选中该工具后，在图像区域单击或拖动可使画笔下的图像按顺时针旋转。

"褶皱"工具 与"膨胀"工具 ：利用这两个工具可收缩或扩展像素。

"左推"工具 ：选中该工具后，在图像编辑窗口单击并拖动，系统将在垂直于鼠标指针移动的方向上移动像素。

"镜像"工具 ：该工具用于镜像复制图像。选中该工具后，直接单击并拖动鼠标指针可以镜像复制与描边方向垂直的区域，按住【Alt】键单击并拖动可以镜像复制与描边方向相反的区域。通常情况下，在冻结了要反射的区域后，按住【Alt】键单击并拖动可产生更好的效果。使用"重叠描边"命令可创建类似于水中倒影的效果。

图3-44　"液化"对话框

"湍流"工具 ≋：该工具用于平滑地混杂像素，它主要用于创建火焰、云彩、波浪和相似效果。

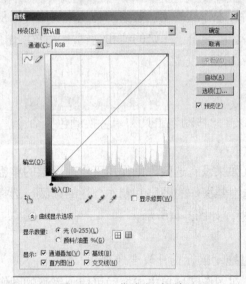

图3-45　"曲线"对话框

### 2. "曲线"命令

选择"曲线"命令，调整曲线表格中的曲线形状即可综合调整图像的亮度、对比度和色彩等。该命令实际上是"反相"、"色调分离"、"亮度"/"对比度"等多个命令的综合。选择"图像"|"调整"|"曲线"菜单命令，弹出"曲线"对话框，如图3-45所示。

其中主要参数的意义如下所示。

"通道"：在其下拉列表中可选择需要调整的通道，从而调整图像的色彩平衡。

"曲线"：默认的曲线形状为一条从下到上的对角线，其中水平轴表示图像像素原来的亮度值，即输入值。垂直轴表示新的亮度值，即输出值。在曲线上单击即可创建调节点，其值将显示在下面的"输入"和"输出"文本框中，然后拖动调节点可调整图像中明暗情况，从左下到右上由暗变亮。若要删除调节点，可在选中调节点后按【Delete】键，或按下【Ctrl】键后单击要删除的调节点。另外，也可将选中的调节点直接拖至曲线外。

"输入"、"输出"：在其右侧文本框中可直接设置调节点的坐标值。

✏按钮：单击该按钮后，可在对话框中手动绘制曲线来调整图像的亮度，然后单击 ∿ 按钮，即可将曲线及其调节点显示出来。

### 3. "移动"工具

"移动"工具属性栏如图3-46所示。

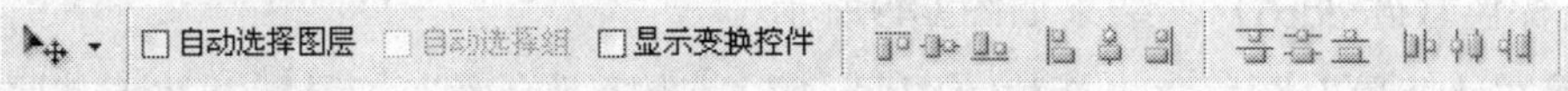

图3-46 "移动"工具属性栏

"自动选择图层"：选中该复选框后，在图像窗口中单击，可自动选择光标所接触的可见像素的图层。否则，只能移动当前图层。

"自动选择组"：选中该复选框后，在图像窗口中单击，可自动选择光标所接触的可见像素的图层所在的图层组中的所有图像。该复选框只有在"自动选择图层"复选框被选中时才被激活。

"显示变换控件"：选中该复选框后，图像中会出现一个虚线定界框，当用光标移动到定界框上且光标指针变为双箭头时单击，该框将变为实线框，这时可以对框内的图像进行变形修改。

### 4. "替换颜色"命令

利用"替换颜色"命令可以替换图像中的特定颜色。选择"图像"|"调整"|"替换颜色"菜单命令，弹出"替换颜色"对话框，如图3-47所示。

🖋🖋🖋 按钮：选择第一个吸管按钮，可在图像中单击选择要替换的颜色；带加号的吸管按钮用于在要替换的颜色中增加；带减号的吸管按钮用于在替换颜色中减去颜色。

"颜色容差"：该选项可控制与鼠标指针单击处颜色在多大范围内相近的颜色将被替换，向右拖动滑块将扩大所选颜色的范围，反之则减小。

"选区"和"图像"：选中"选区"单选钮，预览框中将显示要替换颜色的范围；选中"图像"单选钮，预览框中将显示图像。

"替换"：通过修改"色相"、"饱和度"和"明度"值来变换图像中所选区域的颜色。

图3-47 "替换颜色"对话框

## 拓展训练

下面将制作一幅关于果汁的招贴广告，该广告主要通过果汁的颜色和逼真的质感来吸引人们的注意力，通过逼真诱人的果汁，使人们产生购买的欲望。在色彩上，以果汁的颜色为主色调，给人一种协调统一的感觉。

本例在制作时，主要用到了"钢笔"工具、"减淡"工具、"加深"工具及文字工具等。本例的重点是果汁质感的绘制，在绘制时一定要注意结合前面所讲的手绘知识。本例制作的最终效果如图3-48所示。

图3-48 实例最终效果

**step 01** 新建一幅名称为果汁广告、宽度为15厘米、高度为20厘米、颜色模式为RGB颜色、分辨率为75像素/英寸的图像，然后打开"视图" | "校样颜色"菜单命令，并在"背景"图层中填充淡棕色（#fcddc6），结果如图3-49所示。

**step 02** 在"背景"图层之上新建"图层 1"，选择"套索"工具，并按下其属性栏中的"从选区减去"按钮，在图像窗口中绘制如图3-50所示的选区，然后将选区进行3像素的平滑处理，并为选区填充橘黄色（#f89821），完成后撤销选区。

图3-49　填充颜色后的效果　　　　　　　　　　图3-50　绘制出的选区

**step 03** 选择"滤镜" | "液化"菜单命令，在弹出的对话框中对图像进行如图3-51所示的处理，完成后单击"确定"按钮。

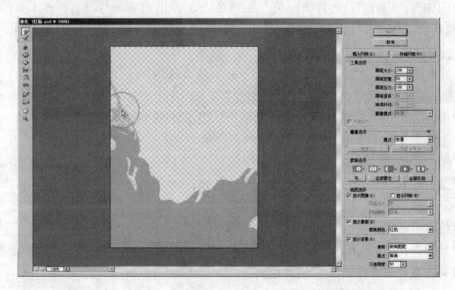

图3-51　"液化"对话框中的图像处理

**step 04** 继续用"套索"工具绘制如图3-52所示的选区，然后将选区进行2像素的平滑处理，结合反选的方法，对选区内外的图像进行适当的加深和减淡处理，撤销选区后结果如图3-53所示。

**step 05** 继续用上面所讲的方法绘制选区，并在其内外进行适当的加深、减淡和涂抹处理，如图3-54所示。

**step 06** 撤销选区后，继续用"涂抹"工具对图像进行如图3-55所示的涂抹处理。用同样的方法，继续绘制其他部分的质感，绘制完成的最终结果如图3-56所示，在绘制时注意结合前面所讲的手绘知识。

图3-52　绘制出的选区

图3-53　加深和减淡处理后的效果

图3-54　对图像进行适当的加深、减淡和涂抹处理

图3-55　涂抹后的效果

图3-56　图像的最终效果

step 07 在"图层 1"之下新建"图层 2"，继续用"套索"工具绘制如图3-57所示的选区，将该选区进行2像素的平滑处理后填充橘黄色（#f89821），完成后撤销选区，然后用前面所讲的方法，对图像进行如图3-58所示的加深和减淡处理。

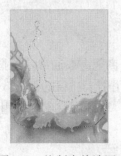

图3-57　绘制出的选区

图3-58　图像的处理效果

step 08 在"图层 1"之上新建"图层 3"，继续选择"套索"工具，并按下属性栏中的"添加到选区"按钮，在图像窗口中创建如图3-59所示的多个选区，将它们进行1像素的平滑处理后填充橘黄色（#f89821），然后撤销选区，对图像进行适当的加深和减淡处理，制作出溅起的水滴效果，结果如图3-60所示。至此，飞溅的果汁效果就绘制完成了。

图3-59 绘制出的选区

图3-60 制作出的水滴效果

**step 09** 选择 "文件" | "打开" 菜单命令，在 "打开" 对话框中选择配套资料中的 "源文件与素材\实例5\素材\果汁.jpg" 图片，将其打开，使用 "魔棒" 工具制作出图像的选区，使用 "移动" 工具将其移动复制到 "果汁广告" 图像窗口中，适当调整其大小和位置，结果如图3-61所示。然后再新建图层，使用 "钢笔" 工具在图像窗口下方绘制出底图并用 "横排文字" 工具输入相应的文字，最终效果如图3-62所示。至此，整个实例就制作完成了，按 【Ctrl+S】组合键将文件进行保存。

图3-61 调整图像大小和位置

图3-62 实例的最终效果

## 职业快餐

随着现代社会的飞速发展，现在的海报种类也变得多种多样，按其应用功能来分大致可以分为商业海报、文化海报、电影海报和公益海报4大类，但是无论何种性质的海报，其宗旨都是以宣传为主要目的的。

### 1. 商业海报

商业海报是指宣传商品或商业服务的商业广告性海报。商业海报通常以商业宣传为目的，在设计时一定要恰当地配合产品的格调和受众对象，要采用引人注目的视觉效果达到宣传某种商品或服务的目的。商业海报的设计应明确其商业主题，同时在文案的应用上要注意突出重点，不宜太花哨。商业海报的效果如图3-63所示。

### 2. 文化海报

文化海报又叫展览海报，通常是指各种社会文娱活动及各类展览的宣传海报。文化海报主要用于展览会的宣传，常分布于街道、影剧院、展览会、商业闹区、车站、码头、公园等公共场所。它具有传播信息的作用，涉及内容广泛、艺术表现力丰富、远视效果强。展览的种类很多，不同的展览都有它各自的特点，设计师需要了解展览和活动的内容才能运用恰当的方法表现其内容和风格。展览海报的效果如图3-64所示。

图3-63 商业海报

图3-64 文化海报

## 3. 电影海报

电影海报是目前最常见的一种海报形式，它的主要作用是吸引观众注意、刺激电影票房收入。在设计时要以电影的情节或者人物为背景，要让人们看后对该电影的情节有一定的了解，激发人们的观看欲望。电影海报的效果如图3-65所示。

图3-65 电影海报

## 4. 公益海报

公益海报具有特定的公众教育意义，通常带有一定的思想性。公益海报的主题包括各种社会公益、道德的宣传，或政治思想的宣传，弘扬爱心奉献、共同进步的精神等。公益海报的效果如图3-66所示。

图3-66 公益海报

## 实例6

## 化妆品招贴设计

素材路径：源文件与素材\实例6\素材

源文件路径：源文件与素材\实例6\

化妆品广告.psd

实例效果图6

## 情景再现

抠图是进行平面设计的基础，只有将所需要的素材准确、完整地抠出来才能进行下面的修饰、合成等操作，所以抠图是实现设计思路的第一步。对于广大Photoshop用户来说，掌握一些常用的抠图技巧，可以大幅度地提高工作效率。

今天接到一个单子，设计制作一个口红的招贴广告，素材图片客户已经带过来了，是一个长发飘飘的美女模特，视觉效果非常棒，但是看完素材后几个新来的同事却犯了愁，如此不规则的头发边缘，可怎么进行抠图啊？用"套索"工具、"钢笔"工具等常用的抠图方法反复操作了几次都不成功，抠出的边缘都太过生硬，即使加了羽化给人的感觉也特别不自然。

这时我想到了通道的功能，因为单色通道只记忆黑色和白色，利用明暗对比强烈的通道应该可以完整地制作出头发边缘的选区。思路有了，下面就还是着手制作吧……

## 任务分析

· 根据客户的要求构思广告创意。

· 根据创意搜集素材。

· 将素材进行修饰、抠图。

· 按照广告的要求设置尺寸大小和分辨率。新建一个文件，设计广告的基本色，将处理好的素材合并到文件中并添加适当的效果。

· 添加商标、商品名称和广告语，并根据整体色调设计它们的颜色和布局。

## 流程设计

在制作时，我们首先利用通道将人物进行抠图处理。然后将抠出的图像和其他素材合并到背景图像中，按照创意调整它们的整体布局，最后输入必要的文字并进行版式的调整，保存文件，完成广告的制作。

实例流程设计图6

## 任务实现

### 1. 抠出人物图像

**step 01** 打开配套资料"第3章/素材文件/美女素材.jpg"文件，如图3-67所示。进入"通道"调板，选择图像明暗对比比较强烈的"蓝"通道[1]，如图3-68所示。

图3-67 打开的素材图片

图3-68 选择"蓝"通道

---

[1]通道，通道主要用于保存图像的色彩信息，一个RGB模式的彩色图像包括"RGB"、"红"、"绿"、"蓝"4个通道。在通道中不仅可以对各原色通道（"红"、"绿"或"蓝"）进行相应的色调调整，如明暗度、对比度等，另外还可以对原色通道单独执行滤镜命令，从而制作出各种特殊效果。

**step 02** 选择"蓝"通道后图像的显示效果如图3-69所示，将"通道"调板中的"蓝"通道进行复制，得到"蓝副本"通道，如图3-70所示。

图3-69　"蓝"通道的显示效果

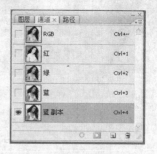

图3-70　复制"蓝"通道

**step 03** 选择"图像"|"调整"|"色阶"菜单命令[1]（快捷键为【Ctrl+L】），在弹出的对话框中进行如图3-71所示的设置，完成后单击"确定"按钮，增强图像的明暗对比效果，结果如图3-72所示。

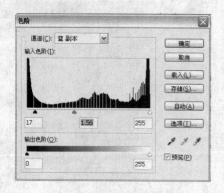

图3-71　"色阶"对话框

图3-72　图像调整后的效果

**step 04** 按【Ctrl+I】组合键将图像进行反相[2]，效果如图3-73所示，然后选择"画笔"工具，设置前景色为纯黑色，将人物以外的其他区域全部用黑色盖住，结果如图3-74所示。

图3-73　反相后的效果

图3-74　盖住人物以外的区域

**step 06** 使用"钢笔"工具，在人物轮廓的内部绘制一个如图3-75所示的封闭路径，然后在绘制好的路径上单击鼠标右键，从弹出的快捷菜单中选择"建立选区"命令，在打开的对话

---

[1]色阶，利用"色阶"命令可通过调整图像的暗调、中间调和高光的强度来校正图像的色调范围。

[2]反相，利用"反相"命令可以对图像进行反相，即图像中的颜色和亮度全部反转，转换为256级中相反的值。例如，原来图像亮度值为80，经过反相后其亮度值为175。

框中进行如图3-76所示的参数设置。

图3-75 绘制出的封闭路径

图3-76 "建立选区"对话框

step 06 单击"确定"按钮，将路径转换为带5像素羽化的选区，如图3-77所示。然后进入"通道"调板，新建一个Alpha 1通道，在选区中填充纯白色，结果如图3-78所示，完成后将选区取消。

图3-77 转换好的选区

图3-78 填充颜色后的效果

step 07 按住【Ctrl+Shift】组合键在"通道"调板中依次单击"蓝副本"通道和Alpha 1通道，同时载入这两个通道的选区，回到图层中，结果如图3-79所示。在"图层"调板的"背景"图层上双击鼠标左键打开"新建图层"对话框，在其中设置图层的名称为"图层 0"，如图3-80所示，单击"确定"按钮，将"背景"图层转换为普通图层。

图3-79 载入的选区

图3-80 "新建图层"对话框

step 08 在"图层"调板的下方单击"添加图层蒙版"按钮 ，创建一个图层蒙版[1]，为选区填充白色，如图3-81所示，这样人物以外的图像就显示为透明的了，结果如图3-82所示。

step 09 为了便于观察，我们为图像添加一个背景，在"图层 0"之下新建"图层 1"，为其填充绿色，如图3-83所示，此时会发现，头发边缘有断裂的现象，选择"画笔"工具，设置前景色为纯白色，在断裂的头发处进行适当的涂抹，对头发进行修饰，结果如图3-84所示。

---

[1]图层蒙版，图层蒙版的主要功能是根据蒙版中颜色的变化使其所在层图像的相应位置产生透明效果。图层蒙版中使用灰度颜色，其白色区域为完全不透明区，黑色区域为完全透明区，其他灰色区域为半透明区。

图3-81　制作出的蒙版效果

图3-82　添加蒙版后的图像效果

图3-83　填充背景色

图3-84　修饰边缘后的效果

> **提示** 此时选择笔刷类型为柔角、不透明度为50%左右，这样涂沫出的效果不至于过于生硬。

**step 10** 由于前面第（5）、第（6）步创建的是带羽化的选区，所以此时图像的下端边缘和胳膊边缘处为羽化效果，现在我们将这两部分的羽化效果去除。选择"画笔"工具，设置笔刷类型为尖角，确定此时的前景色为纯白色，在羽化的区域进行适当的涂抹，取消其羽化效果，结果如图3-85所示。然后再在人物的腋下进行适当的涂抹，去除多余的图像，结果如图3-86所示。至此，人物的抠图就完成了，将图像另存为"美女抠图后.psd"。

图3-85　修饰羽化边缘

图3-86　修饰腋下多余的图像

## 2. 合成图像完成广告的制作

**step 01** 下面我们利用抠好的图像来完成化妆品招贴的制作。打开本书配套资料"第5章/素材文件/背景图片.jpg"文件，如图3-87所示。选择"图像"|"调整"|"亮度/对比度"菜单命

令[1]，在弹出的对话框中进行如图3-88所示的设置。

图3-87 打开的"背景图片"

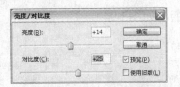

图3-88 对话框中的参数设置

> **制作说明** 由于主图形的色调比较亮，所以在调整背景色时要适当提高其整体的对比度，这样才能使作品的整体色调统一。

**step 02** 单击"确定"按钮，调整图像的亮度和对比度，结果如图3-89所示。然后将前面抠好的人物图像移动复制到"背景图片"图像窗口中得到"图层 1"，适当调整其位置，结果如图3-90所示。

图3-89 图像调整后的效果

图3-90 调整图像的位置

**step 03** 打开本书配套资料"第3章/素材文件/装饰图.psd"文件，如图3-91所示。使用"移动"工具将其中"图层 1"中的图像移动复制到图像窗口中得到"图层 2"，使用自由变形的方法适当调整其大小和位置，结果如图3-92所示。

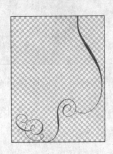

图3-91 打开的素材文件

图3-92 调整图像的大小和位置

---

1 "亮度/对比度"命令，利用"亮度/对比度"命令可以调整图像的亮度和对比度值，它可对图像中的每个像素进行同样的调整，在调整图像的色调范围方面，它是一种最简单的方法。另外，值得注意的是，该命令对单个通道不起作用，建议不要用于高端输出，因为它会引起图像中细节的丢失。

**step04** 按住【Ctrl】键在"图层"调板中单击"图层 2",载入其选区,如图3-93所示。选择"渐变"工具 ▇,在其属性栏中单击"点按可编辑渐变"图标 ▇,打开"渐变编辑器"对话框,在其中设置颜色从深紫色(#832a7d)到紫色(#d161ca)再到深紫色(#832a7d)的渐变,如图3-94所示。

图3-93 载入的选区

图3-94 渐变设置

**制作说明** 使用紫色调渐变可以很好的体现产品的时尚感。

**step05** 单击"确定"按钮,在"图层 2"之上新建"图层 3",从左下角到右上角拖动鼠标,为选区填充渐变效果,结果如图3-95所示。将"图层 2"设置为当前图层,为选区填充浅灰色,取消选区,将图像水平向右进行适当的移动,结果如图3-96所示。

图3-95 填充渐变后的效果

图3-96 调整图像的位置

**step06** 使用"钢笔"工具沿着图像的轮廓和图像窗口的边缘处绘制一个如图3-97所示的封闭路径,完成后将其转换为选区。选择"渐变"工具 ▇,打开"渐变编辑器"对话框,在其中设置颜色从纯白色到肉粉色(#f8b8b9)的渐变,如图3-98所示。

**step07** 单击"确定"按钮,在"图层 2"之下新建"图层 4",从右下角到左上角拖动鼠标,为选区填充渐变效果,结果如图3-99所示。然后选择"矩形选框"工具,在图像窗口中绘制一个如图3-100所示的矩形选区。

**step08** 选择"渐变"工具 ▇,打开"渐变编辑器"对话框,在其中设置颜色从深粉色(#f086ae)到肉粉色(#c86f8f)的渐变,如图3-101所示。完成后在工具属性栏中按下"径向渐变"按钮 ■，新建"图层 5"，为选区填充如图3-102所示的渐变效果。

图3-97　绘制出的路径　　　　　　　　　图3-98　渐变设置

图3-99　填充渐变后的效果

图3-100　绘制出的选区

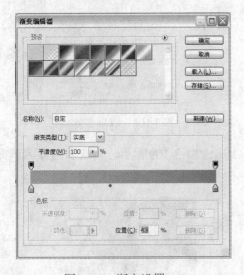

图3-101　渐变设置

图3-102　填充渐变后的效果

　　 step 09 使用自由变形的方法，适当调整图像的大小，结果如图3-103所示，然后载入"图层 4"的选区，按【Ctrl+Shift+I】组合键将选区反选，按【Delete】键删除多余的图像，完成后取消选区，结果如图3-104所示。

图3-103　图像调整后的大小

图3-104　图像修饰后的效果

step 10 选择"椭圆选框"工具，按住【Alt+Shift】键在图像窗口中拖动鼠标绘制出一个如图3-105所示的圆形选区，新建"图层 6"并为选区填充紫色（#c067bb）。然后选择"选择"|"修改"|"收缩"菜单命令，在弹出的对话框中进行如图3-106所示的参数设置。

图3-105　绘制出的圆形选区

图3-106　参数设置

step 11 单击"确定"按钮，将选区进行收缩，结果如图3-107所示，完成后为选区填充浅紫色（#e5c0e2）。然后再选择"选择"|"修改"|"收缩"菜单命令[1]，在弹出的对话框中进行如图3-108所示的参数设置。

图3-107　收缩后的选区

图3-108　收缩参数设置

step 12 单击"确定"按钮，将选区进行收缩，结果如图3-109所示，完成后为选区填充纯白色并取消选区，结果如图3-110所示。

图3-109　收缩后的选区

图3-110　填充颜色后的效果

---

[1] "收缩"命令，利用"收缩"命令可以将现有的选区进行收缩，以将选区的范围缩小。

**step 13** 使用自由变形的方法，适当调整刚绘制出的图像的大小和位置，结果如图3-111所示。然后使用同样的方法，绘制出其他的同心圆图像，结果如图3-112所示。

图3-111　调整图像的大小和位置　　　　　　　图3-112　绘制出的其他图像

**step 14** 选择"横排文字"工具 T.，在其属性栏中设置字体为Impact、字号为36点、颜色为紫色（#a52987），在图像窗口中输入文字"SHUI JING"，如图3-113所示。然后修改字体为Lucida Sans Uni...、字号为12点、颜色为浅紫色（#d681b0），在图像窗口中输入文字"liang cai Chun gao 2008 zui xin xi lie chan pin"，如图3-114所示。

图3-113　输入的大文字　　　　　　　　　图3-114　输入的小文字

**step 15** 打开本书配套资料"第3章/素材文件/花边.jpg"文件，如图3-115所示。选"图像"|"调整"|"色彩范围"菜单命令[1]，将光标移动到花边区域处单击鼠标左键指定色值，然后在对话框中进行如图3-116所示的设置。

图3-115　打开的花边素材　　　　　　　　　图3-116　参数设置

**step 16** 单击"确定"按钮创建出花边的选区，并为选区填充深紫色（#641b50），结果如图3-117所示。使用"移动"工具将选区内的图像移动复制到"背景图片"图像窗口中，适当调整其大小和位置，结果如图3-118所示。

**step 17** 将当前图层进行复制，选择"编辑"|"变换"|"垂直翻转"菜单命令，将复制出的图像进行垂直翻转，适当调整其位置，结果如图3-119所示。打开本书配套资料"第3章/素

---

[1]"色彩范围"命令，用户可利用"色彩范围"对话框中右侧的"吸管"工具在图像窗口中吸取某一颜色，或者单击"选择"项右侧的下拉按钮，在弹出的下拉列表中指定某一颜色或色调来制作选区。

材文件/口红.psd"文件，如图3-120所示。

图3-117 填充颜色

图3-118 调整图像的大小和位置

图3-119 翻转图像

图3-120 打开的口红素材

**step 18** 将口红素材中的"图层 1"移动复制到"背景图片"图像窗口中，适当调整其大小和位置，结果如图3-121所示。然后将当前图层进行复制，并将复制出的图像进行垂直翻转，适当调整其位置，在"图层"调板中设置其不透明度为25%，并用"橡皮擦"工具对其下部进行适当的擦除，制作出倒影效果，结果如图3-122所示。至此，整个实例就全部制作完成了，将文件另存为"化妆品招贴.psd"。

图3-121 调整图像的大小和位置

图3-122 擦除图像后的效果

## 设计说明

口红是美女们的最爱，广告的主题选用一个时尚、漂亮的美女模特既符合了产品广告的主题，又可以起到很好的广告效果。因为粉色是产品的颜色，所以整个广告的基本色我们选用了粉色与产品色形成统一，以便让受众加深印象。

广告的整体布局我们采用了最常见的左右对开式，左边放主图像，右边放置商品名称和商品，中间的过渡线选用自然、柔和的曲线，这样不但能够吸引人们的视线，而且还可以突出所宣传的商品。

## 知识点总结

本例主要运用了通道调板、"色阶"命令和图层蒙版。

1. "通道"调板

在Photoshop中，通道占有非常重要的地位，它的功能主要是用于保存图像的色彩信息和选区。彩色图像的不同颜色模式将直接决定通道的模式和数量，在Photoshop中，通道主要分以下4种。

（1）复合通道：对于不同模式的图像，其通道数量也不一样。其中RGB模式的图像包括RGB、R、G、B 4个通道，CMYK模式的图像包括CMYK、C、M、Y、K共5个通道，Lab模式的图像包括Lab、L、a、b这4个通道。

（2）单颜色通道：在"通道"调板中，单颜色通道通过0～256级亮度的灰度来表示颜色。用户一般不采用直接修改颜色通道的方法来改变图像的颜色。

（3）专色通道：该通道主要用于印刷行业，印刷中常见的烫金、烫银或企业专有色等都需要在图像处理时进行通道专有色的设定。在"通道"调板快捷菜单中选择"新专色通道"命令，即可创建一个专色通道。

（4）Alpha通道：除了颜色通道，还可以在图像中创建Alpha通道，以便保存和编辑蒙版及选择区。

目前通道在行业应用中的主要用途，大致可以分为以下3种：

①用于辅助修饰图像，用户可借助"通道"调板观察图像的各通道显示效果，然后再对图像进行修饰。

②辅助制作一些特殊效果，将一副图片复制粘贴到另一副图片中的某一个通道中，会创建出奇特的效果。

③利用Alpha通道可保存选区。同时，利用Alpha通道中保存的选区的透明信息，用户还可制作一些特殊效果。

2. "色阶"命令

选择"图像"|"调整"|"色阶"菜单命令，可以打开"色阶"对话框，如图3-123所示。

对话框中的"输入色阶"主要用来修改图像中的明暗数量及图像对比度。它右侧的3个参数值分别对应着直方图下方的3个小滑块。其中最左侧的黑色滑块表示当前图像最暗值，向右拖动它，将增大图像的暗调范围，从而提高图像暗调区域的对比度；最右侧的白色滑块表示当前图像的最亮值，向左拖动它可增加图像的高光范围，从而提高图像高光区域的对比度；中间的灰色

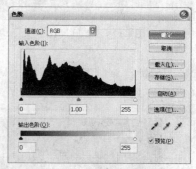

图3-123 "色阶"对话框

滑块表示当前图像的中间亮度值，左右拖动它可增大或减小中间色调范围，从而改变图像的对比度，具体效果如图3-124所示。另外，直方图的高度表示每个亮度级的数量。

3. 图层蒙版

图层蒙版的主要功能是根据蒙版中颜色的变化使其所在层图像的相应位置产生透明效果。图层蒙版中使用灰度颜色，其白色区域为完全不透明区，黑色区域为完全透明区，其他灰色区域为半透明区。选择"图层"|"添加图层蒙版"菜单命令中的相应子命令可制作图层蒙版，其中"显示全部"命令表示制作一个全白蒙版，"隐藏全部"命令表示制作一个全黑蒙版；

"显示选区"命令表示根据选区制作蒙版；"隐藏选区"命令表示根据选区反转后的结果制作蒙版。

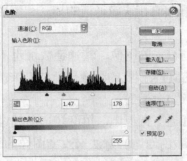

图3-124　对比效果

如果当前层为背景层以外的普通图层时，在"图层"调板中的"添加图层蒙板"按钮 上单击，也可为当前层创建蒙版，此时创建的蒙版为空白蒙版。

## 拓展训练

图3-125　实例最终效果

利用前面制作化妆品灯箱广告的知识，我们可以拓广到制作其他广告上，下面是运用同样的方法制作的滑雪场广告，如图3-125所示。飞溅的雪花也是选区之中的一个难点，这里我们同样使用通道进行抠图，通过对本实例的学习，可以让读者全面掌握通道抠图的相关技巧，由于操作步骤与前面所讲的有些相似，下面我只给出了本实例的一些关键操作提示。

**step 01** 打开本书配套资料"第3章/立体冲击特效/素材文件/滑雪.jpg"图片，如图3-126所示。将背景图层进行复制得到"图层1"，然后在"图层1"下方新建"图层2"并填充纯黑色，如图3-127所示。

图3-126　打开的素材图片

图3-127　新建图层2

**step 02** 将"图层1"设置为当前图层，进入"通道"调板将灰度信息保留的最好的"红"通道进行复制，显示效果如图3-128所示。然后打开"色阶"对话框，在弹出的对话框中进行如图3-129所示的设置。

图3-128 红通道的显示效果

图3-129 "色阶"对话框

**step 03** 单击"确定"按钮,图像效果如图3-130所示。选择画笔工具,设置前景色为黑色,用画笔将人物、雪地和滑板涂黑,这一步的目的是把飞溅的雪花抠出来,结果如图3-131所示。

图3-130 调整后的效果

图3-131 涂抹图像后的效果

**step 04** 载入"红副本"通道的选区,单击"创建蒙版"按钮为"图层 1"添加蒙板,结果如图3-132所示。新建一个图层并填充白色,右击"图层 1",从弹出的快捷菜单中选择"添加图层蒙板到选区"命令,再选择填充白色的"图层3",为其添加蒙板,这一步的目的是为了突出雪花的效果,结果如图3-133所示。

图3-132 创建蒙版后的效果

图3-133 添加白色后的效果

**step 05** 将背景图层进行复制放置到最上面,使用钢笔工具勾勒出人物的选区,如图3-134所示。然后单击"创建蒙版"按钮为当前图层添加蒙板,结果如图3-135所示。

**step 06** 继续复制一个背景图层,将其放置到黑色图层的上面,打开"图层样式"对话框,在其中选中"描边"图层样式并进行如图3-136所示的设置。设置完成后单击"确定"按钮,为图像进行描边,结果如图3-137所示。

**step 07** 使用前面所讲的方法将图像进行如图3-138所示的透视变形。然后使用"仿制图章"工具将图像上多余的人物部分进行涂抹,结果如图3-139所示。

图3-134 创建出的选区

图3-135 添加蒙版后的效果

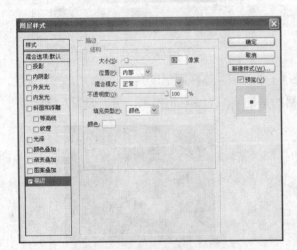

图3-136 "图层样式"对话框

图3-137 描边后的效果

图3-138 图像变形后的效果

图3-139 图像处理后的效果

**step 08** 将背景图层和黑色图层设置为不可见，按【Ctrl+Shift+Alt+E】组合键盖印可见图层，结果如图3-140所示。打开本书配套资料"实例5/素材/雪山.jpg"图片，将盖印好的图像移动复制到当前图像窗口中，使用自由变形的方法适当调整图像的大小和形状，结果如图3-141所示。至此，整个广告制作完成。

图3-140 盖印图层后的效果

图3-141 图像合成后的效果

**职业快餐**

招贴广告又叫海报和宣传画，属于户外广告的一种，其放置场所为街头、市区、车站、码头、公园等公共场所，由于放置场所的限制，所以其相对于其他形式的广告，具有画面大、内容广、艺术价值高、远视效果强等特点。

1. 画面大

因为招贴广告多张贴在热闹的公共场所，会受到周围环境、时间和人群等各种因素的干扰，所以招贴广告必须以大画面及突出的形象和色彩展现在大家的面前，如图3-142所示。招贴广告的画面规格一般为全开、对开、长三开及特大等。

图3-142 大画面的招贴广告

2. 艺术价值高

招贴广告的针对性很强，商品招贴往往以具有艺术表现力的摄影、造型写实的绘画和漫画形式来表现，这样可以给消费者留下真实感人和富有幽默情趣的感受。而非商业性的招贴广告，内容广泛、形式多样、艺术表现力丰富，特别是文化艺术类的招贴画，根据广告主题，可充分发挥想象力，尽情施展艺术手段，如图3-143所示。一个成功的招贴画，一定要充分发挥其面积大、纸张好、印刷精美的特点，通过了解厂家、商品和环境的具体情况，充分发挥自己的想象力，以其新颖的构思、生动的标题和广告语及极具个性的表现形式，展现出招贴画的艺术性。

图3-143 艺术感强的招贴广告

### 3. 远视效果强

因为招贴画多张贴在热闹繁华的公共场所，为了能使来去匆匆的人们留下印象，除了画面大之外，招贴设计还要充分利用视觉表现原理，以突出的标识、图形、标题和对比强烈的色彩，或大面积的空白、简练的视觉流程，来吸引人们的注意力，如图3-144所示。

图3-144　远视效果强的招贴广告

# 第4章 户外广告设计

# Chapter

# 04

## 实例7

### 汽车站台广告设计

素材路径：源文件与素材\实例7\素材
源文件路径：源文件与素材\实例7\汽车
站台广告.psd

实例效果图7

## 情景再现

下面要制作的是一款汽车站台广告，该汽车品牌是国内的一个知名品牌，面向的受众主要是成功人士和高级白领，价格相对比较昂贵，属于高档轿车。

今天要做的就是这款汽车的站台广告，客户对这款广告的要求是：时尚、震撼、突出品牌。根据客户的要求和提供的相关素材，我们将场景设定到黄昏，这样银色的轿车会更加明显和突出。根据这个创意，我们来继续下面的构思。

## 任务分析

- 根据产品的性质构思创意。
- 根据创意收集素材，并处理背景素材的效果。
- 抠出主图像，适当调整图像的色调。处理标志图像的效果。
- 输入文字并添加光效，完成作品的制作。

## 流程设计

在制作时，我们首先用滤镜和图层样式将背景图像处理为水彩画效果，然后使用通道将标志处理成逼真的镏金效果，与所宣传的主题图像——汽车形成完美的统一。最后，通过调整图层混合模式制作出绚丽的光效。

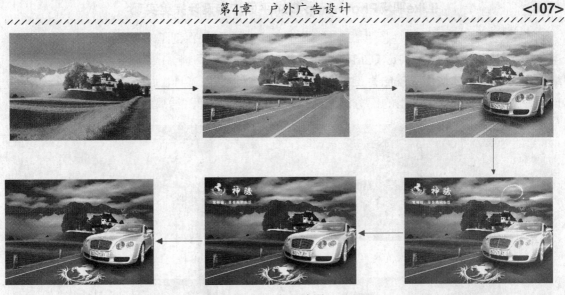

实例流程设计图7

## 任务实现

step 01 选择"文件"|"新建"菜单命令，在弹出的"新建"对话框中进行如图4-1所示的参数设置，单击"确定"按钮创建一个新文件。选择"文件"|"打开"菜单命令，在"打开"对话框中选择本书配套资料中的"源文件与素材\实例7\素材\背景图片.psd"文件，将其打开，如图4-2所示。

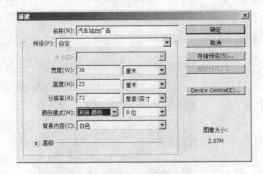

图4-1 "新建"对话框                    图4-2 打开的图片

step 02 使用"移动"工具将"背景图片"移动复制到我们新创建的"汽车站台广告"图像窗口中，得到"图层1"，按【Ctrl+T】组合键为背景图像添加自由变形框，将光标移动到变形框四角的小方框上，按住【Shift】拖动鼠标，将图像进行等比例缩放，使其充满整个图像窗口。然后选择"魔棒"工具¹，在蓝天处单击鼠标左键创建选区，结果如图4-3所示，再按【Delete】键将选区内的图像删除。

step 03 选择"文件"|"打开"菜单命令，在"打开"对话框中选择本书配套资料中的"源文件与素材\实例7\素材\蓝天图片.jpg"的文件，将其打开，如图4-4所示。

---

¹"魔棒"工具，该工具是快捷方便的选区创建工具之一，它可以通过图像中相近的颜色像素建立选区。

**step 04** 使用"移动"工具将"蓝天图片"移动复制到我们新创建的"汽车站台广告"图像窗口中，得到"图层 2"，按【Ctrl+T】组合键为蓝天图像添加自由变形框，横向缩放图像，结果如图4-5所示。按住【Enter】键确定。然后选择"加深"工具，在属性栏中进行适当的设置，对"图层 1"中的山的部分图像进行适当的加深处理，结果如图4-6所示。

图4-3　调整图像的亮度

图4-4　对奶牛进行液化处理

图4-5　创建出的选区

图4-6　对图像进行涂抹后的效果

**step 06** 选择"文件"|"打开"菜单命令，在"打开"对话框中选择配套资料中的"源文件与素材\实例7\素材\公路图片.jpg"的文件，将其打开，如图4-7所示。使用"磁性套索"工具[1]，在图像窗口中沿着公路的轮廓线创建出如图4-8所示的选区。

图4-7　打开的文件

图4-8　加深处理后的效果

**step 06** 使用"移动"工具将选区内的图像移动复制到"汽车站台广告"图像窗口中，得到"图层 3"，按【Ctrl+T】组合键为公路图像添加自由变形框，适当调整图像的大小，结果如图4-9所示。然后选择"背景橡皮擦"工具[2]，在公路栏杆的蓝色区域处进行适当的涂抹，将多余的图像擦除，结果如图4-10所示。

---

[1] "磁性套索"工具，该工具主要适用于边界分明的图案的选择，使用该工具时，它会根据选择的图像边界的像素点颜色与背景颜色的差别自动勾画出选区边界，从而快速制作出需要的选区。

[2] "背景橡皮擦"工具，利用"背景橡皮擦"工具，可将图像中指定的颜色擦除，并形成透明效果。它可以直接在背景层上擦除，擦除后自动将背景层转换为普通层。

**step 07** 配合【Ctrl】键在"图层"调板中选择"图层 1"、"图层 2"和"图层 3"，单击"图层"调板右上角的按钮 ▦，在弹出的快捷菜单中选择"合并图层"命令[1]，将选择的图层进行合并。在工具箱中双击"以快速蒙版模式编辑"按钮 ▣[2]，打开"快速蒙版选项"对话框，在其中进行如图4-11所示的设置，完成后单击"确定"按钮。选择"画笔"工具，在属性栏中设置合适的笔刷类型，在图像窗口中的房子处进行涂抹，结果如图4-12所示。

图4-9 调整图像的大小

图4-10 擦除图像后的效果

图4-11 "快速蒙版选项"对话框

图4-12 绘制出的效果

**step 08** 在工具箱中单击"以标准模式编辑"按钮[3] ▣，将绘制好的蒙版转换为选区，结果如图4-13所示。选择"图像"/"调整"/"变化"菜单命令[4]，在弹出的对话框中连续单击"加深绿色"图片，结果如图4-14所示。

**step 09** 单击"确定"按钮，调整图像的整体色调，结果如图4-15所示。然后选择"图像"/"调整"/"色阶"菜单命令，在弹出的对话框中进行如图4-16所示的设置。

**step 10** 单击"确定"按钮调整图像的色阶，结果如图4-17所示。然后将"图层 1"进行复制得到"图层 1副本"，选择"滤镜"/"模糊"/"特殊模糊"菜单命令[5]，在弹出的对话框中进行如图4-18所示的设置。

---

[1]"合并图层"命令，在"图层"调板中配合【Ctrl】键选择多个图层，然后选择该命令，可以将选择的图层合并，合并后的图层名称与所选择的图层中最上方的图层名称一致。

[2]"以快速蒙版模式编辑"按钮，单击该按钮后使用"画笔"工具在图像中涂抹，可绘制出蒙版。

[3]"以标准模式编辑"按钮，单击该按钮可将绘制好的蒙版转换为选区。

[4]"变化"命令，该命令通过显示调整效果的缩略图，可以很直观地调整图像或选区的色彩平衡、对比度和饱和度，该命令对于不需要做精确色彩调整的平均色调图像最有用，但不能用于索引颜色模式图像。

[5]"特殊模糊"命令，该滤镜与其他模糊滤镜相比，是能够产生一种清晰边界的模糊方式。在该滤镜的设置对话框中，可以设定"半径"（范围为0.1～100.0，其值越高，模糊效果越明显）、"阈值"（范围为0.1～100.0，只有相邻像素间的亮度差别不超过"阈值"选项所限定的范围内的像素才会被处理）、"品质"和"模式"4个选项。其中，在"模式"选项的下拉列表中可以分别选择"正常"、"边缘优先"和"叠加边缘"3种模式来模糊图像，从而产生3种不同的特技效果。其中，在"正常"模式下，模糊后的效果与其他模糊滤镜相同；在"边缘优先"模式下，Photoshop以黑色显示图像背景，以白色绘出图像边缘像素亮度值变化强烈的区域；在"叠加边缘"模式下，相当于应用"正常"和"边缘优先"模式之和。

图4-13　将蒙版转换为选区　　　　　　　　图4-14　沿边缘进行加深处理

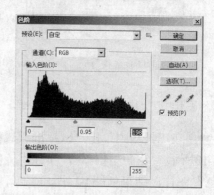

图4-15　调整图像后的效果　　　　　　　　图4-16　"色阶"对话框

图4-17　调整后的效果　　　　　　　　图4-18　"特殊模糊"对话框

**step 11** 单击"确定"按钮，将图像进行模糊处理，结果如图4-19所示。然后继续复制"图层 1"，得到"图层 1副本2"，将其移动到所有图层的上方。选择"滤镜"/"风格化"/

"照亮边缘"菜单命令[1]，在弹出的对话框中进行如图4-20所示的设置。

图4-19 模糊处理后的效果

step 12 单击"确定"按钮得到如图4-21所示的图像效果。然后选择"图像"/"调整"/"反相"菜单命令，如图4-22所示，将图像进行反相，结果如图4-23所示。

step 13 选择"图像"|"调整"|"曲线"命令菜单，在弹出的对话框中进行如图4-24所示的调整，调整完成后单击"确定"按钮，此时的图像效果如图4-25所示。

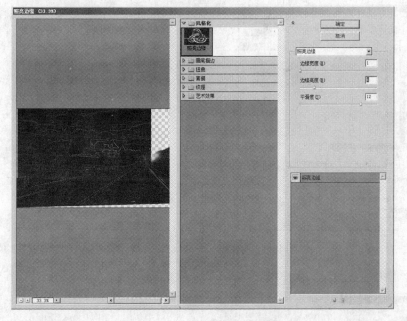

图4-20 "照亮边缘"对话框

图4-21 图像效果

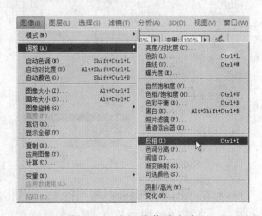

图4-22 选择的菜单命令

---

[1]"照亮边缘"命令，该滤镜搜索主要颜色变化区域，加强其过渡像素，产生轮廓发光的效果。在该滤镜对话框中可以设定"边缘宽度"、"边缘亮度"和"平滑度"3个选项。

图4-23 图像反相后的效果

**step 14** 选择"图像"|"调整"|"去色"命令菜单[1]，如图4-26所示。将图像转换为黑白效果，此时的图像效果如图4-27所示。

**step 15** 在"图层"调板中将当前图层的混合模式设置为"正片叠底"[2]、"不透明度"设置为65%，图像的效果如图4-28所示。然后继续复制"图层 1"，得到"图层 1副本3"，将其移动到所有图层的上方。选择"图像"/"调整"/"反相"菜单命令将图像进行反相处理，结果如图4-29所示。

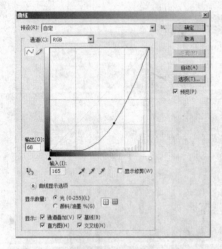

图4-24 "曲线"对话框中的调整结果

图4-25 图像调整后的效果

图4-26 选择"去色"命令

图4-27 去色后的图像效果

**step 16** 在"图层"调板中将当前图层的混合模式设置为"颜色减淡"[3]，图像的效果如图4-30所示。选择"橡皮擦"工具，在属性栏中设置笔刷类型为干笔刷，并适当调整其大小，

---

[1] "去色"命令，利用该命令可以将图像的彩色去掉，使图像在不改变颜色模式的前提下以灰色显示。

[2] "正片叠底"模式，选择该混合模式，会将上下两图层的色值相乘除以色值总数255，最终得到的颜色效果会比原来图像的颜色都要暗。

[3] "颜色减淡"模式，选择该混合模式，可以生成高亮度的合成效果，通常用于创建极亮的光源效果。

然后对当前图像进行适当的擦除，并将图层的不透明度设置为30%，结果如图4-31所示。

图4-28 调整图层后的效果

图4-29 图像反相后的效果

图4-30 调整混合模式后的效果

图4-31 擦除图像后的效果

**step 17** 继续复制"图层 1"，得到"图层 1副本4"，将其移动到所有图层的上方。选择"滤镜"/"艺术效果"/"水彩"菜单命令[1]，在弹出的对话框中进行如图4-32所示的设置，完成后单击"确定"按钮，此时的图像效果如图4-33所示。再将当前图层的混合模式设置为"明度"，"不透明度"设置为20%。

图4-32 "水彩"对话框

---

[1] "水彩"滤镜，该滤镜可以产生水彩画的绘制效果。在该滤镜对话框中可设定"画笔细节"、"暗调强度"和"纹理"3个选项。

图4-33 图像调整后的效果

step 18 选择"图像"|"调整"|"色阶"菜单命令，在弹出的对话框中进行如图4-34所示的设置，完成后单击"确定"按钮调整整幅图像的色调，结果如图4-35所示。这样背景就处理完成了。

step 19 选择"文件"|"打开"菜单命令，在"打开"对话框中选择配套资料中的"源文件与素材\实例7\素材\汽车图片.jpg"的文件，将其打开，如图4-36所示。使用"钢笔"工具，沿着汽车的轮廓绘制出如图4-37所示的封闭路径。

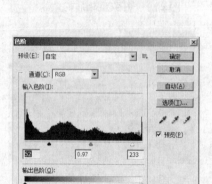

图4-34 "水彩"对话框

图4-35 图像调整后的效果

图4-36 打开的素材图像

图4-37 绘制出的封闭路径

step 20 将路径转换为选区，使用"移动"工具将选区内的图像移动复制到"汽车站台广告"图像窗口中得到"图层 2"，使用自由变形的方法适当调整图像的大小和位置，结果如图4-38所示。然后在"图层 2"的下面新建"图层 3"，使用"画笔"工具沿着汽车的下部轮廓绘制出阴影效果，结果如图4-39所示。

图4-38 调整图像的大小和位置

图4-39 绘制出的阴影

step 21 将"图层 2"进行复制得到"图层 2副本",选择"编辑"|"变换"|"垂直翻转"菜单命令[1],将图像进行垂直翻转,结果如图4-40所示。然后使用"橡皮擦"工具对图像进行适当的擦除,并将其不透明度设置为21%,结果如图4-41所示。

图4-40 图像调整后的形状

图4-41 处理图像后的效果

step 22 选择"文件"|"打开"菜单命令,在"打开"对话框中选择配套资料中的"源文件与素材\实例7\素材\标志.jpg"的文件,将其打开,如图4-42所示。然后使用"魔棒"工具,在标志的黑色区域处单击鼠标左键,创建出如图4-43所示的标志选区。将选区内的图像进行复制粘贴得到"图层 1",将"背景"填充白色后继续载入"图层 1"的选区。

图4-42 打开的素材图像

图4-43 创建出的选区

step 23 切换到"通道"调板,单击下方的"创建新通道"按钮,创建新通道Alpha 1,为选区填充纯白色,然后选择"滤镜"|"模糊"|"高斯模糊"菜单命令[2],在弹出的对话框中进行如图4-44所示的参数设置,完成后单击"确定"按钮,将图像进行模糊处理,结果如图4-45所示。

图4-44 "高斯模糊"对话框

图4-45 模糊处理后的效果

---

[1] "垂直翻转"命令,选择该命令可以将当前图层中的图像进行垂直镜像翻转,但该命令对背景图层不起作用。
[2] "高斯模糊"命令,该滤镜利用高斯曲线的分布模式,有选择地模糊图像。高斯模糊应用的是钟形高斯曲线,其特点是中间高、两边低,呈尖峰状,而"模糊"和"进一步模糊"滤镜则对所有像素一视同仁地进行模糊处理。使用"高斯模糊"滤镜时,可以设置模糊半径,半径数值越小模糊效果越弱。

step 24 选择"滤镜"|"渲染"|"光照效果"菜单命令[1]，在弹出的对话框中进行适当的参数设置，并将"纹理通道"设置为Alpha 1，如图4-46所示，完成后单击"确定"按钮，得到"图层 2"，此时的图像效果如图4-47所示。

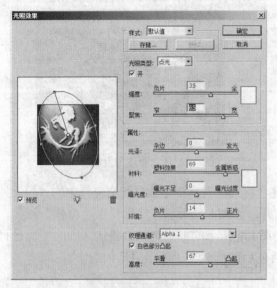

图4-46　"光照效果"对话框　　　　　　　　　　图4-47　图像处理后的效果

step 25 选择"图像"|"调整"|"曲线"菜单命令，在弹出的对话框中进行如图4-48所示的设置，完成后单击"确定"按钮，此时的图像效果如图4-49所示。

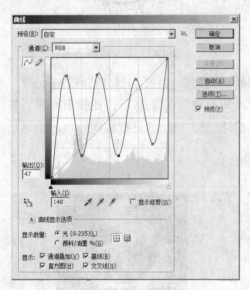

图4-48　"曲线"对话框　　　　　　　　　　　图4-49　图像调整后的效果

step 26 将处理好的标志图像移动复制到"汽车站台广告"图像窗口中，用自由变形的方法适当调整图像的大小和位置，结果如图4-50所示。然后在"图层"调板中的当前图层上双击

---

[1] "光照效果"命令，该滤镜是一个设置复杂、功能极强的滤镜，它的主要作用是产生光照效果，通过光源、光色选择、聚焦和定义物体反射特性等的设定来达到3D绘画的效果。

鼠标左键，在弹出的对话框中进行如图4-51所示的设置，设置完成后单击"确定"按钮，为图像添加投影效果1，结果如图4-52所示。

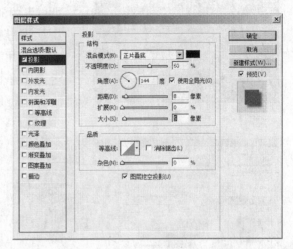

图4-50 图像调整后的效果　　　　　　　　　图4-51 "图层样式"对话框

**step 27** 为了突显主题图像，我们现在将背景调整得暗一下，将"图层 1副本"设置为当前图层，选择"图像"|"调整"|"亮度/对比度"菜单命令，在弹出的对话框中进行如图4-53所示的设置，完成后单击"确定"按钮，此时的图像效果如图4-54所示。

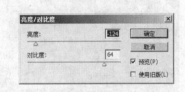

图4-52 添加投影后的效果　　　　　　　　图4-53 "亮度/对比度"对话框

**step 28** 将前面处理好的标志图像移动复制到当前图像窗口中，适当调整其大小和位置，结果如图4-55所示，然后打开"图层样式"对话框，在其中进行如图4-56所示的设置，完成后单击"确定"按钮为图像添加外发光效果2，如图4-57所示。

**step 29** 选择"横排文字"工具，在图像窗口中输入如图4-58所示的文字，打开本书配套资料中的"源文件与素材\实例4\素材\光效.jpg"的文件，将其移动复制到当前图像窗口中，适当调整其大小和位置，并将图层混合模式设置为"颜色减淡"，结果如图4-59所示。

图4-54 图像调整后的效果

---

1"投影"图层样式，利用该命令可以为当前图层内容添加阴影效果。

2"外发光"图层样式，使用该图层样式可以在图层内容边缘的外部产生发光效果。通过该命令，可以为图像设置"纯色光"和"渐变光"两种外发光效果。

图4-55 图像调整后的效果

step 30 继续复制光效图像，适当调整其大小和位置，并设置其图层混合模式为"线性减淡"[1]，"不透明度"为58%，此时的图像效果如图4-60所示。将当前图层进行复制，修改其图层混合模式为"滤色"[2]，"不透明度"为30%，此时的图像效果如图4-61所示。至此，整个实例就制作完成了，按【Ctrl+S】组合键将文件进行保存。

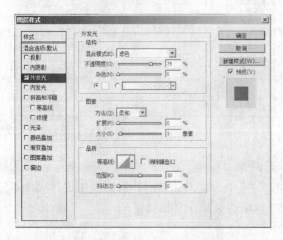

图4-56 "图层样式"对话框

图4-57 添加外发光后的效果

图4-58 输入的文字

图4-59 图像调整后的效果

图4-60 添加的光效

图4-61 添加光效后的效果

---

[1] "线性减淡"混合模式，选择该混合模式，可以通过降低图像颜色的亮度来调整混合颜色，该模式对黑色无效。

[2] "滤色"混合模式，选择该混合模式，可以同时显示上下两图层中较亮的像素，通常用于显示下方图层中的高光区域。

## 设计说明

本例我们设计的是一个汽车的站台广告，本作品主要通过展现汽车的外形、质感和绚丽的光效来吸引人们的眼球，为了烘托汽车靓丽的金属质感，我们在设计时将背景处理成了水彩画效果，这样既烘托了主题，又为作品添加了几分艺术气息。将汽车的标志处理成逼真的镏金效果，主要是为了与作品的主题相吻合。

## 知识点总结

本例主要运用了"魔棒"工具、"背景橡皮擦"工具、"变化"命令、"投影"图层样式和"外发光"图层样式。

1. "魔棒"工具

"魔棒"工具属性栏如图4-62所示，其中主要选项的意义如下所示。

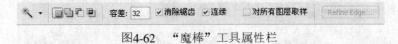

图4-62 "魔棒"工具属性栏

"容差"：该参数主要用来控制选择范围的精度，该数值范围为0～255，数值越小，选区的颜色范围越接近；数值越大，选区的颜色范围越大。

"连续"：在使用"魔棒"工具时，若选中该复选框，表示只能选择色彩相近的连续区域，若未选中该复选框，则选取与单击点颜色相近的全部区域。

"对所有图层取样"：在使用"魔棒"工具时，若选中该复选框，表示只选择当前图层中色彩相近的区域；若未选中该复选框，则表示选择所有图层的可见区域中颜色相近的区域。

2. "背景橡皮擦"工具

在工具箱中选择该工具后，其工具属性栏如图4-63所示。

图4-63 "背景色橡皮擦"工具属性栏

其中重要参数的意义如下：

"取样"：包括"连续" ![连续图标]、"一次" ![一次图标]和"背景色板" ![背景色板图标]3个选项。"连续"选项表示橡皮擦画笔中心经过的某一像素颜色被设为背景色；"一次"选项表示"橡皮擦"工具擦除鼠标落点处像素的颜色被设为背景色；"背景色板"选项表示先将背景色设为被擦除的颜色，然后在图像中拖动光标，这时会看到指定的背景色被擦除掉，而其他颜色不变。

"限制"：单击"限制"右侧的下拉按钮![下拉按钮]，在弹出的下拉列表中共有"连续"、"不连续"、"邻近"和"查找边缘"4个选项。它们可限制"背景色橡皮擦"工具的擦除界限，其中"不连续"选项表示选择橡皮擦画笔经过的区域内所有与指定颜色相近的像素；"邻近"选项表示选择橡皮擦画笔经过的区域内所有与指定颜色相近且相连的像素；"查找边缘"选项表示在擦除时保留边缘的锐度。

"容差"：该选项可设置在图像中指定被擦除颜色的精度，"容差"值越大，被擦除颜色的范围就越大，反之越小。

"保护前景色"：选中该复选框后，表示图像中与前景色相同的像素不被擦除。

**注意** 按住【Shift】键可以沿水平、垂直或45度角的方向对进行图像擦除。

3. "变化"命令

选择"图像"|"调整"|"变化"命令，弹出"变化"对话框，如图4-64所示。

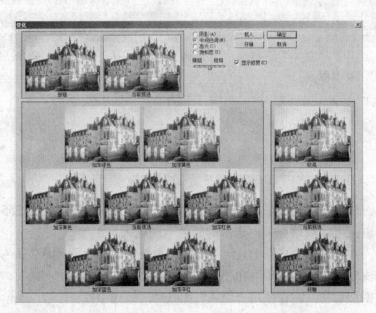

图4-64　"变化"对话框

其中各主要选项的意义如下。

"原稿"缩览图显示为原始图像，"当前挑选"缩略图显示当前运用调整效果后的图像。若要重新对图像进行调整，可首先单击一下"原稿"缩览图。

阴影、中间色调和高光：分别选中这3个单选钮后，可调整图像的暗调区域、中间区域和高光区域。

饱和度：选中该单选钮后，可以更改图像中的色相深度。

"精细/粗糙"滑块：拖动该滑块可控制每次调整的数量，移动一格将使调整数量加倍。

对话框左下方的七个加色缩览图显示当前图像被加色后的效果，单击某一缩览图（"当前挑选"缩览图除外），即可为图像增加相应的色调。

单击对话框右下方的3个缩览图，可调整当前图像的亮度。

4. "投影"图层样式

在对话框中选中该命令后，在其右侧的窗口中可设置投影的不透明度、角度与图像的距离及大小等参数，具体效果如图4-65所示。

"投影"图层样式对话框中各参数的含义如下所示。

"混合模式"：在其中可以为阴影选择不同的"混合模式"，从而得到不同的阴影效果。单击其右侧的颜色块，可用从弹出的"拾色器"对话框中设置阴影的颜色。

"不透明度"：该参数可以控制阴影的不透明度，值越大阴影效果越明显，反之越淡。

"角度"：在此调整指针或数值，可以修改阴影的投射方向。

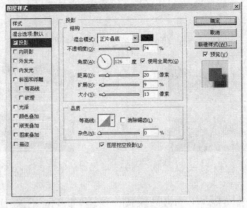

图4-65 "投影"命令的参数设置及效果

"使用全局光"：选中该复选框，当修改任意一种图层样式的"角度"值时，将会同时改变其他所有图层样式的角度。反之则只改变当前图层的图层样式角度。

"距离"：在此调整滑块的位置或输入数值，可以修改阴影的投射距离，数值越大，投射距离越远，反之越近。

"扩展"：在此调整滑块的位置或输入数值，可以修改阴影的强度，数值越大，投射强度越大，反之越小。

"大小"：在此调整滑块的位置或输入数值，可以修改阴影的柔化程度，数值越大，投射的柔化效果越明显，反之越清晰。

"等高线"：选择等高线类型可以改变图层样式的外观，单击此下拉列表按钮，将会弹出如图4-66所示的"等高线"列表框。

"消除锯齿"：选中该复选框，可以消除阴影效果边缘的锯齿。

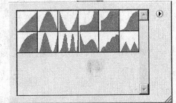

"杂色"：设置该参数可以为阴影添加杂色效果。

图4-66 "等高线"列表框

## 拓展训练

下面将制作一幅关于电动自行车的站台广告，该广告的创意来源于广告语"享受大自然的感觉"，让其电动自行车的人物完全融入各种动物自由生活的大自然，既体现了广告的主题，又突出了产品具有环保功能这一主要特点。

本例在制作时，主要用到了"移动"工具、"画笔"工具、"动感模糊"滤镜及文字工具等。本例制作的最终效果如图4-67所示。

**step 01** 选择"文件"|"打开"菜单命令，在"打开"对话框中选择配套资料中的"源文件与素材\实例7\素材\山谷.jpg"的文件，将其打开，如图4-68所示。选择"画笔"工具，设置笔刷类型为干笔刷，适当调整大小，并设置前景色为纯白色，新建"图

图4-67 实例最终效果

层 1"，在视图中绘制出如图4-69所示的效果。

图4-68　打开的素材文件

图4-69　绘制出的效果

**step 02** 选择"滤镜"|"模糊"|"动感模糊"菜单命令，在弹出的对话框中进行如图4-70所示的参数设置，完成后单击"确定"按钮，结果如图4-71所示。

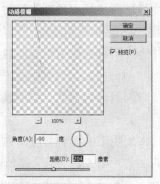
图4-70　"动感模糊"滤镜

图4-71　动感模糊后的效果

**step 03** 将当前图层进行2次复制，并将光束图层合并，让制作的光束更加明显，如图4-72所示。然后再使用自由变形的方法，将光束调整为如图4-73所示的形状。

图4-72　复制后的图像效果

图4-73　图像变形后的效果

**step 04** 使用前面所讲的方法，制作出另一侧的光束，结果如图4-74所示。然后在"图层"调板的下方单击"创建新的填充和调整图层"按钮 ⊘.，添加一个渐变调整图层，结果如图4-75所示。

**step 05** 使用"亮度/对比度"菜单命令适当调整"背景"图层的亮度和对比度，结果如图4-76所示。然后打开配套资料中的"源文件与素材\实例7\素材\小路.jpg"文件，制作出小路的选区，并将其移动复制到"山谷"图像窗口中，适当调整其大小和形状，结果如图4-77所示。

图4-74　复制出的光束

图4-75　添加渐变调整图层后的效果

图4-76　调整图像的亮度和对比度

图4-77　添加图像后的效果

**step 06** 打开配套资料中的"源文件与素材\实例7\素材\电动车男.jpg"的文件，制作出人物和电动车的选区，并将其移动复制到"山谷"图像窗口中，适当调整其大小和位置，结果如图4-78所示。然后使用"画笔"工具在图像窗口中绘制出阴影效果，结果如图4-79所示。

图4-78　调整图像后的效果

图4-79　绘制出的阴影

**step 07** 继续在图像窗口中添加其他的素材图片，适当调整他们的大小和位置，结果如图4-80所示。然后使用前面所讲的方法，再在图像中添加渐变调整图层，调整后的效果如图4-81所示。

**step 08** 最后在图像窗口中添加产品的标志，并在下方输入广告语，结果如图4-82所示。至此，整个实例就制作完成了，按【Ctrl+S】组合键将文件进行保存。

图4-80　添加上的其他素材

图4-81　添加渐变调整图层

图4-82　实例的最终效果

## 职业快餐

　　户外广告是指在露天或室外的公共场所向消费者传递信息的广告物体。如路牌广告、户外招贴广告、霓虹灯广告和马路灯箱广告，等等。户外广告是一种典型的城市广告形式，随着社会经济的发展，户外广告已不仅仅是广告业发展的一种传播媒介手段，而是现代化城市环境建设布局中的一个重要组成部分。现在的户外广告主要是利用电脑喷画技术来制作的，这种技术可以极大地提高户外广告的表现力，使作品的整体效果更加美观和富有视觉冲击力。

　　要设计出成功的户外广告作品，必须遵循以下几个设计要点。

### 1. 独特性

　　户外广告的受众主要是路上的行人，他们通过可视的广告形象来了解商品信息，所以在设计户外广告时一定要全面考虑到距离、视角、环境3个因素对于行人的视觉影响。一般情况下受众在10米以外的距离，看高于头部5米的物体比较方便。所以在设计时一定要先根据距离、视角、环境来确定广告放置的位置、大小，要确保受众便于观看，这样才能有效地加深受众的印象。常见的户外广告一般为长方形、方形，在设计时一定要使户外广告的外形与背景协调，产生视觉美感。形状不必强求统一，可以多样化，大小也应根据实际空间的大小与环境情况而定。如图4-83所示是几个与环境配合比较协调的户外广告作品。户外广告的一个显著特点是要着重创造良好的注视效果，因为广告成功的基础来自注视的接触效果。

### 2. 提示性

　　因为受众是来来往往的行人，所以在设计时就要考虑到人们经过时的位置和时间。烦琐的画面，行人在短时间内是很难产生记忆的，只有出奇制胜地以简洁的画面和揭示性的方式，才能吸引行人的注意力，加深人们的印象。成功的户外广告设计一定要注重提示性，图文并茂，以图像为主导，文字为辅助，使用文字要简单明快，切忌冗长，如图4-84所示。

图4-83 户外的广告的形状和位置

图4-84 便于记忆的户外广告

### 3. 简洁性

简洁是户外广告一个重要特征，广告的整个画面应尽可能简洁，设计时一定要坚持少而精的原则，力图给观众留有充分的想象空间。在户外广告中画面信息量越少，在短时间内人们越容易记忆；画面形象越复杂，给观众的感觉就越紊乱、越不容易记忆。这也正是简洁的优点，如图4-85所示。

图4-85 简洁的户外广告

### 4. 计划性

成功的户外广告必须同其他广告一样有其严密的计划。广告设计者没有一定的目标和广告战略，广告设计便失去了指导方向。所以设计者在进行广告创意时，首先要进行一番市场调查、分析、预测，在此基础上制定出广告的图形、语言、色彩、对象、宣传层面和营销战略。广告一经发布，不仅会在经济上起到先导作用，同时也会作用于意识领域，对现实生活起到潜移默化的作用。因而设计者必须对自己的工作负责，使作品起到积极向上的作用。

## 实例8

### 电脑显示器灯箱广告

素材路径：源文件与素材\实例8\素材
源文件路径：源文件与素材\实例8\电脑
显示器灯箱广告.psd

实例效果图8

## 情景再现

　　显示器的灯箱广告我们经常看到，由于它的色泽鲜明，所以能够起到很好的宣传作用。

　　下面我们将设计一款液晶显示器的灯箱广告，客户的要求是突出显示器无比清晰的特点。根据这个要求我们首先想到的就是水，因为没有比水更清澈的了，另外再通过点缀几只鲜艳的蝴蝶来突出色彩逼真的的特点。

　　基本创意已经构思出来，接下来我们就根据这个创意进行广告的制作。

## 任务分析

- 根据客户的要求构思广告创意。
- 按照广告的要求设置尺寸大小和分辨率，新建一个文件并感觉整体创意。
- 根据创意搜集素材。将素材进行修饰、抠图后合并到文件中并添加适当的效果。
- 添加商品名称，并根据整体色调设计其效果和位置。

## 流程设计

　　在制作时，我们首先利用"渐变"工具制作出渐变效果的背景图像，然后制作出所用图层的选区并复制到当前图像窗口中，利用图层样式和混合模式为它们添加效果，并利用相关的滤镜和图层样式相结合制作出水珠文字效果。最后根据创意要求适当调整作品的版式，将文件进行保存，完成广告的制作。

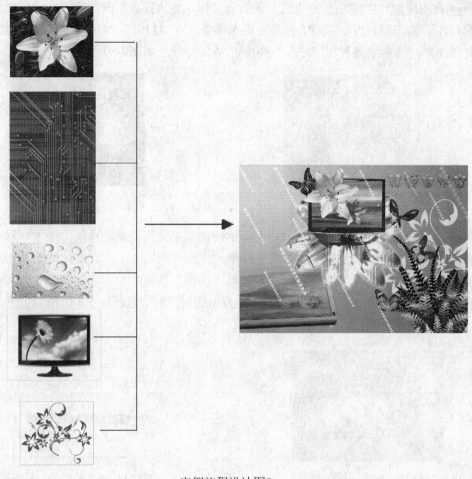

实例流程设计图8

## 任务实现

step 01 选择"文件"|"新建"菜单命令，在弹出的"新建"对话框中进行如图4-86所示的参数设置，单击"确定"按钮创建一个新文件。选择"渐变"工具，打开"渐变编辑器"对话框，在其中进行如图4-87所示的设置。

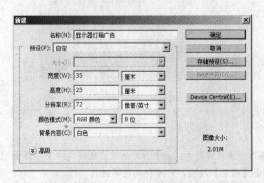

图4-86　打开的素材图片

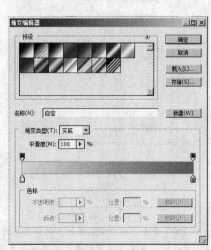

图4-87　"渐变编辑器"对话框

step 02 在图像窗口中从左上角向右下角拖动光标，为"背景"图层填充径向渐变效果，结果如图4-88所示。选择"文件"|"打开"菜单命令，在"打开"对话框中选择配套资料中的"源文件与素材\实例8\素材\百合.jpg"图像，将其打开，如图4-89所示。

图4-88　填充渐变后的效果

图4-89　打开的素材图像

step 03 使用"磁性套索"工具沿着百合花的轮廓线创建出花朵的选区，使用"移动"工具将选区内的图像移动复制到创建的图像窗口中，得到"图层1"，适当调整图像的大小和位置，结果如图4-90所示。然后按住【Ctrl】键在"图层"调板中单击当前图层载入其选区，选择"选择"|"修改"|"边界"菜单命令[1]，在弹出的对话框中进行如图4-91所示的参数设置，完成后单击"确定"按钮，为选区添加边界。

图4-90　复制出的图像

图4-91　"边界选区"对话框

step 04 选择"滤镜"|"模糊"|"高斯模糊"菜单命令，在弹出的对话框中进行如图4-92所示的设置，完成后单击"确定"按钮，为选区内的图像添加模糊效果，从而模糊图像的边缘，模糊处理后的效果4-93所示。

图4-92　"高斯模糊"对话框

图4-93　模糊边缘后的效果

---

[1] "边界"命令，该命令主要用于制作边界选区，其操作方法非常简单，在制作好选区后选择该命令，弹出"边界选区"对话框，在其中设置好选区边界的宽度值后，单击【确定】按钮，即可得到边界选区。

**step 06** 将"图层 1"进行复制，得到"图层 1副本"，用自由变形的方法将复制出的图像进行适当的旋转，结果如图4-94所示，完成后将两图层进行合并。然后选择"图像"|"调整"|"曲线"菜单命令，在弹出的对话框中进行如图4-95所示的设置。

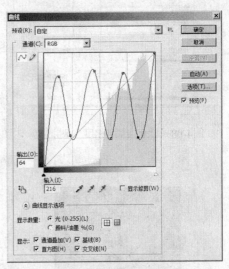

图4-94 调整图像后的效果 图4-95 "曲线"对话框

**step 06** 单击"确定"按钮，调整图像的效果如图4-96所示。然后切换到"图层"调板，设置当前图层的混合模式为"强光"[1]和不透明度为17%，如图4-97所示。

图4-96 处理图像后的效果 图4-97 设置混合模式

**step 07** 将"图层 1"设置为当前图层，选择"图像"|"调整"|"色相/饱和度"菜单命令[2]，在弹出的对话框中进行如图4-98所示的设置，完成后单击"确定"按钮调整图像的整体色调，效果如图4-99所示。

**step 08** 打开配套资料中的"源文件与素材\实例8\素材\电路板.jpg"的图像，将其打开，如图4-100所示。选择"选择"|"色彩范围"菜单命令，在弹出的对话框中进行如图4-101所示的设置，再单击"确定"按钮创建出选区。

**step 09** 将选区内的图像复制到当前图像窗口中得到"图层 2"，适当调整其大小和位置，结果如图4-102所示。然后在"图层"调板中将当前图层的混合模式设置为"颜色减淡"，结果如图4-103所示。

---

[1] "强光"混合模式，该模式与上面所讲的"柔光"模式类似，只是合成的明暗程度强于"柔光"模式。

[2] "色相/饱和度"命令，利用该命令可以调整图像中单个颜色成分的色相、饱和度和明度。

图4-98 "色相/饱和度"对话框

图4-99 图像调整后的效果

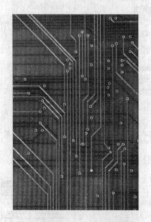

图4-100 电路板素材

图4-101 "色彩范围"对话框

图4-102 调整后的图像

图4-103 设置混合模式后的效果

step 10 按住【Ctrl】键在"图层"调板中单击"图层 1"载入其选区，如图4-104所示。然后将选区进行反选，按【Delete】键删除多余的图像，取消选区后图像的效果如图4-105所示。

图4-104 载入的选区

图4-105 删除图像后的效果

step 11 打开配套资料中的"源文件与素材\实例8\素材\水珠.jpg"图像，将其打开，如图4-106所示。然后将图像移动复制到当前图像窗口中得到"图层 3"，使用自由变形的方法，适当调整图像的大小和位置，结果如图4-107所示。

图4-106 打开的素材图片

图4-107 图像调整后的位置

step 12 在"图层"调板中将当前图层的混合模式设为"变暗"、不透明度设置为60%，如图4-108所示。然后按住【Ctrl】键在"图层"调板中单击"图层 1"载入其选区，按【Ctrl+Shift+I】组合键将选区反选，按【Delete】键将选区内的图像删除，只保留花瓣区域处的水珠图像，结果如图4-109所示。

图4-108 设置混合模式和不透明度

图4-109 删除多余的图像

step 13 打开本书配套资料"第4章/素材文件/显示器.jpg"文件，如图4-110所示。使用"魔棒"工具制作白色区域的选区，将选区反选得到显示器的选区，使用"移动"工具将显示器图像移动复制到"显示器灯箱广告"图像窗口中得到"图层 4"，使用自由变形的方法适当调整其大小和位置，结果如图4-111所示。

图4-110 打开的素材文件

图4-111 调整图像的大小和位置

step 14 打开本书配套资料"第4章/素材文件/水面.jpg"文件，如图4-112所示。使用"移动"工具将水面图像移动复制到"显示器灯箱广告"图像窗口中得到"图层 5"，使用自由变形的方法适当调整其大小和位置，结果如图4-113所示。

step 15 暂时将"图层 1"、"图层 1副本"、"图层 2"和"图层 3"之外的所有图层都设置为不可见，按【Ctrl+Shift+Alt+E】组合键盖印可见图层[1]得到"图层 6"，选择"图像"｜"调整"｜"色阶"菜单命令，在弹出的对话框中进行如图4-114所示的设置，完成后单击"确定"按钮调整图像的色调，结果如图4-115所示。

图4-112 打开的素材文件

图4-113 调整图像的大小和位置

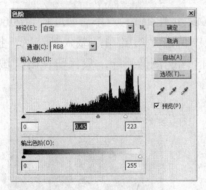

图4-114 "色阶"对话框

图4-115 图像调整后效果

**step 16** 打开本书配套资料中的"源文件与素材\实例8\素材\百合.jpg"的图像，使用"磁性套索"工具沿着百合花的轮廓线创建出花朵的选区，使用"移动"工具将选区内的图像移动复制到"显示器灯箱广告"图像窗口中得到"图层 7"，适当调整图像的大小和位置，结果如图4-116所示。然后选择"图像"｜"调整"｜"照片滤镜"菜单命令[2]，在弹出的对话框中进行如图4-117所示的参数设置。

图4-116 调整图像的大小和位置

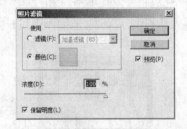

图4-117 "照片滤镜"对话框

**step 17** 完成后单击"确定"按钮，调好图像的色调，结果如图4-118所示。然后将当前图层进行复制，并将其移动到"图层 7"的下面，适当调整其大小和位置，结果如图4-119所示。

---

[1]盖印图层，按【Ctrl+Shift+Alt+E】组合键可以将"图层"调板中的所有可见图层都进行复制并合并为一个图层，而不改变其他图层的属性和效果，盖印后得到的图层会自动放置到当前图层的上方。

[2]"照片滤镜"命令，使用该命令可以快速改变图像的主色调，其效果与照相时在标准相机透镜前增加一个颜色滤镜的效果基本相同。

图4-118 调整色调后的效果

图4-119 调整图像的大小和位置

**step 18** 选择"图像"|"调整"|"色相/饱和度"菜单命令，在弹出的对话框中进行如图4-120所示的参数设置，完成后单击"确定"按钮，调整图像的颜色，结果如图4-121所示。

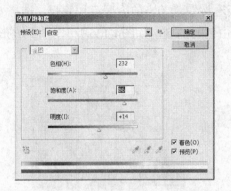

图4-120 "色相/饱和度"对话框

图4-121 图像调整后的颜色

**step 19** 打开本书配套资料中的"源文件与素材\实例8\素材\显示器02.jpg"的图像，如图4-122所示。使用"魔棒"工具创建出显示器的选区，用"移动"工具将选区内的图像移动复制到"显示器灯箱广告"图像窗口中得到"图层8"，适当调整图像的大小和位置，结果如图4-123所示。

图4-122 图像调整后的大小

图4-123 图像调整后的大小

**step 20** 将前面打开的"水面.jpg"图像移动复制到"显示器灯箱广告"图像窗口中得到"图层9"，使用自由变形的方法适当调整其大小和位置，结果如图4-124所示，完成后将"图层8"和"图层9"进行合层，得到"图层8"。然后再分别打开本书配套资料中的"源文件与素材\实例8\素材\水溅01.jpg"和"水溅02.jpg"图像，将图像分别移动复制到"显示器灯箱广告"图像窗口中，得到"图层9"和"图层10"，将新得到的两个图层的混合模式分别设置为"强光"和"柔光"[1]，暂时将除"图层8"、"图层9"和"图层10"之外的

---

[1] "柔光"混合模式，选择该混合模式，将会根据上下图层的明暗程度使合成效果变亮或变暗，具体的效果变化取决于像素的明暗程度，像素亮度与图像的合成亮度成正比。

所有图层设置为不可见，按【Ctrl+Shift+Alt+E】组合键盖印可见图层得到"图层 11"，结果如图4-125所示。

图4-124　调整图像后的效果

图4-125　盖印图层

**step 21** 单击"图层"调板下方的"添加矢量蒙版"按钮，为当前图层添加蒙版，选择"渐变"工具，在当前图层中由上到下添加纯黑色到纯白色的渐变，如图4-126所示。此时的图像效果如图4-127所示。

图4-126　添加蒙版

图4-127　添加蒙版后的图像效果

**step 22** 打开本书配套资料中的"源文件与素材\实例8\素材\花纹.jpg"图像，如图4-128所示。使用"色彩范围"命令创建出花纹的选区，用"移动"工具将选区内的图像移动复制到"显示器灯箱广告"图像窗口中得到"图层 12"，载入其选区并填充浅蓝色（#adf4fe），适当调整图像的大小和位置，结果如图4-129所示。

图4-128　打开的素材图像

图4-129　调整图像的大小和位置

**step 23** 打开本书配套资料中的"源文件与素材\实例8\素材\花草.jpg"图像，如图4-130所示。使用"色彩范围"命令创建出花草的选区，用"移动"工具将选区内的图像移动复制到"显示器灯箱广告"图像窗口中得到"图层 13"，适当调整图像的大小和位置，结果如图4-131所示。

**step 24** 选择"图像"|"调整"|"色彩平衡"菜单命令[1]，在弹出的对话框中进行如图4-132

---

[1] "色彩平衡"命令，利用该命令可以简单调节图像暗调、中间调和高光区的色彩平衡，从而改变图像的总体混合效果。与"曲线"命令和"色阶"命令不同，它只能提供一般化的色彩校正。

所示的参数设置，完成后单击"确定"按钮，调整图像的颜色，结果如图4-133所示。

图4-130 打开的素材图像

图4-131 调整图像的大小和位置

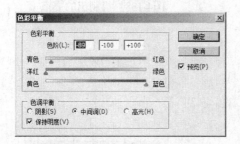

图4-132 "色彩平衡"对话框

图4-133 调整后的色彩

**step 25** 分别打开本书配套资料中的"源文件与素材\实例8\素材\蝴蝶01.jpg"、"蝴蝶02.jpg"、"蝴蝶03.jpg"和"蝴蝶04.jpg"的图像，使用"魔棒"工具创建出其中蝴蝶的选区，将它们移动复制到"显示器灯箱广告"图像窗口中，适当调整图像的大小和位置，结果如图4-134所示。

图4-134 调整图像的大小和位置

**step 26** 选择"横排文字"工具，在工具属性栏中进行如图4-135所示的设置，完成后在图像窗口中输入文字"精锐自然窗宽屏液晶显示器"，结果如图4-136所示。

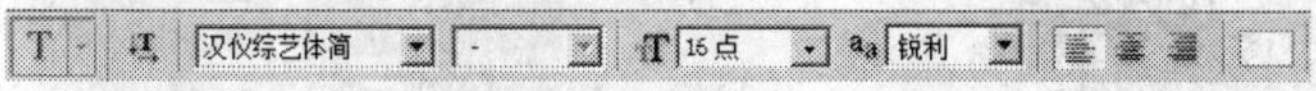

图4-135 工具属性栏中的设置

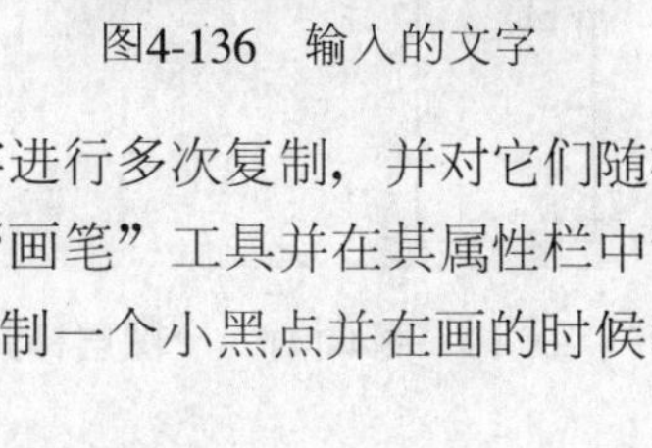

图4-136 输入的文字

**step 27** 使用自由变形的方法将文字进行适当的旋转，对文字进行多次复制，并对它们随机进行缩放，结果如图4-137所示。设置前景色为纯黑色，选择"画笔"工具并在其属性栏中设置笔刷类型为"尖角 30像素"，新建"图层 18"，在其中绘制一个小黑点并在画的时候稍微摆动一下画笔，绘制出水滴的形状，结果如图4-138所示。

**step 28** 在"图层"调板中双击"图层 18"的缩览图，打开"图层样式"对话框，在"高级混合"区域处将"填充不透明度"更改为 3%，这样可以减少填充像素的不透明度，但保持图层中所绘制的形状。然后在"图层样式"对话框左侧的效果列表中选择"投影"，在右侧的"投影"设置区中进行如图4-139所示的设置，图像的效果如图4-140所示。

图4-137　调整文字后的效果

图4-138　绘制出的黑点

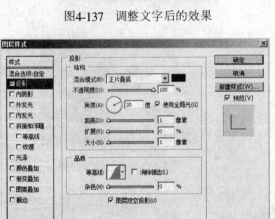

图4-139　"图层样式"对话框

图4-140　调整好的图像效果

**step 20** 在"图层样式"对话框左侧的效果列表中选择"内阴影"[1]，在右侧的设置区中进行如图4-141所示的参数设置，此时的图像效果如图4-142所示。

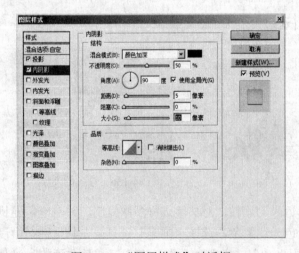

图4-141　"图层样式"对话框

图4-142　调整好的图像效果

---

1 "内阴影"图层样式，利用该命令可添加正好位于图层内容边缘内的阴影，使图像产生凹陷的外观效果。在其右侧的窗口中可以设置内阴影的不透明度、角度、阴影距离和大小等参数。

step 30 在对话框左侧的效果列表中选择"内发光"[1]，在右侧的设置区中进行如图4-143所示的设置。然后再在对话框左侧的效果列表中选择"斜面和浮雕"，在右侧的设置区中进行如图4-144所示的设置。

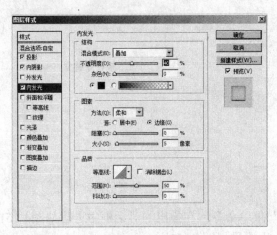

图4-143 选择"内发光"　　　　　　　图4-144 选择"斜面和浮雕"

step 31 此时一个水滴效果就制作完成了，图像效果如图4-145所示。这时先不要单击"图层样式"对话框中的"确定"按钮，先单击"新建样式"按钮，在弹出的"新建样式"对话框中设置名称，如图4-146所示，完成后单击"确定"按钮，将前面制作好的水滴效果保存到"样式"调板中。最后单击"图层样式"对话框中的"确定"按钮，完成水滴效果的制作。

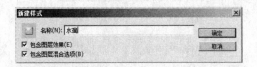

图4-145 制作出的水珠效果　　　　　　图4-146 "新建样式"对话框

step 32 选择"横排文字"工具 T，工具属性栏中的设置如图4-147所示，在图像窗口中输入如图4-148所示的文字。

图4-147 工具属性栏中的设置　　　　　　图4-148 输入的文字

---

[1] "内发光"图层样式，使用该图层样式，可以在图层内容边缘的内部产生发光效果。通过该命令，可以为图像设置"纯色光"和"渐变光"两种内发光效果。

**step 33** 在文字层下面新建"图层 19"，为当前图层填充纯白色，完成后将文字图层和"图层 19"合层。选择"滤镜"|"像素化"|"晶格化"菜单命令[1]，在弹出的对话框中进行如图4-149所示的设置，完成后单击"确定"按钮，图像的效果如图5-150所示。

图4-149　"晶格化"对话框

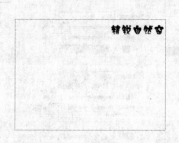

图4-150　处理后的效果

**step 34** 选择"滤镜"|"模糊"|"高斯模糊"菜单命令，在弹出的对话框中进行如图4-151所示的设置，单击"确定"按钮，模糊处理后的效果如图4-152所示。

图4-151　"高斯模糊"对话框

图4-152　模糊后的效果

**step 35** 选择"图像"|"调整"|"色阶"菜单命令，在弹出的对话框中进行如图4-153所示的设置，单击"确定"按钮，图像调整后的效果如图4-154所示。（注：经调整后的图4-150、图4-152、图4-154中的文字产生了细微的变化，可在实际操作时仔细分辨）。

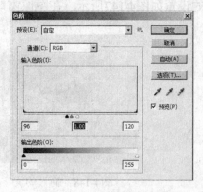

图4-153　"色阶"对话框

图4-154　调整后的图像效果

---

[1] "晶格化"滤镜，该滤镜可以使相近有色像素集中到一个像素的多角形网格中，以使图像清晰化。该滤镜对话框中只有一个"单元格大小"选项，可用于决定分块的大小。

**step36** 选择"选择"｜"色彩范围"菜单命令，在弹出的对话框中进行如图4-155所示的设置，单击"确定"按钮，创建出文字的选区，按【Ctrl+Shift+I】组合键将选区反选，按【Delete】键删除选区内的图像，结果如图4-156所示，按【Ctrl+D】组合键将选区取消。

图4-155 "色彩范围"对话框 　　　　　图4-156 删除选区内的图像

**step37** 打开"样式"调板，在其中单击第（31）步中保存好的"水滴"样式，如图4-157所示，为文字添加图层样式效果，将"图层18"设置为不可见，此时的文字效果如图4-158所示。至此，整个实例就全部制作完成了，将文件进行保存。

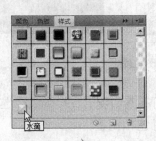

图4-157 "样式"调板 　　　　　图4-158 添加样式后的效果

## 设计说明

　　本例制作的是一款电脑液晶显示器的灯箱广告，蓝色的主色调和水面的背景既能体现高科技的主题，又能给人以画面清晰的感觉。画面中的花朵和花纹用以体现产品环保、健康的特征；色彩鲜艳的蝴蝶代表了画质逼真的效果。倾斜放置的文字既表明了产品的名称，又带给人们活泼、生动的感觉，从而起到了吸引人们视线的作用。

## 知识点总结

　　本例主要运用了"色相/饱和度"命令、"照片滤镜"命令和"色彩平衡"命令。

### 1."色相/饱和度"命令

　　选择"图像"｜"调整"｜"色相/饱和度"菜单命令，弹出如图4-159所示的对话框。

　　其中主要参数的意义如下所示。

　　"编辑"：在其下拉列表中当选择"全图"时，可一次调整图像的色调、饱和度和亮度。当选择其他特定颜色时，右下方的吸管工具和最下方的颜色条均发生变化。

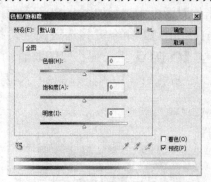

图4-159 "色相/饱和度"对话框

"色相":在其右侧文本框中输入数值或直接拖动下方的滑块即可调整图像的色相。

"饱和度"和"明度":在文本框中输入数值或拖动相应的滑块,可调整图像和选定颜色的饱和度和亮度。

"着色":选中该复选框后,可为灰度图像上色或为彩色图像创建单色调效果。创建前后的效果对比如图4-160所示。

**2."照片滤镜"命令**

选择"图像"|"调整"|"照片滤镜"菜单命令,弹出"照片滤镜"对话框,如图4-161所示。

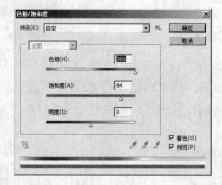

图4-160 设置"着色"项前后的效果对比

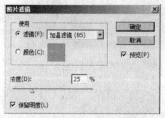

图4-161 "照片滤镜"对话框

"滤镜":用户可在其右侧的下拉列表中选择预设的颜色,以便对图像进行色相调整。

"颜色":选中该单选钮后,可单击右侧的颜色框,在弹出的"拾色器"对话框中设定自定颜色。

"浓度":用户可直接在右侧的文本框中输入数值或拖动下方的滑块来调节、添加预设颜色或自定颜色的浓度值。

利用"照片滤镜"命令改变图像主色调的具体效果如图4-162所示。

图4-162 利用"照片滤镜"命令改变图像主色调的具体效果

### 3."色彩平衡"命令

选择"图像"|"调整"|"色彩平衡"菜单命令，弹出"色彩平衡"对话框，如图4-163所示。

其中主要参数的意义如下所示。

"色彩平衡"：在该设置组下，通过在"色阶"文本框中输入某一个参数值（数值范围为−100~100）或拖动下方的三角形滑块均可平衡图像的色彩。在具体操作时，首先分析图像中需要增加或减少的颜色，然后参考色轮图进行拖动滑块。

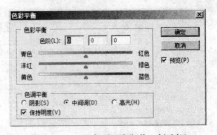

图4-163 "色彩平衡"对话框

"色调平衡"：在该项设置组下，可选择色彩校正对图像的某个色调区起作用。

"保持明度"：在色彩校正时保持图像中相应色调区的图像明度不变。

使用"色彩平衡"命令前后的效果对比如图4-164所示。

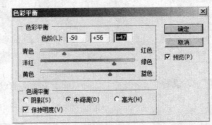

图4-164 "色彩平衡"命令的具体效果

## 拓展训练

下面我们来制作一个葡萄酒产品的灯箱广告，制作完成的最终效果如图4-165所示。本例的制作方法非常简单，主要是通过素材的叠加和合成来实现的，蓝色的天空、飞舞的花朵、四射的光芒和耀眼的光斑不仅很好的烘托出了主题——葡萄酒，而且这种矢量图与位图搭配的效果具有很强的视觉冲击力。另外，画面一侧的红色幕布可以衬托出产品的高贵，进一步表明了该产品的消费人群。

图4-165 实例最终效果

step 01 打开"新建"对话框，在其中进行如图4-166所示的设置，单击"确定"按钮新建一个图像文件。使用"渐变"工具在"背景"图层中填充天蓝色（#0c69aa）到浅蓝色（#95e0fd）的线性渐变效果，结果如图4-167所示。

step 02 打开本书配套资料中的"源文件与素材\实例8\素材\幕布.jpg"，创建出幕布图像的选区，将图像移动复制到"葡萄酒广告"图像窗口中，选择"图像"|"调整"|"亮度/对比度"菜单命令，在弹出的对话框中进行如图4-168所示的设置，单击"确定"按钮，调整图像的亮度和对比度，图像效果如图4-169所示。

step 03 选择"图像"|"调整"|"色阶"菜单命令，在弹出的对话框中进行如图4-170所示的设置，单击"确定"按钮，调整图像的效果如图4-171所示。

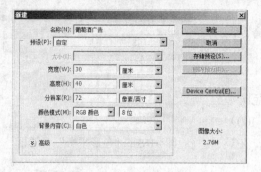

图4-166 "新建"对话框

图4-167 填充渐变后的效果

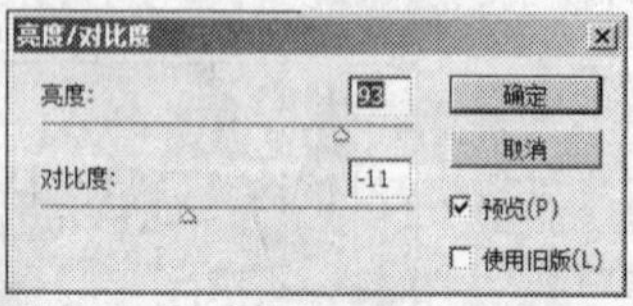

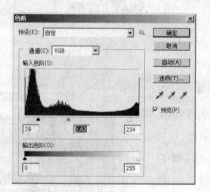

图4-168 "亮度/对比度"对话框

图4-169 图像调整后的效果

图4-170 "色阶"对话框

图4-171 图像调整后的效果

step 04 打开本书配套资料中的"源文件与素材\实例8\素材\矢量花纹.eps"文件，如图4-172所示。将图像移动复制到"葡萄酒广告"图像窗口中，适当调整其大小和位置，结果如图4-173所示。

图4-172 打开的素材图像

图4-173 图像调整后的大小和位置

step 05 选择"图像"|"调整"|"色相/饱和度"菜单命令，在弹出的"色相/饱和度"对话框中进行如图4-174所示的设置，然后单击"确定"按钮，调整图像后的效果如图4-175所示。

图4-174 "色相/饱和度"对话框          图4-175 图像调整后的效果

step 06 打开本书配套资料中的"源文件与素材\实例8\素材\葡萄酒.jpg"，制作出葡萄酒瓶的选区，将图像移动复制到"葡萄酒广告"图像窗口中，适当调整其大小和位置，结果如图4-176所示。然后打开"图层样式"对话框，为图像添加白色的外发光效果，结果如图4-177所示。

图4-176 调整图像的大小和位置          图4-177 添加发光后的效果

step 07 打开本书配套资料中的"源文件与素材\实例8\素材\矢量花朵.jpg"，使用"色彩范围"命令创建出花朵的选区，使用"移动"工具将选区内的图像移动复制到"葡萄酒广告"图像窗口中，适当调整其大小和位置，结果如图4-178所示。然后使用"矩形选框"工具，在图像窗口中绘制一个如图4-179所示的矩形选区。

图4-178 调整后的花朵图像          图4-179 绘制出的矩形选区

**step08** 新建图层，使用"渐变"工具在选区中填充如图4-180所示的渐变效果，然后将该图像进行复制，并对它们进行适当的旋转后再设置不透明度，制作出发光效果，结果如图4-181所示。至此，整个广告制作完成。

图4-180　填充渐变效果

图4-181　复制出的图像

**step09** 为当前图像添加蒙版，用"渐变"工具从上到下填充黑色到白色的线性渐变效果，制作出图像的渐隐效果，如图4-182所示。然后使用"椭圆选框"工具，并填充颜色、设置不透明度，制作出如图4-183所示的光斑效果。

**step10** 选择"横排文字"工具，在图像窗口中输入如图4-184所示的文字。至此，本实例就全部制作完成了，按【Ctrl+S】组合键将文件进行保存。

图4-182　添加蒙版效果

图4-183　添加的光斑效果

图4-184　输入的文字

## 职业快餐

　　灯箱广告又叫灯箱海报或夜明宣传画，它是如今社会商家宣传商品和企业形象的一种重要方式。灯箱广告一般都放置在比较醒目的位置，所以画面一定要美观大方，色彩一定要鲜艳夺目，既要适合于白天使用，又要适合于晚上使用。下面笔者来详细讲解灯箱广告的种类和特点，使读者对其有一个全面的了解和认识。

### 1. 灯箱广告的种类

　　灯箱广告的种类多种多样，按其图像的输出形式来分，可分为喷绘和写真两种，它们的主要区别是图像输出的清晰度（分辨率）数值不同，喷绘输出时的分辨率在30像素点/英寸~100像素点/英寸之间，通常应用于大幅面的室外广告制作，如图4-185所示；而写真输出时的分辨率必须在300像素点/英寸以上，通常应用于室内小幅面的广告展示制作，如图4-186所示。

　　另外按灯箱的打灯方式来分，可分为外打灯和内打灯两种，外打灯的灯箱面积都非常大，所以均使用喷绘输出，而且其材料大多采用宝丽布，其图像的输出分辨率应设置为30像素点/

英寸以上,这样既节约成本,又不影响整体效果的表现;内打灯灯箱的面积相对较小,其中既有喷绘又有写真,如果是喷绘输出其分辨率要设置在75像素点/英寸以上,如果是写真输出其分辨率要设置在300像素点/英寸以上。

图4-185 户外灯箱广告

图4-186 室内灯箱广告

### 2. 灯箱广告的特点

灯箱广告之所以成为现在商家宣传的一种重要媒介,是因为其具有以下4个显著的特点:

（1）幅面大

绝大多数的平面广告都是仅用于室内、个人或小范围传递信息,如招贴广告、杂志广告、报纸广告等,它们的幅面都比较小,而户外灯箱广告则可以通过店面门脸、宣传栏、灯箱架的形式向数量众多的人群传递广告内容,可以起到非常好的宣传推广作用。

（2）内容广泛

灯箱广告涉及的内容十分广泛,无论是公共类、商业类还是文教类,均可以通过灯箱广告的形式来表现。公共类如交通、运输、安全、储蓄、保险等;商业类如商品、企业、旅游、服务等;文教类如文化、教育、艺术等。

（3）视觉冲击力强

灯箱广告是通过自然光和辅助光两种形式,向近距离或远距离的人们传达信息的,所以该广告形式一般都具有鲜明的色彩对比和独具个性的结构形式,通过这些使其整体产生出较强的视觉冲击力,以吸引人们的注意力。

（4）艺术欣赏性高

灯箱广告与其他的宣传媒介不同,它白天起着形象的宣传作用,晚上通过灯照来实现照明和吸引视线的作用,所以在设计时一定要充分考虑其艺术欣赏性,使其不但能够宣传企业和产品,而且还能够起到美化环境的作用。

# Chapter
## 05

第**5**章　杂志广告设计

## 实例9

# 女士腕表广告设计

素材路径：源文件与素材\实例9\素材

源文件路径：源文件与素材\实例9\女士
腕表广告.psd

实例效果图9

## 情景再现

下面要制作的是一款女士腕表的杂志广告，该品牌是世界知名品牌，近几年在国际市场上的销路非常好，卖得非常火爆。客户只给我们提供了一张模特的照片和一款最新款式的手表图片，要求我们设置的效果一定要突出个性，与众不同。

根据客户的要求和提供的相关素材，以及产品的销售情况，我们首先想到了火，即用火的元素来体现它的火爆程度。根据这个创意，我们来继续下面的构思。

## 任务分析

· 根据产品的性质构思创意。
· 根据创意收集素材，并处理主图像的特殊效果。
· 创建位置选区，并贴入火焰特效。
· 添加标志和产品名称，并输入所要添加的所有文字，调整作品的整体结构，完成作品的制作。

## 流程设计

在制作时，我们首先用各种颜色调整命令对作品中的主图像——女孩，进行色彩的调整，制作出火烧的特殊效果。其次使用火焰笔刷在人物图像之上绘制出火焰效果。然后再使用"横排文字蒙版"工具创建文字选区，并使用"贴入"命令添加火焰图像。最后为作品添加标志和名称。

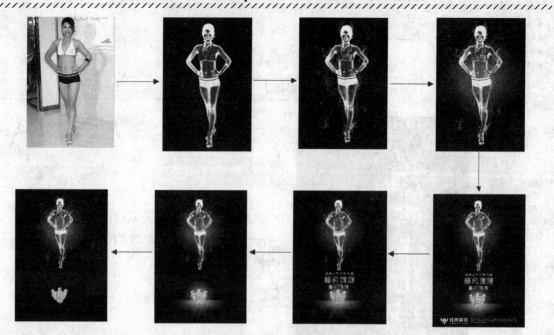

实例流程设计图9

## 任务实现

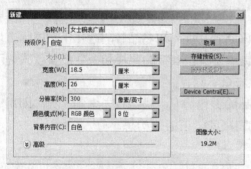

图5-1 "新建"对话框

**step 01** 启动Photoshop CS4软件系统。选择"文件"|"新建"菜单命令,在弹出的对话框中将"宽度"设置为18.5厘米,将"高度"设置为26厘米,如图5-1所示单击"确定"按钮,创建一个新的文件。

**step 02** 选择"文件"|"打开"菜单命令,在"打开"对话框中选择配套资料中的"源文件与素材\实例9\素材\女孩.jpg"的文件,将其打开,如图5-2所示。选择"钢笔"工具,沿着人物的轮廓绘制出如图5-3所示的3条封闭路径。在绘制好的路径上单击鼠标右键,从弹出的快捷菜单中选择"建立选区"命令,打开如图5-4所示的"建立选区"对话框,单击"确定"按钮,将路径转换为选区。

图5-2 打开的素材图像

图5-3 绘制出的路径

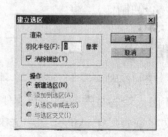

图5-4 "建立选区"对话框

**step 03** 按【Ctrl+C】组合键将选区内的图像进行复制，进入开始创建的图像窗口，按【Ctrl+V】组合键将复制的图像进行粘贴，得到"图层 1"。使用"移动"工具适当调整图像的位置，结果如图5-5所示。

**step 04** 按住【Ctrl】键在"图层"调板中单击"图层 1"右侧的缩略图载入图像的选区，选择"选择"|"修改"|"边界"菜单命令，在弹出的"边界选区"对话框中设置"宽度"为3像素，如图5-6所示。单击"确定"按钮创建出选区的边界，结果如图5-7所示。

图5-5 调整图像的位置 图5-6 "边界选区"对话框 图5-7 创建出的边界选区

**step 05** 选择菜单"滤镜"|"模糊"|"高斯模糊"命令，在弹出的"高斯模糊"对话框中设置"半径"为3.5像素，如图5-8所示。单击"确定"按钮创建出图像边界的模糊效果，按【Ctrl+D】组合键取消选区后的效果如图5-9所示。

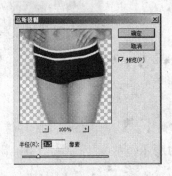

图5-8 "高斯模糊"对话框 图5-9 图像调整后的效果（1）

**step 06** 将"图层 1"进行复制得到"图层 1副本"。选择菜单"图像"|"调整"|"亮度/对比度"命令，在弹出的对话框中设置"亮度"为29像素、"对比度"为71像素，如图5-10所示。单击"确定"按钮调整图像的亮度和对比度，结果如图5-11所示。

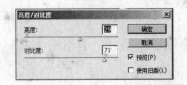

图5-10 "亮度/对比度"对话框 图5-11 调整图像后的效果（2）

step 07 选择"图像"|"调整"|"反相"菜单命令[1]，将图像反相，结果如图5-12所示。

step 08 选择"图像"|"调整"|"亮度/对比度"命令，在弹出的对话框中设置"亮度"为110像素，如图5-13所示。单击"确定"按钮调整图像的亮度，结果如图5-14所示。

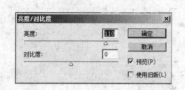

图5-12　反相的效果　　　　图5-13　"亮度/对比度"对话框　　　图5-14　调整图像后的效果（3）

step 09 选择菜单"图像"|"调整"|"色彩平衡"命令，在弹出的对话框中选择"高光"单选钮，然后设置色阶值为100、－2、－64，如图5-15所示。单击"确定"按钮调整图像的色彩，结果如图5-16所示。

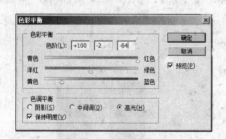

图5-15　"色彩平衡"对话框　　　　　　　　　图5-16　图像调整后的效果（4）

step 10 选择"图像"|"调整"|"色彩平衡"菜单命令，在弹出的对话框中选择"阴影"单选钮，然后设置色阶值为83、33、－100，如图5-17所示。单击"确定"按钮调整图像的色彩，结果如图5-18所示。

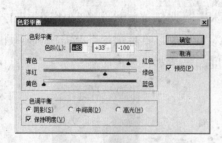

图5-17　"色彩平衡"对话框　　　　　　　　　图5-18　图像调整后的效果（5）

step 11 选择菜单"图像"|"调整"|"可选颜色"命令[2]，在弹出的对话框中选择"颜色"

[1] "反相"命令，利用该命令可以对图像进行反相，即图像中的颜色和亮度全部反转，转换为256级中相反的值。例如，原来图像亮度值为80，经过反相后其亮度值为175。

[2] "可选颜色"命令，该命令用于校正色彩不平衡问题和调整颜色。它是高档扫描仪和分色程序使用的一项技术，可在图像中的每个加色和减色的原色成分中增加和减少印刷颜色的量。

为"青色"、"方法"为"绝对"，具体参数设置如图5-19所示。单击"确定"按钮调整图像的色彩，结果如图5-20所示。

图5-19　"可选颜色"对话框

图5-20　图像调整后的效果（6）

step 12　选择菜单"图像"|"调整"|"可选颜色"命令，在弹出的对话框中选择"颜色"为"白色"、"方法"为"绝对"，具体参数设置如图5-21所示。单击"确定"按钮调整图像的色彩，结果如图5-22所示。

图5-21　选择"白色"

图5-22　图像调整后的效果（7）

step 13　选择 "图像"|"调整"|"色相/饱和度"菜单命令，在弹出的对话框中选择设置"色相"为－10、"饱和度"为50、"明度"为20，具体参数设置如图5-23所示。单击"确定"按钮调整图像的色彩，结果如图5-24所示。

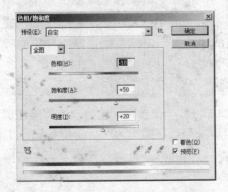

图5-23　"色相/饱和度"对话框

图5-24　图像调整后的效果（8）

**step 14** 选择"图像"|"调整"|"色彩平衡"菜单命令，在弹出的对话框中选择"阴影"单选钮，设置色阶值为56、－35、－35，如图5-25所示。单击"确定"按钮调整图像的色彩。然后再次选择"图像"|"调整"|"色彩平衡"菜单命令，在弹出的对话框中选择"高光"单选钮，设置色阶值为100、10、－18，如图5-26所示。单击"确定"按钮调整图像的色彩，设置完成后将该图层的混合模式设置为"变亮"，此时的图像效果如图5-27所示。

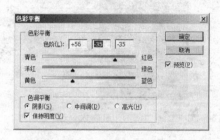
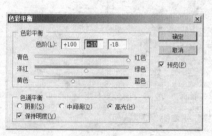

图5-25　　"色彩平衡"命令　　　　图5-26　再次选择"色彩平衡"　　　图5-27　图像调整后
　　　　　　　　　　　　　　　　　　　　　　命令　　　　　　　　　　　　的效果（9）

**step 15** 选择"文件"|"打开"菜单命令，在"打开"对话框中选择配套资料中的"源文件与素材\实例9\素材\火焰.jpg"的文件，将其打开，如图5-28所示。将图像移动复制到"女士腕表广告"图像窗口，得到"图层 2"，适当调整其大小和位置，并将当前图层的混合模式设置为"滤色"，结果如图5-29所示。

图5-28　打开的素材图像　　　　　　　　图5-29　图像调整后的效果（10）

**step 16** 复制配套资料中的"源文件与素材\实例9\素材\火焰画笔"文件夹，将配套资料中的"火焰画笔"文件夹拷贝到自己的硬盘上，选择"画笔"工具，在工具栏中单击"画笔"右侧的画笔类型图标打开"画笔预设"调板，单击右上角的小三角按钮，在弹出的快捷菜单中选择"载入画笔"命令，如图5-30所示。在弹出的"载入"对话框中选择刚拷贝的"火焰画笔"，如图5-31所示，单击"载入"按钮，将画笔载入到"画笔预设"调板中。

**step 17** 在"画笔预设"调板中选择合适的火焰画笔类型，分别设置前景色的颜色值为R：210/G：184/B：60和R：199/G：68/B：28。新建"图层 3"，在人物的轮廓处连续单击鼠标，绘制出如图5-32所示的火焰效果。然后再新建"图层 4"和"图层 5"，使用相同的方法，继续绘制火焰效果，并用"橡皮擦"工具对火焰进行适当的擦除以增加其真实感，结果如图5-33所示。

**step 18** 设置前景色的颜色值为R：199/G：68/B：28，选择"渐变"工具，单击工具属性栏中的"径向渐变"按钮，单击图标打开"渐变编辑器"对话框，在其中设置从颜色值R：199/

G：68/B：28到透明的渐变，如图5-34所示。然后，在"图层 1副本"的下面新建"图层 6"，在其中填充如图5-35所示的渐变效果。这样，人物的火焰效果就制作完成了，使用自由变形的方法，将图像进行适当的缩放，结果如图5-36所示。

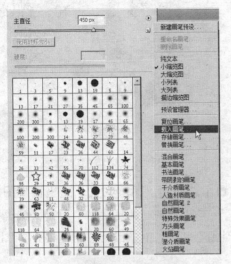

图5-30　选择"载入画笔"命令

图5-31　选择"火焰画笔"

图5-32　绘制火焰

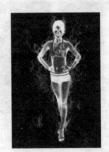

图5-33　调整火焰的效果

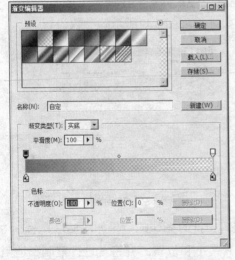

图5-34　"渐变编辑器"对话框

图5-35　填充渐变
后的效果

图5-36　图像调整后的
大小和位置

**step 19** 选择"文件"|"打开"菜单命令，在"打开"对话框中选择配套资料中的"源文件与素材\实例9\素材\女士腕表.jpg"的文件，将其打开，如图5-37所示。使用"魔棒"工具制作出白色区域的选区，将选区反选创建出手表的选区，如图5-38所示。

图5-37  打开的素材图像

图5-38  创建出的手表选区

**step 20** 将选区内的图像移动复制到当前图像窗口中，得到"图层 7"，适当调整图像的大小和位置，结果如图5-39所示。然后选择"画笔"工具，在工具属性栏中设置笔刷类型为"喷溅 34像素"，设置前景色为纯白色，新建"图层 8"，单击鼠标左键绘制出如图5-40所示的图像。

图5-39  调整图像的大小和位置

图5-40  绘制出的图像

**step 21** 选择"矩形选框"工具，按住【Alt+Shift】组合键将光标移动到刚绘制的图像中心位置，拖曳鼠标绘制出一个以单击处为中心的正方形选区，结果如图5-41所示。选择"滤镜"|"模糊"|"径向模糊"菜单命令[1]，在弹出的对话框中进行如图5-42所示的参数设置。

图5-41  创建出选区

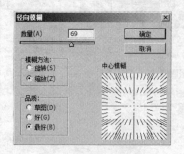
图5-42  "径向模糊"对话框

**step 22** 单击"确定"按钮，将图像进行径向模糊处理，此时图像的效果如图5-43所示。然后继续将手表图像复制到当前图像窗口中，适当调整其大小和位置，并将其进行复制和适当

---

[1] "径向模糊"滤镜，该滤镜能够产生旋转模糊或放射模糊效果，使用该滤镜时，弹出"径向模糊"对话框，利用该对话框可设定"中心模糊"、"模糊方法"（旋转或缩放）和"品质"3个选项。

的旋转，结果如图5-44所示。

图5-43 模糊后的图像效果

图5-44 图像调整后的效果

**step 23** 选择"渐变"工具，打开"渐变编辑器"对话框，在其中设置渐变颜色从黄色到透明，如图5-45所示，完成后单击"确定"按钮。在"图层"调板中新建"图层 9"，填充如图5-46所示的径向渐变效果。

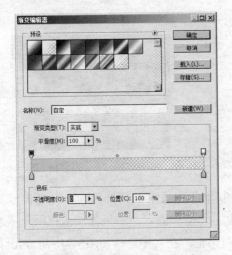

图5-45 "渐变编辑器"对话框

图5-46 填充渐变后的效果

**step 24** 将刚填充的图像进行复制，对其进行如图5-47所示的自由变形，然后使用"矩形选框"工具框选出图像的上半部分，按【Delete】键将其删除，此时的图像效果如图5-48所示。

图5-47 变形后的图像

图5-48 图像处理后的效果

**step 25** 将前面复制出的三个手表图像进行复制并合成，选择"编辑"|"变换"|"垂直翻转"菜单命令，将图像进行垂直翻转，适当调整其位置，并在"图层"调板中将其不透明度设置为20%，结果如图5-49所示，然后为当前图层添加图层蒙版，在调整后的图像处添加由纯黑到纯白的线性渐变效果，制作图像的渐隐效果，结果如图5-50所示。

图5-49 设置复制的图像

图5-50 图像调整后的效果

**step 26** 选择"横排文字蒙版"工具 T [1]，在工具属性栏中进行如图5-51所示的设置，完成后在图像窗口中输入文字选区"经典皇冠"。然后打开配套资料中的"源文件与素材\实例9\素材\火焰.jpg"的文件，将其打开，如图5-52所示。按【Ctrl+A】组合键将图像全选，按【Ctrl+C】组合键将图像复制。

图5-51 文字属性栏中的设置

图5-52 打开的素材图像

**step 27** 选择"编辑"|"贴入"菜单命令，将复制出的图像粘贴到选区中，此时自动新建一个图层并带有蒙版效果，适当调整其中火焰图像的大小和位置，结果如图5-53所示。然后在"图层"调板中双击当前图层打开"图层样式"对话框，在其中进行如图5-54所示的设置，完成后单击"确定"按钮为图像添加描边效果[2]，结果如图5-55所示。

图5-53 贴入图像
后的效果

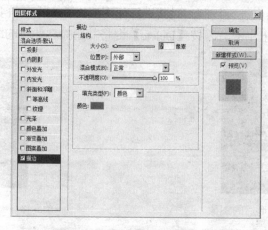

图5-54 "图层样式"对话框

图5-55 描边后
的效果

---

[1] "横排文字蒙版"工具，使用该工具可以直接将输入的文字转换为选区，其使用方法与"横排文字"工具相同。

[2] "描边"图层样式，利用该图层样式可以使用颜色、渐变色或图案在当前图像的周围描一个边缘效果。

**step 28** 使用同样的方法，制作出其他的火焰文字效果，结果如图5-56所示。然后打开配套资料中的"源文件与素材\实例9\素材\标志.jpg"的文件，如图5-57所示。

图5-56 制作出的其他文字

图5-57 打开的素材图像

**step 29** 使用"移动"工具将图像移动复制到当前图像窗口中，选择"图像"|"调整"|"反相"菜单命令，将图像进行反相处理，这样原来的黑色图像就变成了白色图像，结果如图5-58所示。然后使用自由变形的方法，适当调整标志图像的大小和位置，结果5-59所示。

**step 30** 选择"横排文字"工具，在图像窗口中输入该杂志广告的所有文字，结果如图5-60所示。至此，整个实例就制作完成了，按【Ctrl+S】组合键将文件进行保存。

图5-58 反相后的图像效果

图5-59 调整图像的大小和位置

图5-60 输入的文字效果

## 设计说明

本例我们设计的是一个女士腕表的杂志广告，本作品主要通过添加了火焰特效人物来体现产品的高贵品质、富丽堂皇以及受欢迎的程度。由于本实例的创意来源于火，并运用了大量的火焰素材，所以背景色我们采用了最能体现火焰亮度的纯黑色，这种形式可以非常明显的衬托出整幅作品的主题。另外，以黑黄配形成作品的主题色，不仅可以很好地体现出产品的高贵与典雅，而且还能产生出很强的视觉冲击力，给人留下深刻的印象。

## 知识点总结

下面我们来详细介绍一下本例中用到的"可选颜色"命令和"描边"图层样式。

1. "可选颜色"命令

选择"图像"|"调整"|"可选颜色"菜单命令，弹出"可选颜色"对话框，如图5-61所示。

"颜色"：在"颜色"下拉列表中用户可选择进行校正的颜色。可选颜色包括RGB、CMYK的各通道色、白色、中性色和黑色。

拖动"青色"、"洋红"、"黄色"和"黑色"的滑块或在文本框中输入数值可调整指定的颜色的含量。

> 在"方法"区选择"相对"单选钮，表示按照总量的百分比更改现有的青色、洋红、黄色和黑色量。例如，如果要以50%洋红的像素开始添加10%，则5%洋红会被添加，结果为55%的洋红（50%×10%＝5%）。不过，此选项不能调整纯反光白，因为它不包含颜色成分。按住【Shift】键可以沿水平、垂直或45度角的方向对进行图像擦除。

2."描边"图层样式

"描边"图层样式对话框如图5-62所示，在其右侧编辑窗口中可设置描边的位置、大小及不透明度等参数。

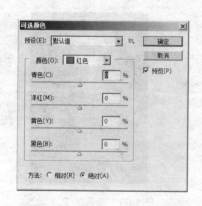

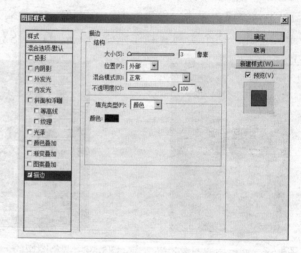

图5-61 "可选颜色"对话框　　　　　　图5-62 使用"描边"命令前后的对比效果

"描边"图层样式对话框中各参数的含义如下所示。

"大小"：该参数用于控制描边的宽度，数值越大描的边就越宽。

"位置"：在该下拉列表框中可以选择"外部"、"内部"和"居中"3种描边位置。

"填充类型"：在该下拉列表中可以设置描边的类型，包括"颜色"、"渐变"和"图案"3种方式。

## 拓展训练

下面将制作一幅音乐会的杂志宣传广告，该广告的整体设计采用了陈旧的复古效果，破旧的牛皮纸、退色的文字、发黄的单色人物照片，恰到好处地反映出了乐队悠久的历史。左侧鲜明的文字和标示图像，与复古效果在视觉效果上形成鲜明的对比，既能吸引人们的眼球，又体现出了现代的流行元素，反映出了乐队不断创新的精神。

本例在制作时，主要用到了"色阶"命令、"颗粒"滤镜、"添加杂色"滤镜、图层蒙版及文字工具等。本例制作的最终效果如图5-63所示。

**step 01** 选择"文件"|"打开"菜单命令（快捷键为【Ctrl+N】），打开配套资料"源文件与素材\实例9\素材\吉他手素材.jpg"图片，如图5-64所示。使用"色相/饱和度"命令调整图像的色相和饱和度，结果如图5-65所示。

**step 02** 使用"色阶"命令调整图像的整体效果，结果如图5-66所示。使用"亮度/对比度"命令调整图像的亮度，结果如图5-67所示。

图5-63 实例最终效果

图5-64 打开的素材文件

图5-65 图像调整后的效果

图5-66 使用"色阶"命令调整图像效果

图5-67 调整图像的亮度

**step 03** 选择"滤镜"|"纹理"|"颗粒"菜单命令，在弹出的对话框中设置"强度"为15、"对比度"为10、"颗粒类型"为"垂直"，单击"确定"按钮，将图像调整为如图5-68所示的效果。在"背景"图层之上新建"图层 1"，并为其填充纯白色。选择"滤镜"|"杂色"|"添加杂色"命令，为图像添加杂点效果，结果如图5-69所示。

图5-68 添加颗粒后的效果

图5-69 添加杂点后的效果

step 04 选择"滤镜"|"模糊"|"高斯模糊"菜单命令,将图像进行模糊。在"图层"调板中设置图层的混合模式为"正片叠底"、不透明度为20%,此时的图像效果如5-70所示。新建"图层 2",为其填充纯白色,然后再在其中绘制一个矩形选区并填充纯黑色。选择"滤镜"|"画笔描边"|"喷溅"菜单命令,在弹出的对话框中进行适当的参数设置,完成后单击"确定"按钮,结果如图5-71所示。

图5-70 处理后的图像效果

图5-71 添加画笔描边后的效果

step 05 使用"色彩范围"命令,创建出白色区域的选区。将"图层 2"设置为不可见,在"图层"调板中同时选择"图层 1"和"背景"图层,按【Ctrl+Alt+Shift+E】组合键将选择的图层盖印得到"图层 3"。然后按【Delete】键将选区内的图像删除,结果如图5-72所示。选择"文件"|"新建"菜单命令,新建一个"宽度"为30厘米、"高度"为40厘米、"分辨率"为300像素/英寸的图像文件。在新的图像文件中新建"图层 1",为图像填充纯黑色,在图像窗口中创建一个矩形选区,在其中填充土黄色(#f2ebd9),选择"滤镜"|"画笔描边"|"喷溅"菜单命令,在弹出的对话框中进行适当的参数设置,完成后单击"确定"按钮,调整图像的效果如图5-73所示。

图5-72 删除图像后的效果

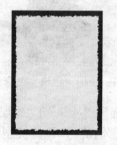

图5-73 图像调整后的效果

step 06 选择黑色区域,并将该区域删除,在"图层"调板中的"图层 1"上双击鼠标左键打开"图层样式"对话框,对图像分别添加"投影"和"内发光"效果,结果如图5-74所示。载入当前图层的选区,新建"图层 2"为选区填充纯白色,使用"添加杂色"命令为图像添加杂色,将该图层的混合模式设置为"线性加深",并将其不透明度设置为10%。继续新建"图层 3",选择"滤镜"|"渲染"|"云彩"菜单命令,在选区中添加云彩效果,结果如图5-75所示。

step 07 将该图层的混合模式设置为"正片叠底",并将其不透明度设置为10%。然后再新建"图层 4",使用"画笔"工具绘制出如图5-76所示的纹理。新建"图层 5",打开"样式"面板,在其中选择"拼图(图像)"类型,然后使用"画笔"工具在图中进行如图5-77所示的绘制。

图5-74 添加图层样式后的效果

图5-75 创建出的云彩效果

图5-76 绘制出的纹理

图5-77 绘制出的按钮

**step 08** 将前面处理好的人物图像中的"图层3"移动复制到新建的图像窗口中,作为"图层6"适当调整图像的大小和位置,将文件中除当前图层和"背景"图层之外的所有图层进行图层盖印,得到"图层7",完成后打开"色彩平衡"对话框,在其中进行适当的设置,调整图像的色调,结果如图5-78所示。使用"横排文字"工具,在图像窗口中输入文字。打开"源文件与素材\实例9\素材\底图.jpg"图片,使用"去色"命令将图像去色,将图像移动复制到新建的图像窗口中,使用自由变形的方法将图像铺满整个图像窗口,然后进入"通道"调板,载入"绿"通道的选区。将当前图层设置为不可见,设置文字图层为当前图层,单击"添加蒙版"按钮 ,为文字添加图层蒙版,将图层与蒙版之间的链接取消,使用自由变形的方法适当调整蒙版的大小。使用同样的方法制作出图像下部的文字,结果如图5-79所示。

图5-78 调整图像的色调

图5-79 制作出的文字

**step 09** 打开"源文件与素材\实例9\素材\标题.jpg"图片,使用"魔棒"工具创建出标题图像的选区,将其移动复制到正常操作的图像窗口中,适当调整图像的大小和位置,结果如图5-80所示。最后,使用"横排文字"工具,在图像窗口中输入作品所需要的所有文字,如图5-81所示。至此,整个实例就制作完成了,按【Ctrl+S】组合键将文件进行保存。

图5-80 调整图像的大小　　　　　　　　图5-81 输入的文字

## 职业快餐

　　杂志广告顾名思义就是刊登在杂志上的广告。杂志可分为专业性杂志、行业性杂志、消费者杂志，等。由于各类杂志面向的读者群比较明确，因此是各类专业商品广告的良好媒介。杂志广告一般都采用彩色印刷，纸质也较好，所以杂志广告的表现力非常强，是其他类型的平面广告难以比拟的。杂志广告还可以用较多的篇幅来传递关于商品的详尽信息，既利于消费者理解和记忆，也有更高的保存价值。

　　下面我们来详细讲解一下杂志广告的编排和设计规律。

　　1. 广告内容与杂志专业

　　杂志都有一定的专业范畴和类别，选择和编排杂志广告，一定要符合有关专业杂志的办刊宗旨和内容，这既有益杂志，也有益广告，同时可以使人感觉亲切、实用。

　　杂志广告对人们来说，完全有足够的时间去逐磨、理解，并思考其含义。所以杂志广告的说明文字要深入、细致；遣词用语一般为动词和名词，如图5-82所示。

图5-82 带有详细文字说明的杂志广告

　　2. 广告色彩与产品特性

　　杂志一般都采用彩色印刷。因此，杂志广告总是以强烈的色彩对比来增强整体效果的视觉冲击力、加深人们的记忆。

　　杂志广告多数采用彩色摄影，也有彩色喷绘，广告内容用色调加以烘托。色彩应与产品特性相一致，如儿童用品广告，色彩宜明亮跳跃；妇女用品广告，色彩宜轻盈柔美等，杂志效果如图5-83所示。

图5-83　色彩对比强烈的杂志广告

### 3. 广告版面与划样

　　杂志开本一般遵循的都是纵向的黄金律格式，这种版式的杂志其广告版面的高一般都大于宽，这种形式可以大大增强读者的注视率。杂志广告的版面一般分为全页整版、半页版（分为上下对分、左右对分、斜角对分）、全页另加对面半页版、1/4版、1/3页版和双页满版等。杂志广告划样的形式一般采用的是"全出血"版，如图5-84所示，这种形式可以给人无穷大的感觉。

图5-84　全出血版杂志广告

### 4. 广告版面的固定性、独立性

　　杂志广告一般都能独占版面，可以做集中诉求，不像其他的平面广告一样受其他内容的干扰，效果比较明显。杂志广告尤其适宜刊登通用期长的广告，如图5-85所示。杂志广告中最受关注的是封面和封底，其次是封二和封三，再就是中页版，最后是书内文插页。

图5-85　畅销产品杂志广告

## 实例10

### 时尚服装广告设计

素材路径：源文件与素材\实例10\素材
源文件路径：源文件与素材\实例10\
时尚服装广告.psd

实例效果图10

## 情景再现

今天经朋友联系接了一个关于时尚时装的杂志广告，由于该服装品牌刚刚开始做，还没有形成自己的风格。这次做广告的目的主要是推广一下自身的品牌，客户没有提供成功的模特照片，素材要靠我们自己来搜集。

为了不侵犯版权，我们没有采用照片，而是选用了一张手绘的天使梦幻图像作为主图像，来体现产品的时尚、现代和与众不同。另外用高脚杯和海豚来体现它的高贵。

由于是推广品牌，我们没有使用过多的文字说明，只在最显著的地方添加了产品的标志，这样可以起到非常好的品牌推广作用。

## 任务分析

- 根据客户的要求构思广告创意。
- 按照广告的要求设置尺寸大小和分辨率，新建一个文件并根据整体创意填充底色。
- 根据创意搜集素材。将素材进行修饰和抠图，复制出想要的图像。
- 将复制的图像合并到背景素材中，调整大小和位置。
- 添加商品名称，并根据整体色调设计其效果和位置。

## 流程设计

在制作时，我们首先利用"抽出"滤镜制作出高脚杯和水的选区，并抠出这些透明图像，然后将它们复制到背景图像窗口中，适当调整它们的大小，并利用"球面化"滤镜制作出高脚杯处图像的立体效果。最后根据创意要求适当调整作品的版式，再输入文字并用图层样式为其添加立体效果，之后将文件进行保存，完成广告的制作。

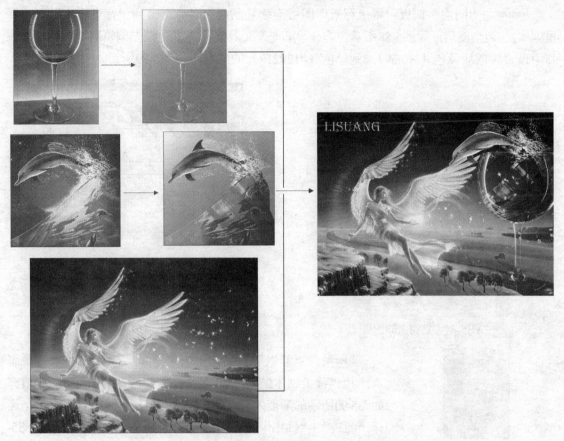

实例流程设计图10

## 任务实现

step01 选择"文件"|"打开"菜单命令（快捷键为【Ctrl+N】），在"打开"对话框中选择配套资料中的"源文件与素材\实例10\素材\高脚杯.jpg"文件，将其打开，如图5-86所示。该图片的玻璃处有些杂点，下面我们来修饰一下。选择"仿制图章"工具 🎨[1]，适当设置笔刷类型，按住【Alt】键在高脚杯没有杂点的区域处单击鼠标左键，然后释放【Alt】键，将光标移动到有杂点的区域处，单击鼠标左键即可将杂色修除，结果如图5-87所示。

图5-86 打开的素材图片

图5-87 图像修饰后的效果

---

[1] "仿制图章"工具，利用该工具用户可以在同一幅图像或多幅图像中复制图像，其操作方法是按住【Alt】键不放，在当前图像中要复制的区域处单击取得样本，然后释放【Alt】键，在目标位置处单击并拖动光标即可将样本复制到目标位置处。

**step 02** 在"图层"调板中将"背景"图层连续复制两次，分别得到"背景副本"和"背景副本2"两个图层，如图5-88所示。选择"渐变"工具 █，打开"渐变编辑器"对话框，在其中设置颜色从黄色（#f9fa97）到绿色（#129217）的渐变，如图5-89所示。

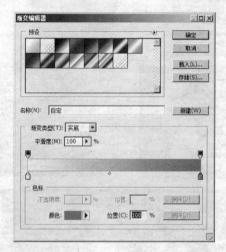

图5-88　复制出的图层　　　　　　　　图5-89　"渐变编辑器"对话框

图5-90　填充渐变后的效果

**step 03** 在"背景"图层之上新建"图层 1"，将"背景副本"和"背景副本2"暂时设置为不可见，在"图层 1"中填充如图5-90所示的渐变效果。然后将"背景副本"设置为可见，选择"滤镜"|"抽出"菜单命令[1]，在弹出的对话框中进行如图5-91所示的参数设置。

图5-91　"抽出"对话框中的参数设置

---

[1] "抽出"滤镜，该滤镜在Photoshop CS4中已经被取消了，在应用时需要重新安装，具体的安装方法我们将在本节的知识点总结中进行详细讲解。使用该滤镜可提取边缘不规则且与背景颜色反差较大的图像，提取的结果是将背景部分擦除，只保留选择的图像。

**step 04** 沿着高脚杯的轮廓进行涂抹，将高脚杯区域全部覆盖，结果如图5-92所示。然后单击"确定"按钮将图像的高光区域提取出来，结果如图5-93所示。

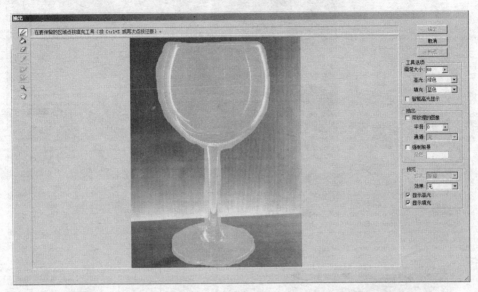

图5-92 涂抹后的效果

**注意** 在"抽出"对话框中选择"强制前景"复选框，设置"颜色"为纯白色，这样只能提取出图像的高光部分。

**step 05** 选择"橡皮擦"工具 ，在工具属性栏中设置笔刷为"柔角20像素"、不透明度为40%，完成后在图像的边缘进行适当的涂抹，将多余的部分擦除，结果如图5-94所示。然后将当前图层设置为不可见，将"背景 副本2"设置为可见，如图5-95所示。

图5-93 提取出来的 图5-94 图像修饰 图5-95 设置"背景副本2"
　　　图像效果　　　　　后的效果　　　　　　为可见

**step 06** 选择"滤镜" | "抽出"菜单命令，在弹出的对话框中进行如图5-96所示的参数设置，完成后沿着高脚杯的轮廓进行涂抹，将高脚杯区域全部覆盖，结果如图5-97所示。

**注意** 在"抽出"对话框中选择"强制前景"复选框，设置"颜色"为纯黑色，这样只能提取出图像的暗部区域。

图5-96 "抽出"对话框中的设置

图5-97 涂抹图像后的效果

**step 07** 单击"确定"按钮将图像的暗部区域提取出来，结果如图5-98所示。因为我们最终要将该图片放置到一个亮丽的背景图中，这里的暗部会显的有点暗，我们可以使用"橡皮擦"工具 ✐ 将其整体进行适当的擦除，结果如图5-99所示。

图5-98 提取出的图像

图5-99 图像擦除后的效果

step 08 此时我们将"背景副本"图层设置为可见，观察高脚杯抠图后的最终效果，如图5-100所示，此时我们将图像另存为"抠好的高脚杯.psd"，以便以后备用。打开本书配套资料"源文件与素材\实例10\素材\海豚.jpg"图片，如图5-101所示。

图5-100　抠出的高脚杯图像

图5-101　打开的素材图片

step 09 在"图层"调板中将"背景"图层连续复制两次，分别得到"背景副本"和"背景副本2"两个图层，如图5-102所示。选择"渐变"工具，在"背景"图层之上新建"图层 1"，为图像填充从黄色（#f9fa97）到绿色（#129217）的渐变效果，如图5-103所示。

图5-102　复制的图层

图5-103　填充渐变后的效果

step 10 重复前面的操作，选择"滤镜"|"抽出"菜单命令，在弹出的对话框中进行相同的参数设置，完成后沿着海水和海豚的轮廓进行涂抹，将它们全部覆盖，效果如图5-104所示。然后单击"确定"按钮将图像的高光区域提取出来，结果如图5-105所示。

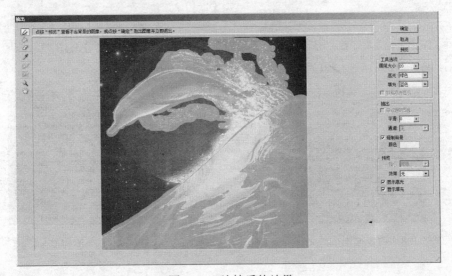

图5-104　涂抹后的效果

step 11 选择"橡皮擦"工具 ⊘，在工具属性栏中设置笔刷为"柔角20像素"、不透明度为40%，完成后在图像的边缘进行适当的涂抹，将多余的部分擦除，结果如图5-106所示。然后将当前图层设置为不可见，将"背景副本2"设置为可见，选择"滤镜"|"抽出"菜单命令，在弹出的对话框中选中"强制前景"复选框，设置颜色为纯黑色，完成后沿着海豚和海水的轮廓进行涂抹，将海豚和海水区域全部覆盖，效果如图5-107所示。

图5-105 提取出来的图像效果

图5-106 图像擦除后的效果

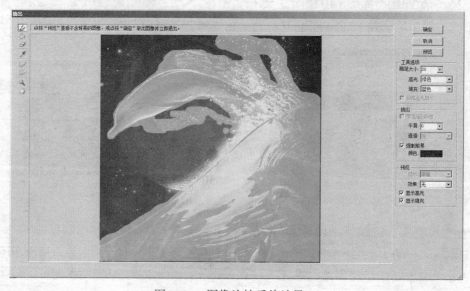

图5-107 图像涂抹后的效果

step 12 单击"确定"按钮将图像的暗部区域提取出来，结果如图5-108所示。然后使用"橡皮擦"工具 ⊘将其整体进行适当的擦除，结果如图5-109所示。

图5-108 图像提出后的效果

图5-109 图像擦除后的效果

**step 13** 将除"背景"图层之外的所有图层都设置为不可见，使用"钢笔"工具沿着海豚的轮廓创建出如图5-110所示的选区，然后将选区内的图像进行复制、粘贴，结果如图5-111所示。此时我们将图像另存为"抠好的海豚和海.psd"，以便以后备用。

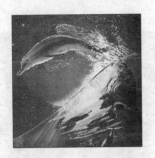

图5-110　绘制出的选区

图5-111　复制出的图像

**step 14** 打开配套资料"源文件与素材\实例10\素材\背景素材.jpg"图片，如图5-112所示。使用"移动"工具将"抠好的高脚杯.psd"文件中的"背景副本"和"背景副本2"两个图层移动复制到"背景素材"图像窗口中，使用自由变形的方法，适当调整高脚杯的形状和位置，结果如图5-113所示。

图5-112　打开的素材图片

图5-113　图像调整后的效果

**step 15** 继续使用"移动"工具将"抠好的海豚和海.psd"文件中的"背景 副本"、"背景 副本2"和"图层 2"3个图层移动复制到"背景素材"图像窗口中"背景"图层的上面，使用自由变形的方法适当调整其形状和位置，并用"钢笔"工具沿着高脚杯轮廓创建选区，删除"背景副本"、"背景副本2"两图层中选区之外的图像，结果如图5-114所示。然后选择"矩形选框"工具，在属性栏中按下"从选区减去"按钮，在图像窗口中将选区修改为如图5-115所示的形状，完成后将该选区进行5像素的羽化。

图5-114　调整图像后的效果

图5-115　修改选区后的形状

**step 16** 将"背景"图层设置为当前图层,选择"滤镜"|"扭曲"|"球面化"菜单命令[8],在弹出的对话框中进行如图5-116所示的参数设置,完成后单击"确定"按钮,将选区内的图像进行球面化处理,结果如图5-117所示,这样就制作出了酒杯的折射效果。

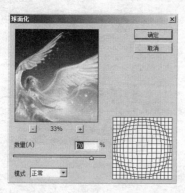

图5-116 "球面化"参数设置

图5-117 修改选区后的形状

**step 17** 选择"横排文字"工具,在工具属性栏中进行如图5-118所示的参数设置,完成后在图像窗口的左上角输入文字,结果5-119所示。

图5-118 设置字体和颜色

**step 18** 切换到"图层"调板,在文字层上双击鼠标左键,在弹出的"图层样式"对话框中进行如图5-120所示的参数设置,完成后单击"确定"按钮,为文字添加斜面和浮雕效果,结果如图5-121所示。至此,整个实例就全部制作完成了,将文件另存为"时装广告.psd"。

图5-119 输入的文字

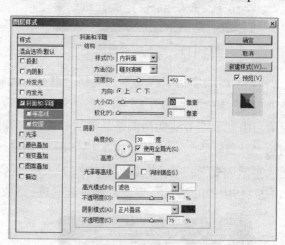

图5-120 "图层样式"对话框

---

1 "球面化"滤镜,该滤镜可以将整个图像或选区内的图像向内或向外挤压,产生一种挤压的效果。该滤镜对话框中的"数量"选项,变化范围为-100~100,正值时向内凹进,负值时往外凸出。"模式"下拉列表框中有3种挤压方式,即"正常"、"水平优先"和"垂直优先"选项。

图5-121 添加样式后的效果

## 设计说明

本例制作的是一款时尚时装的杂志广告，晶莹剔透的夜光杯及飞跃的海豚体现出了服饰的吸引力，并能给人以强烈的视觉冲击力；飞舞的天使主图像和冰天雪地的背景，反映出了该服饰带给人的感觉，可使穿上它的人瞬间变得像天使一样漂亮，并能淋漓尽致地体现出冰清玉洁的高贵气质。

## 知识点总结

本例主要运用了"仿制图章"工具和"抽出"滤镜。

### 1. "仿制图章"工具

在工具箱中单击"仿制图章"工具 ▲ 后，其工具属性栏如图5-122所示。

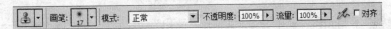

图5-122 "仿制图章"工具属性栏

"画笔"、"模式"、"不透明度"和"流量"选项已在前面介绍过了，这里不再赘述。

"对齐"：选中该复选框后，不管几次拖动光标，每次复制都与之前的具有连续性，最终会得到一个完整的原图图像；若未选中该复选框，当多次拖动光标复制时，每次都是从原先的起画点处开始复制定义的图像，即多次复制同一幅图像。

### 2. "抽出"滤镜

首先运行配套资料中的"源文件与素材\实例10\素材\PHSPCS4_Cont_LS3.exe"，在弹出的如图5-123所示的对话框中设置解压到的路径，单击"下一步"按钮将文件进行解压。打开解压出来的文件夹，选择"简体中文"/"实用组件"/"可选增效工具"/"增效工具（32位）"文件夹，如图5-124所示（因为我们安装的是Photoshop CS4的简体中文版，所以我们选择"简体中文"文件夹中"增效工具（32位）"。如果操作系统是繁体中文的，则选择的文件夹为"繁体中文"/"小工具"/"增效模组选项"/"增效模组（32位元）"）。将其进行复制，打开Photoshop CS4的安装目录盘中的Plug-ins文件夹，将复制的文件夹粘贴到其中，如图5-125所示，此时重新启动Photoshop CS4即可完成"抽出"滤镜的安装。

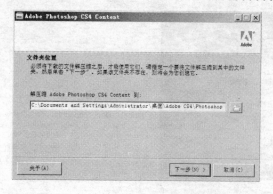

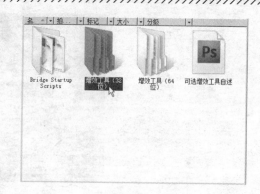

图5-123　"仿制图章"工具属性栏

图5-124　选择的文件夹

图5-125　粘贴文件夹

选择"滤镜"|"抽出"菜单命令，弹出"抽出"对话框，如图5-126所示。

图5-126　"抽出"对话框

其中主要工具和参数选项的意义如下：

"边缘高光器"工具 ：它主要用来描出要选择图像的边缘。

"填充"工具 ：使用该工具可在要选择的图像内部单击进行颜色填充。

"橡皮擦"工具 ：用于擦除边缘和填充效果。

"清除"工具 ：在边缘部分拖动，可以使边缘锐化并继续删除背景。

"边缘修饰"工具 ：在边缘部分拖动可以使边缘圆滑柔和。

"工具选项"设置区：在"画笔大小"编辑框中可设置"边缘高光器"、"橡皮擦"、"清除"等工具的画笔大小；"高光"编辑框用来设置"边缘高光器"工具使用的颜色；"填充"编辑框用来设置"填充"工具使用的颜色。

"预览"设置区：它用来查看选择图像的效果。

## 拓展训练

下面我们来制作一款时尚MP4的杂志广告，制作完成的最终效果如图5-127所示。本例在制作时首先使用"去色"、"曲线"、"亮度/对比度"、"可选颜色"等色彩调整命令制作出图像的涂鸦效果，然后再使用定义画笔图案的方法，绘制出图像中的油漆点效果。作品整体采用了现在流行的涂鸦效果来体现产品的时尚感，通过喷溅的油漆点来体现色彩和加深整体的对比效果，以吸引读者的注意力和加深人们的记忆。

图5-127 实例最终效果

step 01 打开配套资料"源文件与素材\实例10\素材\人物素材.jpg"图片，如图5-128所示。将"背景"图层进行复制得到"背景副本"图层，然后选择"图像"|"调整"|"去色"菜单命令将图像去色，结果如图5-129所示。

图5-128 打开的素材图片

图5-129 去色后的图像效果

**step 02** 选择"图像"|"调整"|"曲线"菜单命令，在弹出的对话框中适当调整曲线的形状，调整图像对比度效果，结果如图5-130所示。选择"图像"|"调整"|"亮度/对比度"菜单命令，对参数进行适当的设置，调整图像的亮度和对比度，然后选择"选择"|"色彩范围"菜单命令，创建出人物的选区，如图5-131所示。

图5-130　调整图像后的效果

图5-131　创建出的选区

**step 03** 将选区内的图像进行复制粘贴得到"图层 1"，为了便于观察，我们在当前图层的下方新建图层并填充纯白色，结果如图5-132所示。打开配套资料"源文件与素材\实例10\素材\涂鸦素材.jpg"图片，使用"色彩范围"命令制作出黑色区域的选区，完成后将选区反选。打开配套资料"源文件与素材\实例10\素材\背景.jpg"，将刚刚创建好的选区内的图像移动复制到"背景"图像窗口中得到"图层 1"，适当调整其大小和位置，结果如图5-133所示。

图5-132　粘贴后的图像

图5-133　调整图像的大小和位置

**step 04** 使用"橡皮擦"工具对图像的纹理进行适当的擦除，结果如图5-134所示，然后选择"图像"|"调整"|"应用图像"菜单命令，在弹出的对话框中设置"混合"为"正片叠底"，此时的图像效果如图5-135所示的设置。

图5-134　图像擦除后的效果

图5-135　图像调整后的效果

**step 05** 选择"图像"|"调整"|"可选颜色"菜单命令，在弹出对话框中进行适当的参数设置，调整图像的色调，结果如图5-136所示。然后将当前图层进行复制得到"背景 副本"

图层,将图像去色后打开"亮度/对比度"对话框,在其中进行适当的参数设置,此时图像的效果如图5-137所示。

图5-136 调整图像色调后的效果

图5-137 调整"亮度/对比度"后的效果

**step06** 设置图层的混合模式为"正片叠底"、不透明度为86%,使用"橡皮擦"对图像进行适当的擦除,使其显示出"背景"图层,结果如图5-138所示。然后将前面制作好的人物涂鸦效果移动复制到当前图像窗口中得到"图层 2",适当调整图像的大小和位置,结果如图5-139所示。

图5-138 图像擦除后的效果

图5-139 调整图像的大小和位置

**step07** 将"背景副本"图层设置为当前图层,继续使用"橡皮擦"沿人物轮廓对图像进行适当的擦除,结果如图5-140所示。然后打开配套资料"源文件与素材\实例10\素材\墨滴01.jpg"图片,选择"编辑"|"定义画笔预设"菜单命令,将图像定义为笔刷类型。使用同样的方法,将"墨滴02"和"墨滴03"也定义为笔刷类型。在"背景副本"图层之上新建"图层 3",选择"画笔"工具,使用刚定义的笔刷类型绘制出如图5-141所示的墨滴效果。

图5-140 擦除图像后的效果

图5-141 绘制出的墨滴效果

**step08** 打开配套资料"源文件与素材\实例10\素材\涂鸦文字.psd"文件将其中的文字图像移动复制到"背景素材"图像窗口中得到"图层 4",适当调整图像的大小和位置,结果如

图5-142所示。在当前图层之下新建"图层 5"， 选择"画笔"工具，使用定义好的"墨滴03"笔刷类型绘制出如图5-143所示的墨滴效果。

图5-142 打开的素材

图5-143 绘制出的墨滴效果

**step 09** 打开配套资料"源文件与素材\实例10\素材\MP4素材.jpg"图像，制作出MP4的选区，将其移动复制到"背景素材"图像窗口中，适当调整其大小和位置，并制作出它的倒影效果，结果如图5-144所示。至此，整个实例就全部制作完成了，将文件另存为"MP4广告.psd"。

图5-144 绘制出的墨滴效果

## 职业快餐

图5-145 直接展示型杂志广告

杂志广告的设计表现形式基本可分为三种：第一种是直接展示型，即所谓"硬推销型"，这类广告的成功往往依赖于工作室摄影的精湛技术和细腻精致的摄影表现，如图5-145所示；第二种是产品形象与使用该产品的场景、氛围相结合型，也即所谓的杂志广告的"保险模式"，如图5-146所示；第三类是进一步柔化广告的商品性，将产品信息压缩到最低限度，而着重表现生活情趣、生活方式、情感和期望等，力求以情动人，在产品和目标消费者之间建立情感联系，即"软推销型"，这种广告形式都带有一定的戏剧性情节，便于加深记忆，如图5-147所示。

图5-146 保险模式杂志广告

图5-147 情景模式型杂志广告

# Chapter
## 06

# 第6章　报纸广告设计

## 实例11：
### 房地产广告设计

素材路径：源文件与素材\实例11\素材

源文件路径：源文件与素材\实例11\
房地产广告.psd

实例效果图11

## 情景再现

　　房地产的报纸广告是目前见的比较多的一种广告类型，它的主要表现形式是图像与大量说明文字相结合，并配有适当的特效以吸引人们的眼球。

　　又到了楼盘销售的旺季了，今天刚到公司，就接到南山房地产公司市场部经理的电话。

　　"××，你好！这个月底我们公司又有一个楼盘要上市，这次推出的是高档的乡村别墅区，分别针对社会名流和商业成功人士。最近几个月是销售旺季，时间很紧，我已把详细的广告策划和素材整理好，发到你公司邮箱，请看完后尽快给我一个报表。谢谢!"

　　根据对客户资料的详细分析，我们迅速开始了广告的构思。

## 任务分析

· 根据广告的内容和性质构思创意。

· 根据创意收集素材，并处理主图像的特殊效果。

· 添加标志和名称，并输入所要添加的所有文字，调整作品的整体结构，完成作品的制作。

## 流程设计

　　在制作时，我们首先用各种颜色调整命令对图像进行相应的处理，制作出水墨画的特殊效果。其次使用滤镜命令制作出墨滴特效，以及墨滴中透出的建筑照片。然后再使用"横排文字"工具和"直排文字"工具分别创建出相应的文字，并适当调整它们的位置，使整体结构变得更加合理，从而得到最终的作品。

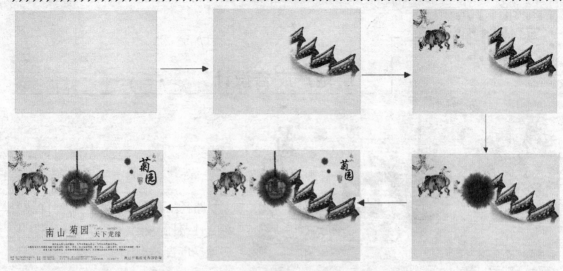

实例流程设计图11

## 任务实现

**step01** 启动Photoshop CS4软件系统。选择"文件"|"新建"菜单命令，在弹出的对话框中设置"宽度"为20厘米、"高度"为14厘米、"分辨率"为300像素/英寸，如图6-1所示。单击"确定"按钮，创建一个新的文件。

**step02** 选择"文件"|"打开"菜单命令，在"打开"对话框中选择配套资料中的"源文件与素材\实例11\素材\宣纸素材.jpg"的文件，将其打开，如图6-2所示。使用"移动"工具将图像移动复制到"房地产报纸广告"图像窗口中得到"图层 1"，运用自由变形的方法适当调整图像的大小，使其充满整个图像窗口，然后选择"图像"|"调整"|"亮度/对比度"菜单命令，在弹出的对话框中进行如图6-3所示的设置，完成后单击"确定"按钮，此时的图像效果如图6-4所示。

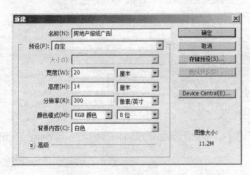

图6-1 "新建"对话框

图6-2 打开的素材图像

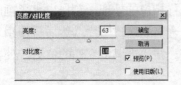

图6-3 "亮度/对比度"对话框

图6-4 图像调整后的效果

**step 03** 打开配套资料中的"源文件与素材\实例11\素材\老墙.jpg"图像，用"魔棒"工具制作出老墙的选区，使用"移动"工具将图像移动复制到"房地产报纸广告"图像窗口中得到"图层 2"，运用自由变形的方法适当调整图像的大小，结果如图6-5所示。然后选择"图像"|"调整"|"去色"菜单命令，去除图像的颜色，使其变为黑白图像，结果如图6-6所示。

图6-5　调整图像的大小和位置

图6-6　去色后的图像效果

**step 04** 选择"图像"|"调整"|"亮度/对比度"菜单命令，在弹出的对话框中进行如图6-7所示的设置，完成后单击"确定"按钮，此时的图像效果如图6-8所示。

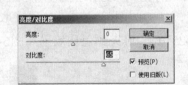

图6-7　"亮度/对比度"对话框

图6-8　图像调整后的效果

**step 05** 选择"橡皮擦"工具，在工具属性栏中适当调整笔刷的类型和大小，完成后沿着老墙的左侧和下侧边缘进行适当的擦除，使其产生出羽化效果，结果如图6-9所示。打开配套资料中的"源文件与素材\实例11\素材\牧牛图.jpg"图像，如图6-10所示。

图6-9　擦除图像后的效果

图6-10　打开的素材图像

**step 06** 选择"选择"|"色彩范围"菜单命令，将光标移动到图像的白色区域处单击鼠标左键载入选择区域，然后在对话框中进行如图6-11所示的设置，单击"确定"按钮载入空白区域的选区。按【Ctrl+Shift+I】组合键将选区反选，使用"移动"工具将选区内的图像移动复制到"房地产报纸广告"图像窗口中得到"图层 3"，运用自由变形的方法适当调整图像的大小，结果如图6-12所示。

图6-11 "色彩范围"对话框

图6-12 调整图像后的大小和位置

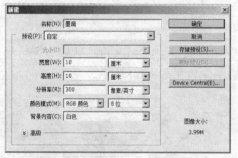

图6-13 "新建"对话框

**step 07** 选择"文件"|"新建"菜单命令，在弹出的对话框中设置"宽度"为10厘米、"高度"为10厘米、"分辨率"为300像素/英寸，如图6-13所示，单击"确定"按钮，创建一个新的文件。

**step 08** 选择"钢笔"工具在图像窗口中绘制一个如图6-14所示的封闭路径。然后将路径转换为选区，新建"图层 1"，为选区填充深灰色（#485251），填充颜色后效果如图6-15所示。

图6-14 绘制出的封闭路径（1）

图6-15 填充颜色后的效果（1）

**step 09** 继续用"钢笔"工具在图像窗口中绘制一个如图6-16所示的封闭路径，将路径转换为选区，新建"图层 2"，为选区填充深灰色（#293536），填充颜色后效果如图6-17所示。

图6-16 绘制出的封闭路径（2）

图6-17 填充颜色后的效果（2）

step10 继续用"钢笔"工具在图像窗口中绘制一个如图6-18所示的封闭路径,将路径转换为选区,新建"图层 3",为选区填充纯黑色,填充颜色后效果如图6-19所示。

图6-18 绘制出的封闭路径(3)

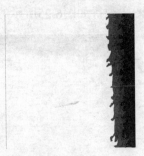

图6-19 填充颜色后的效果(3)

step11 选择"滤镜"|"风格化"|"风"菜单命令[1],在弹出的对话框中进行如图6-20所示的参数设置,完成后单击"确定"按钮,为当前图层中的图像添加风吹效果,结果如图6-21所示。

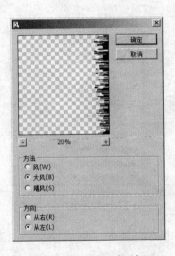

图6-20 "风"对话框

图6-21 添加滤镜后的效果

step12 连续按两次【Ctrl+F】组合键,重复两次刚才的"风"滤镜操作,使图像的效果更加明显,结果如图6-22所示。然后使用同样的方法,分别为"图层 1"和"图层 2"中的图像添加风吹效果,结果如图6-23所示。

图6-22 重复滤镜操作后的效果

图6-23 调整其他图像后的效果

---

1 "风"滤镜,该滤镜通过在图像中增加一些细小的水平线生成起风的效果。在该滤镜对话框中可以设定3种起风的方式,即"风"、"大风"和"飓风"选项,以及设定"方向"(从左向右吹还是从右向左吹)选项。

**step 13** 将"图层 1"、"图层 2"和"图层 3"合层，选择 "编辑"|"变换"|"旋转90度（逆时针）"菜单命令，将图像翻转并调整到如图6-24所示的位置，然后使用自由变形的方法对图像进行如图6-25所示的变形。

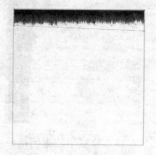

图6-24　调制图像的位置　　　　　　　　　　　图6-25　变形图像后的效果

**step 14** 使用"移动"工具将图像垂直下移，使用"矩形选框"工具绘制一个如图6-26所示的矩形选区并填充纯黑色。然后选择"滤镜"|"扭曲"|"极坐标"菜单命令[1]，在弹出的对话框中进行如图6-27所示的设置。

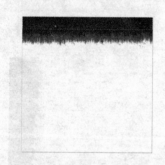

图6-26　绘制矩形选区　　　　　　　　　　　图6-27　"极坐标"对话框

**step 15** 单击"确定"按钮，调整图像的形状，结果如图6-28所示。然后使用自由变形的方法将图像进行适当的放大，结果如图6-29所示。

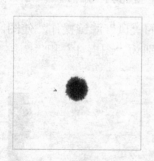

图6-28　图像调整后的效果　　　　　　　　　图6-29　放大后的图像效果

**step 16** 选择"滤镜"|"模糊"|"高斯模糊"菜单命令，在弹出的对话框中进行如图6-30所示的设置，单击"确定"按钮，为图像添加模糊效果，效果如图6-31所示。

**step 17** 使用"移动"工具将图像移动复制到"房地产报纸广告"图像窗口中得到"图层

---

[1] "极坐标"滤镜，该滤镜可以将图像坐标从直角坐标系转化成极坐标系，或者将极坐标系转化为直角坐标系。

4"，运用自由变形的方法适当调整图像的大小，结果如图6-32所示。切换到"图层"调板，将当前图层的不透明度设置为90%，结果如图6-33所示。

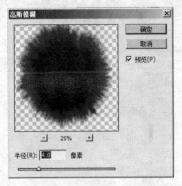

图6-30 "高斯模糊"对话框

图6-31 模糊后的图像效果

图6-32 调整图像的大小

图6-33 设置图层的不透明度

**step 18** 打开配套资料中的"源文件与素材\实例11\素材\毛笔.jpg"图像，如图6-34所示。用"魔棒"工具制作出毛笔图像的选区，使用"移动"工具将图像移动复制到"房地产报纸广告"图像窗口中得到"图层 5"，运用自由变形的方法适当调整毛笔图像的大小，结果如图6-35所示。

图6-34 打开的素材图像

图6-35 调整图像的大小

**step 19** 使用"直排文字"工具在图像窗口的右上角输入如图6-36所示的文字。打开配套资料中的"源文件与素材\实例11\素材\印章素材.jpg"图像，如图6-37所示。

**step 20** 选择"选择"|"色彩范围"菜单命令，将光标移动到图像的红色区域处单击鼠标左键载入选择区域，然后在对话框中进行如图6-38所示的设置，单击"确定"按钮载入红色区域的选区。使用"移动"工具将选区内的图像移动复制到"房地产报纸广告"图像窗口中得到"图层 6"。打开配套资料中的"源文件与素材\实例11\素材\凉亭图案.jpg"图像，如图6-39所示。

图6-36 输入的文字

图6-37 打开的素材图片

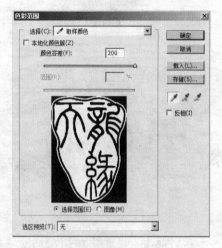

图6-38 "色彩范围"对话框

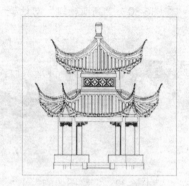

图6-39 打开的素材

**step 21** 选择"选择"|"色彩范围"菜单命令,将光标移动到图像的黑色轮廓线处单击鼠标左键载入选择区域,然后在对话框中进行如图6-40所示的设置,单击"确定"按钮载入轮廓的选区。使用"移动"工具将选区内的图像移动复制到"房地产报纸广告"图像窗口中得到"图层 7",运用自由变形的方法适当调整图像的大小和位置,结果如图6-41所示。

图6-40 设置凉亭

图6-41 调整图像的大小和位置

**step 22** 选择"套索"工具,绘制出如图6-42所示的选区,按【Delete】键将选区内的图像删除。然后载入当前图像的选区,将"图层 6"设置为当前图层,按【Delete】键删除选区内的图像,将"图层 7"设置为不可见,此时的图像效果如图6-43所示。

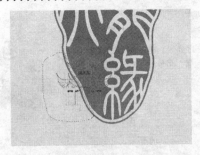

图6-42 绘制出的选区 图6-43 删除图像后的效果

**step 23** 使用自由变形的方法，适当调整图像的大小和位置，制作出印章效果，结果如图6-44所示。然后将前面制作好的墨滴图像进行复制，适当调整它们的大小和位置，并将它们的不透明度设置为80%，效果如图6-45所示。

图6-44 调整后的图像 图6-45 复制墨滴图像

**step 24** 选择"套索"工具，在工具属性栏中设置"羽化"参数为10像素，在墨滴处绘制一个如图6-46所示的选区，然后打开配套资料中的"源文件与素材\实例11\素材\别墅.jpg"图像，分别按【Ctrl+A】和【Ctrl+C】组合键将图像全选并复制，完成后选择"编辑"|"贴入"菜单命令，将复制的图像贴入到选区中，适当调整图像的大小，并设置其不透明度为80%，结果如图6-47所示。

图6-46 绘制出的选区 图6-47 贴入图像后的效果

**step 25** 最后，使用"横排文字"工具在图像窗口的下方输入广告的说明性文字，结果如图6-48所示。选择图像窗口右上角的文字"菊园"，使用自由变形的方法适当调整其大小，使整个画面看起来更加协调，最终效果如图6-49所示。至此，整个实例就制作完成了，按【Ctrl+S】组合键将文件进行保存。

图6-48　输入的文字

图6-49　调整文字的大小

## 设计说明

本例我们设计的是一个房地产的报纸广告，因为本广告宣传的是具有田园气息的别墅，所以我们采用了水墨画的整体表现风格，这种风格不仅贴近主题，而且还能给人以亲切感。本实例中墨滴的制作是个难点，该效果主要是通过"风"滤镜和"极坐标"滤镜来完成的，为了实现其真实效果，使用"高斯模糊"滤镜和调整不透明度来实现图像的模糊效果等。

## 知识点总结

下面我们来详细介绍一下本例中用到的"风"滤镜和"极坐标"滤镜。

### 1. "风"滤镜

图6-50　"风"对话框

选择"滤镜"|"风格化"|"风"菜单命令，弹出"风"对话框，如图6-50所示。

该对话框中各选项的具体意义如下。

"风"：选择该选项，将为图像添加较轻微的风吹效果。

"大风"：选择该选项，将为图像添加较为明显的风吹效果，该效果的横向长度和竖向密度是"风"选项的2倍。

"飓风"：选择该选项，将为图像添加更为明显的风吹效果，该效果与"风"和"大风"相比使图像整体产生出扭曲效果。

"从右"：选择该选项，会产生出从右到左的风吹效果。

"从左"：选择该选项，会产生出从左到右的风吹效果。

### 2. "极坐标"滤镜

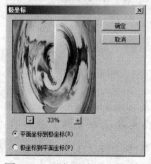
图6-51　"极坐标"对话框

选择"滤镜"|"扭曲"|"极坐标"菜单命令，弹出"极坐标"对话框，如图6-51所示。

该对话框中各选项的具体意义如下。

"平面坐标到极坐标"：选择该选项，将以图像窗口的中心点为圆心进行圆形的扭曲处理。

"极坐标到平面坐标"：选择该选项，将图像窗口一分为二，以左右两侧边框的中心点为圆形，对图像进行半圆形的扭曲处理。

## 拓展训练

下面将制作一则音乐手机的报纸广告，该广告的主题思想是重点突出音乐这一显著特点，吉他、架子鼓、音符，处处都透露着音乐的元素。尤其是作为主图像的摇滚吉他手的剪影效果，既表现了主题，又能带给人们时尚和震撼的感觉。

图6-52 实例最终效果

本例在制作时，主要用到了"渐变"工具、"定义图案"命令、"填充"命令、"描边路径"等。本例制作的最终效果如图6-52所示。

**step 01** 打开"新建"对话框，设置"宽度"为20厘米、"高度"为15里面、"分辨率"为300像素/英寸，如图6-53所示，然后单击"确定"按钮新建一个文件。选择"渐变"工具，在"背景"图层中填充如图6-54所示的径向渐变效果。

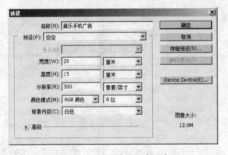

图6-53 "新建"对话框

图6-54 添加渐变后的效果

**step 02** 打开"源文件与素材\实例11\素材\人物剪影.jpg"图片，如图6-55所示。使用"魔棒"工具创建出图像黑色区域的选区，用"移动"工具将选区内的图像移动复制到"音乐手机广告"图像窗口中，使用自由变形的方法适当调整图像的大小和位置，结果如图6-56所示。

图6-55 打开的素材

图6-56 图像调整后的大小和位置

**step 03** 载入当前图层的选区，选择"渐变"工具，在打开的"渐变编辑器"对话框中进行如图6-57所示的设置，然后图像窗口中从左上角到右下角为选区填充线性渐变效果，结果如图6-58所示。

**step 04** 打开"新建"对话框，在其中进行如图6-59所示的设置，单击"确定"按钮，新建一个图像窗口，新建"图层 1"并将"背景"图层删除，在图像窗口中绘制如图6-60所示的图像。

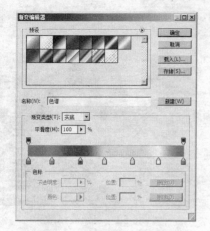

图6-57 "渐变编辑器"对话框

图6-58 填充渐变后的效果

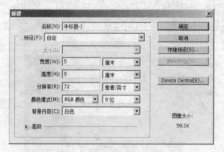

图6-59 "新建"对话框

图6-60 绘制出的图像

**step 06** 选择"编辑"|"定义图案"菜单命令，将刚绘制好的图像定义为图案，激活"音乐手机广告"图像窗口，载入人物剪影图层的选区，并新建图层，选择"编辑"|"填充"菜单命令，在弹出的对话框中进行如图6-61所示的设置。单击"确定"按钮为选区填充自定义的图案，完成后设置当前图层的混合模式为"明度"，结果如图6-62所示。为了便于后面的操作，我们将人物剪影图像和当前图层合层。

图6-61 填充颜色后的效果

图6-62 添加图像后的效果

**step 06** 将当前图层进行复制，适当调整图像的位置，并设置不透明度为29%，制作出阴影效果，结果如图6-63所示。然后使用"钢笔"工具在图像窗口中绘制出如图6-64所示的4条路径。

**step 07** 新建图层，选择"画笔"工具，在工具属性栏中适当设置笔刷的类型和大小。选择"钢笔"工具，在绘制好的路径上单击鼠标右键，从弹出的快捷菜单中选择"描边路径"对话框，在其中进行如图6-65所示的设置，完成后单击"确定"按钮，使用画笔为路径描边，结果如图6-66所示。

图6-63 调整图像后的效果

图6-64 绘制出的路径

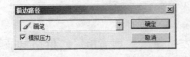

图6-65 "描边路径"对话框

图6-66 描边后的效果

 **注意** 选中"模拟压力"复选框,在对路径进行描边时会产生出两端渐隐的效果。

**step 08** 载入当前图层的选区,为其填充如图6-67所示的渐变效果。然后打开"源文件与素材\实例11\素材\音符.jpg"图片,使用"魔棒"工具创建出音符的选区,用"移动"工具将选区内的图像移动复制到"音乐手机广告"图像窗口中,使用自由变形的方法适当调整图像的大小和位置,结果如图6-68所示。

图6-67 填充的渐变效果

图6-68 添加音符后的效果

**step 09** 分别打开"源文件与素材\实例11\素材\花纹.jpg"、"源文件与素材\实例11\素材\手机素材.jpg"和"源文件与素材\实例11\素材\架子鼓素材.jpg"图片,创建出其中图像的选区,使用"移动"工具将图像移动复制到"音乐手机广告"图像窗口中,适当调整图像的大小和位置,效果如图6-69所示。最后,选择"横排文字"工具,在图像窗口中输入产品的名称和广告语,结果如图6-70所示。至此,整个实例就制作完成了,按【Ctrl+S】组合键将文件进行保存。

图6-69 添加素材的效果

图6-70　创建出的文字效果

## 职业快餐

报纸是大家所熟悉的宣传媒介之一，因为其具有发行量大、读者群广、价格低廉等特点，所以现在已经成为商家进行宣传的主要方式。报纸广告所涉及的内容非常广泛，题材几乎遍布社会生活的各行各业，但是无论何种题材的广告，在设计时都要抓住报纸广告的特点，并在此基础上突出个性，力求做到吸引读者的注意力。下面笔者就来详细讲解报纸广告的特点，以及在设计时的注意事项。

### 1. 报纸广告的特点

为了适应报纸这种特殊媒介的要求限制，报纸广告也有着其自身的特点。

**A. 内容广泛**

前面已经讲过，报纸的一个显著特点就是种类繁多，涉及内容广泛，所以一种类别的报纸可以刊登不同类别的广告。如在大众信息类报纸上，既可以刊登售房广告和售车广告，还可以刊登药物广告和招聘广告等。在印刷方面可以是黑白广告，也可以是套红和彩印，内容形式都非常丰富。

**B. 宣传面大**

由于报纸的发行量巨大，读者群涉及到不同行业，不同年龄的各种人群，所以在一种畅销的报纸上刊登广告，所形成的宣传面之广是可想而知的。

**C. 速度快**

报纸印刷和销售的速度都非常快，所以非常适合新产品广告和快件广告的发布。

**D. 连续性强**

因为很多报纸都是日日发行的，所以其连续性非常强，商家可利用这一特点，发挥其反复性，以加深读者的印象。

**E. 价格低廉**

因为报纸广告与其他形式的广告相比，价格是非常便宜的，所以在商业竞争如此激烈的今天，商家选择报纸来宣传产品，也是降低成本的好办法。

### 2. 设计时的注意事项

由于报纸的篇幅较长，而空间又相对较少，在这种情况下，要想引起读者的注意是比较困难的，所以在设计时，除了要遵循报纸广告的特点外，还要做到以下两点。

（1）针对性

报纸广告要想达到较好的宣传效果，就必须具有针对性，即针对什么样的内容选择什么样的报纸，针对什么样的版面安排什么样的形式。

（2）突出性

报纸广告要想吸引读者的注意力，还必须做到突出性，即刊登在报纸的突出位置处，或以独特的设计来增强视觉冲击力。

# 实例12

## 时尚服装广告设计

素材路径：源文件与素材\实例12\素材

源文件路径：源文件与素材\实例12\
合成婚纱照.psd

实例效果图12

## 情景再现

完整、准确地抠出图像中的半透明图像，是平面设计工作中的一个难点，由于婚纱大部分都是半透明的，所以婚纱摄影的相关广告基本都涉及到这方面的抠图。

今天接到一个单子，一家婚纱影楼开业，需要设计制作一款报纸广告进行宣传。相关的素材图片客户已经发给我们了，是几组他们的婚纱摄影作品，这都涉及到半透明图像抠图问题，通过以往的经验使用"套索"工具、"钢笔"工具、"蒙版"、"通道"等常用的抠图方法都不太可能完美无缺地抠出这些图像。

这时我想到了用"高斯模糊"滤镜结合图层混合模式的方法进行抠图，使用这种方法对抠出半透明的图像非常有效。方法有了，下面就让我们抓紧时间制作吧。

## 任务分析

· 根据客户的要求构思广告创意。

· 按照广告的要求设置尺寸大小和分辨率，新建一个文件并根据整体创意填充底色。

· 根据创意搜集素材。将素材进行修饰和抠图，复制出想要的图像。

· 将复制的图像合并到背景素材中，调整大小和位置。

## 流程设计

在制作时，我们首先利用图层混合模式、图层样式和通道相结合的方法抠出照片中半透明的婚纱图像，然后将这些图像复制到背景图像窗口中，适当调整它们的大小，并利用图层混合模式和图层样式为图像添加合适的效果，使其巧妙地融入到背景中，以达到和谐统一的效果。抠出半透明的婚纱图像是本实例的一个难点，希望读者能认真学习抠出这类图像的技巧，为以后的设计工作打好坚实的基础。

实例流程设计图12

## 任务实现

**step 01** 选择"文件"|"打开"菜单命令（快捷键为【Ctrl+N】），打开配套资料"源文件与素材\实例12\素材\素材3.jpg"图片，如图6-71所示。选择"钢笔"工具，沿着人物的轮廓绘制出如图6-72所示的封闭路径。

图6-71 打开的素材图片

图6-72 绘制出的封闭路径

**step 02** 在路径之上单击鼠标右键，从弹出的快捷菜单中选择"建立选区"命令，在弹出的对话框中进行如图6-73所示的设置，单击"确定"按钮将路径转换为选区。然后将选区内的图像进行复制，并连续两次进行粘贴，分别得到"图层 1"和"图层 1副本"两个图层，完成后在"图层 1"下新建"图层 2"，并为其填充天蓝色（#55c0fd），如图6-74所示。这是为了便于后面操作时观察图像效果。

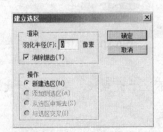

图6-73 "建立选区"对话框

图6-74 新建图层并填充颜色

**step 03** 将"图层 1副本"设置为当前图层，使用"钢笔"工具绘制一个如图6-75所示的封闭路径，将路径转换为选区并将选区反选，按【Delete】键将选区内的图像删除，结果如图6-76所示。

图6-75 绘制出的路径

图6-76 删除图像后的效果

step 04 将"图层1"设置为当前图层，在"图层"调板中设置图层的混合模式为"明度"[1]，将"图层1副本"设为不可见，观察图像的效果如图6-77所示。然后选择"套索"工具，在属性栏中单击"添加到选区"按钮，将光标移动到婚纱处，将覆盖的草地区域全部选择，如图6-78所示。

图6-77　设置混合模式后的效果

图6-78　绘制出的选区

step 05 按【Ctrl+Alt+D】组合键打开"羽化选区"对话框[2]，在其中进行如图6-79所示的参数设置，完成后单击"确定"按钮将选区羽化，结果如图6-80所示。

图6-79　"羽化选区"的设置

图6-80　羽化处理后的效果

 **注意** 为选区设置羽化值是为了在处理婚纱时边缘不至于太生硬，从而增加效果的真实性。

step 06 选择"滤镜"|"模糊"|"高斯模糊"菜单命令，在弹出的对话框中进行如图6-81所示的参数设置，完成后单击"确定"按钮为选区内的图像增加模糊效果，结果如图6-82所示。

step 07 选择"图像"|"调整"|"亮度/对比度"菜单命令，在弹出的对话框中进行如图6-83所示的参数设置，完成后单击"确定"按钮，调整图像的亮度和对比度，结果如图6-84所示。

step 08 将选区取消，使用"减淡"工具对图像进行适当的减淡处理，结果如图6-85所示。然后将"图层1副本"设置为可见，效果如图6-86所示。

---

[1] "明度"图层混合模式：选择该混合模式后，图像的混合效果由下方图层的"色相"与"饱和度"值及上方图层的"亮度"值决定。

[2] "羽化"命令：运用该命令可以为创建好的选区添加羽化边缘。

图6-81　"高斯模糊"对话框

图6-82　模糊处理后的效果

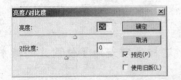

图6-83　"亮度/对比度"对话框

图6-84　图像调整后的效果

图6-85　减淡处理后的效果

图6-86　将图层设置为可见

step09 按住【Ctrl】键在"图层"调板中单击"图层 1副本"的缩略图，载入其选区[1]，选择"选择"|"修改"|"边界"菜单命令，在弹出的对话框中进行如图6-87所示的设置，单击"确定"按钮后将选区修改为如图6-88所示的效果。

图6-87　"边界选区"对话框

图6-88　修改选区后的效果

---

[1]载入选区：在Photoshop中载入选区的方法有多种，可以通过选择"载入选区"命令来完成，也可以通过按住【Ctrl】键在"图层"调板中单击相应的图层来完成。

**step 10** 选择"滤镜"|"模糊"|"高斯模糊"菜单命令，在弹出的对话框中进行如图6-89所示的参数设置，完成后单击"确定"按钮将选区内的图像进行模糊处理，取消选区后的效果如图6-90所示。此时我们将图像另存为"婚纱抠图01.psd"，以便以后备用。

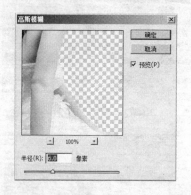

图6-89 "高斯模糊"对话框中的设置　　　　图6-90 图像修改后的效果

**注意** 现实生活中的照片的轮廓周围都会出现虚边，这样处理是为了使图片的效果更加真实。

**step 11** 打开配套资料"源文件与素材\实例12\素材\背景01.bmp"图片，如图6-91所示。将图像移动复制到"婚纱抠图01.psd"图像窗口中，适当调整其大小和位置，结果如图6-92所示。

图6-91 打开的素材文件　　　　图6-92 调整图像的大小

**step 12** 选择"模糊"工具[6]，在"图层1"中的婚纱图像处进行适当的涂抹，将图像进行模糊处理，结果如图6-93所示。打开配套资料"源文件与素材\实例12\素材\素材1.jpg"图片，如图6-94所示。

**step 13** 使用前面所讲的方法，沿着人物的轮廓绘制出如图6-95所示的封闭路径。将路径转换为选区，复制选区内的图像，将图像连续进行两次粘贴，分别得到"图层1"和"图层1副本"，在"图层1"下新建图层并填充蓝色，结果如图6-96所示。

**step 14** 在"图层1副本"中沿着人物的轮廓创建出如图6-97所示的选区，完成后将选区反选删除图像。然后将"图层1"设置为当前图层，在"图层"调板中设置图层的混合模式为"明度"，效果如图6-98所示。

---

6 "模糊"工具：选择该工具后，在图像上拖动鼠标，可使图像产生模糊、柔化的效果。

图6-93 模糊处理后的效果

图6-94 打开的素材图片

图6-95 创建出的封闭路径

图6-96 图像抠出并填充颜色后的效果

图6-97 创建出的选区

图6-98 调整图像后的效果

**step 15** 载入"图层 1副本"的选区，选择"选择"|"修改"|"边界"菜单命令，在弹出的对话框中进行如图6-99所示的设置，单击"确定"按钮，将选区修改为如图6-100所示的效果。

图6-99 "边界选区"对话框

图6-100 选区修改后的效果

**step 16** 选择"滤镜"|"模糊"|"高斯模糊"菜单命令，在弹出的对话框中进行如图6-101所示的参数设置，完成后单击"确定"按钮将选区内的图像进行模糊处理，取消选区后的效果如图6-102所示。此时我们将图像另存为"婚纱抠图02.psd"，以便以后备用。

**step 17** 打开配套资料"源文件与素材\实例12\素材\素材4.jpg"图片，如图6-103所示。使用前面所讲的方法，将人物和婚纱抠出来，分别得到"图层 1"和"图层 1副本"，在"图层 1"下新建图层并填充蓝色，结果如图6-104所示。

图6-101　"高斯模糊"对话框

图6-102　图像调整后的效果

图6-103　打开的素材

图6-104　抠出的图像

**step 18** 将"图层 1"设置为当前图层，在"图层"调板中设置图层的混合模式为"明度"，结果如图6-105所示。然后在工具箱中双击"以快速蒙版模式编辑"按钮◙，打开"快速蒙版选项"对话框，在其中进行如图6-106所示的设置，完成后单击"确定"按钮。

图6-105　设置混合模式后的效果

图6-106　"快速蒙版选项"对话框

**step 19** 选择"画笔"工具，在婚纱处进行如图6-107所示的绘制，然后再单击工具箱中的"以快速蒙版模式编辑"按钮◙，将绘制的图像转换为选区，结果如图6-108所示。（由于本书黑白印刷，图6-107、图6-108效果不易区分，可在实际操作时观察。）

**step 20** 选择"滤镜"|"模糊"|"高斯模糊"菜单命令，在弹出的对话框中进行如图6-109所示的参数设置，完成后单击"确定"按钮将选区内的图像进行模糊处理，结果如图6-110所示。

**step 21** 使用"减淡"工具，对图像进行适当的减淡处理，结果如图6-111所示。此时我们将图像另存为"婚纱抠图03.psd"，以便以后备用。打开配套资料"源文件与素材\实例12\素材

\素材2.jpg",如图6-112所示。然后创建出人物的选区,将图像进行复制粘贴得到"图层 1"。

图6-107 绘制出的效果

图6-108 转换后的选区

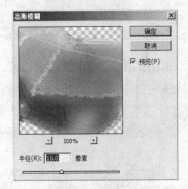

图6-109 "高斯模糊"对话框

图6-110 图像调整后的效果

图6-111 减淡处理后的效果

图6-112 打开的素材

step 22 进入"通道"调板,将"红"通道进行复制,得到"红副本"通道,如图6-113所示。按【Ctrl+I】组合键将图像进行反相,结果如图6-114所示。

图6-113 复制"红"通道

图6-114 将图像反相

**step 23** 选择"图像"|"调整"|"亮度/对比度"菜单命令，在弹出的对话框中进行如图6-115所示的设置，单击"确定"按钮调整图像的亮度和对比度。然后使用"画笔"工具将头发以外的区域都涂成黑色，结果如图6-116所示。

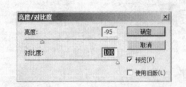

图6-115　"亮度/对比度"对话框　　　　　　　　图6-116　图像修饰后的效果

**step 24** 载入"红副本"通道的选区，如图6-117所示。单击RGB通道后回到"图层"调板，将"背景"图层设置当前图层，复制选区内的图像并将其粘贴得到"图层 2"。将"图层 2"移动到"图层 1"的上面并对"图层 1"的头发边缘进行适当的擦除，在"背景"图层之上新建"图层 3"并填充蓝色，结果如图6-118所示。此时我们将图像另存为"婚纱抠图04.psd"，以便以后备用。

图6-117　载入的选区　　　　　　　　　　　图6-118　图像修饰后的效果

**step 25** 打开配套资料"第1章/素材文件/婚纱摄影/折扇.jpg"图片，如图6-119所示。然后使用前面所讲的方法抠出如图6-120所示的图像。此时我们将图像另存为"婚纱抠图05.psd"，以便以后备用。

图6-119　打开的素材　　　　　　　　　　　图6-120　抠出的图像

**step 26** 打开配套资料"第1章/素材文件/婚纱摄影/背景.jpg"图片，如图6-121所示。然后将第（16）步中抠出的图像移动复制到当前图像窗口中，适当调整其大小和位置，结果如图6-122所示。

图6-121　打开的素材

图6-122　调整图像的大小和位置

**step 27** 将刚导入的图像设置为不可见，设置"背景"图层为当前图层，在文字区域处绘制一个矩形，并将图像进行复制粘贴得到"图层 2"，如图6-123所示。然后将"背景"图层设置为不可见，选择"选择"|"色彩范围"菜单命令，在弹出的对话框中进行如图6-124所示的设置。

图6-123　复制图像

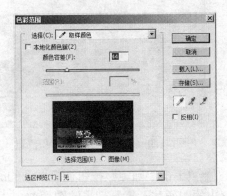

图6-124　"色彩范围"对话框

**step 28** 单击"确定"按钮创建出如图6-125所示的选区，将选区内的图像进行复制粘贴得到"图层 3"。然后继续打开"色彩范围"对话框，在其中进行如图6-126所示的设置。

图6-125　创建出的选区

图6-126　"色彩范围"对话框

**step 29** 单击"确定"按钮创建出如图6-127所示的选区，设置"背景"图层为当前图层，将选区内的图像进行复制粘贴得到"图层 4"。将"图层 3"和"图层 4"进行合层，移动到所有图层的上面，并将"图层 2"设置为不可见。对合并后的图层进行适当的擦除，结果如图6-128所示。

图6-127  创建出的选区

图6-128  擦除图像后的效果

**step 30** 将第（21）步中抠出的图像移动复制到当前图像窗口中，适当调整其大小和位置，结果如图6-129所示。此时发现婚纱太暗了，在"图层"调板中设置图层混合模式为"滤色"，并打开"亮度/对比度"对话框，在其中进行如图6-130所示的设置。

图6-129  调整图像的大小和位置

图6-130  "亮度/对比度"对话框

**step 31** 单击"确定"按钮调整图像的亮度和对比度，结果如图6-131所示。将第（24）步中抠出的图像移动复制到当前图像窗口中，适当调整其大小和位置，结果如图6-132所示。

图6-131  图像调整后的效果

图6-132  再次调整图像的大小和位置

**step 32** 在"图层"调板中设置图层混合模式为"柔光"，图像效果如图6-133所示。将第（25）步中抠出的图像移动复制到当前图像窗口中，适当调整其大小和位置，结果如图6-134所示。此时可以发现婚纱太暗了，在"图层"调板中设置图层混合模式为"滤色"，并打开"亮度/对比度"对话框，在其中进行适当的参数设置。

**step 33** 创建出白色区域的选区，如图6-135所示。将第（11）步中的图像合层，全选图像将其复制。将"背景"图像窗口设置为当前图像窗口，选择"编辑"|"贴入"菜单命令将图像粘贴入选区，使用自由变形的方法适当调整图像的大小和位置，结果如图6-136所示，完成后取消选区。

图6-133　设置"柔光"后的效果

图6-134　导入的图像

图6-135　创建出的选区

图6-136　调整图像的大小和位置

**step 24** 打开"图层样式"对话框，在其中设置"投影"[1]的参数，如图6-137所示，完成后单击"确定"按钮为图像添加阴影效果，结果如图6-138所示。

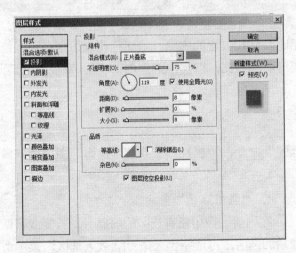

图6-137　"图层样式"对话框

图6-138　添加阴影后的效果

**step 25** 继续创建出白色区域的选区，在其中填充如图6-139所示的渐变效果。然后将人物所在的图层的不透明度设置为60%，结果如图6-140所示。

**step 26** 打开配套资料"源文件与素材\实例12\素材\边框.bmp"图片，如图6-141所示。创建出边框的选区，将其移动复制到"背景"图像窗口中，适当调整其大小和位置，结果如图6-142所示。至此，整个实例就全部制作完成了，将文件另存为"合成婚纱照.psd"。

---

　　[1] "投影"图层样式，该命令可为当前图层内容添加阴影效果。在对话框选中该命令后，在其右侧的窗口中可设置投影的不透明度、角度与图像的距离及大小等参数。

图6-139　填充渐变后的效果

图6-140　调整不透明度后的效果

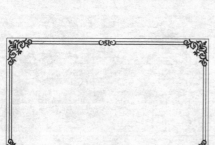

图6-141　打开的素材图像

图6-142　添加边框后的效果

## 设计说明

　　本例制作的是一款婚纱摄影的报纸广告，整个作品主要是通过数码照片的合成来完成的，洁白的婚纱配上粉红色的底图，给人一种无比温馨和浪漫的感觉。暗红色花纹边框，可以给人们一种古典美，与画面中的西方风格形成鲜明的对比，既突出的中西结合的特色，又强烈吸引人们的眼球。

## 知识点总结

　　下面我们将对本例中运用到的"载入选区"命令、"模糊"工具和"投影"图层样式做一下详细的介绍。

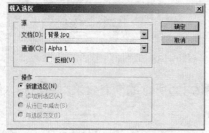

图6-143　"载入选区"对话框（1）

### 1. "载图选区"命令

　　在当前图像中没有选区的前提下，若要载入保存后的选区，可选择"选择"|"载入选区"菜单命令，此时将弹出如图6-143所示的"载入选区"对话框，在其中的"通道"下拉列表中选择"Alpha 1"选项，可以看到选区被重新载入到图像中。

　　若在当前图像中已制作好一个选区，再次执行"载入选区"命令，此时弹出的对话框中的"操作"选项区域将如图6-144所示，其中各选项的意义如下所示。

　　"新建选区"：用载入的选区替换原来的选区。

　　"添加到选区"：将载入的选区添加到已有选区中，使两个选区相加。

　　"从选区中减去"：从原来的选区中减去载入的选区。

"与选区交叉"：用原来选区和载入选区相交错的部分定义新的选区。

**注意** 按住【Ctrl】键，在"通道"调板中单击需要载入选区的通道，或者在"图层"调板中单击需要载入选区的图层，也可将选区载入。

### 2. "模糊"工具

"模糊"工具的属性栏如图6-145所示。

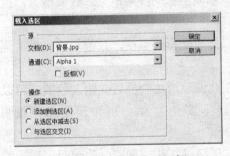

图6-144 "载入选区"对话框（2）　　　　图6-145 "模糊"工具属性栏

工具属性栏中各个参数的具体意义如下所示。

"画笔"：该下拉列表中有多个笔刷类型，选择的笔刷大小，直接决定了被模糊区域的范围。

"模式"：在此下拉列表中可以选择模糊时的混合模式，它们的具体意义详见后面的"图层混合模式"的讲解。

"强度"：设置该参数可以控制模糊操作时的压力值，参数越大，模糊处理的效果就越明显。

"对所有图层取样"：选中该复选框，所进行的模糊操作将应用于所有图层；取消该复选框的选择，操作效果只作用于当前图层。

### 3. "投影"图层样式

选择"投影"图层样式后，"图层样式"对话框的右侧设置区会显示"投影"的相关参数，此时的对话框显示如图6-146所示。

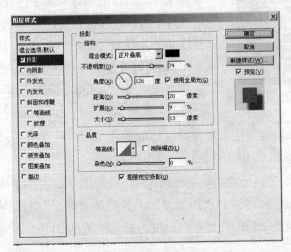

图6-146 "投影"命令的相关参数

对话框中各参数的含义如下所示。

"混合模式"：在其中可以为阴影选择不同的"混合模式"，从而得到不同的阴影效果。单击其右侧的颜色块，可从弹出的"拾色器"对话框中设置阴影的颜色。

"不透明度"：该参数可以控制阴影的不透明度，值越大阴影效果越明显，反之越淡。

"角度"：在此调整指针或数值，可以修改阴影的投射方向。

"使用全局光"：选中该复选框，当修改任意一种图层样式的"角度"值时，将会同时改变其他所有图层样式的角度。反之则只改变当前图层的图层样式角度。

"距离"：在此调整滑块的位置或输入数值，可以修改阴影的投射距离，数值越大，投射距离越远，反之越近。

"扩展"：在此调整滑块的位置或输入数值，可以修改阴影的强度，数值越大，投射强度越大，反之越小。

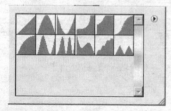

图6-147 "等高线"列表框

"大小"：在此调整滑块的位置或输入数值，可以修改阴影的柔化程度，数值越大，投射的柔化效果越明显，反之越清晰。

"等高线"：选择等高线类型可以改变图层样式的外观，单击此下拉列表按钮，将会弹出如图6-147所示的"等高线"列表框。

"消除锯齿"：选中该复选框，可以消除阴影效果边缘的锯齿。

"杂色"：设置该参数可以为阴影添加杂色效果。

## 拓展训练

图6-148 实例最终效果

下面我们来制作一款时尚健身房的报纸广告，制作完成的最终效果如图6-148所示。本例在制作时首先使用"替换颜色"和"亮度/对比度"命令调整图像的整体色调和亮度/对比度，再使用"索引颜色"命令将图像转化为矢量画效果，然后再用移动复制的方法为图像添加矢量背景及标志。作品整体采用了色彩明亮的矢量画效果来体现健身的时尚性和流行性，这种效果也适合现在广大健身爱好者的审美要求。

step 01 打开配套资料"第6章/素材文件/婚纱摄影/模特.jpg"图片，如图6-149所示。选择"图像"|"调整"|"替换颜色"菜单命令，打开"替换颜色"对话框，将光标移动到人物衣服的黄色区域处单击鼠标左键，选取颜色范围，完成后在对话框中进行如图6-150所示的设置，设置完成后单击"确定"按钮为图像换色。

step 02 使用"钢笔"工具沿着人物的轮廓绘制出封闭路径，完成后将路径转换为选区，将选区内的图像进行复制粘贴，得到"图层1"，然后为"背景"图层填充纯白色。使用"亮度/对比度"命令适当调整图像的亮度和对比度，结果如图6-151所示。选择"图像"|"模式"

| "索引颜色"菜单命令,将图像调整为矢量画效果同时图像的模式转换为了索引模式,结果如图6-152所示。至此,人物的矢量画效果就制作完成了,将文件另存为"模特-矢量画效果.psd"。

图6-149 打开的素材图片

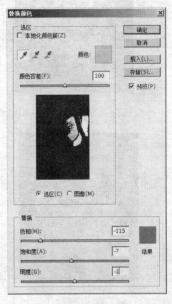

图6-150 "替换颜色"对话框中的设置

图6-151 图像调整亮度和对比度后的效果

图6-152 调整为矢量画的效果

 **注意** 索引模式的图像不支持分层功能,所以在转换过程中系统会自动将文件合层。

**step 03** 打开"新建"对话框,新建一个"宽度"为23厘米、"高度"为28厘米的图像文件,打开配套资料中"第6章/素材文件/02.bmp"图片。使用"魔棒"工具创建出黑色区域的选区,将选区反选并将选区内的图像移动复制到刚新建的图像窗口中得到"图层1",适当调整其大小和位置,结果如图6-153所示。然后选择"图像"|"调整"|"色彩平衡"菜单命令,在弹出的对话框中进行如图6-154所示的设置。

**step 04** 单击"确定"按钮调整图像的色调,结果如图6-155所示。分别打开配套资料中"第6章/素材文件/健身房广告"文件夹中的04.bmp、05.bmp、06.bmp、03.bmp、01.bmp图片,将它们合成到当前图像窗口中,结果如图6-156所示。

图6-153　调整图像大小和位置

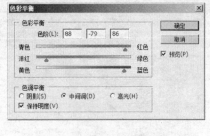

图6-154　"色彩平衡"对话框

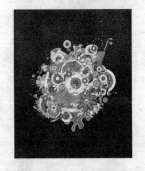

图6-155　图像调整后的效果

图6-156　合成素材图片

**step 05** 使用"套索"工具绘制出如图6-157所示的选区。适当调整选区内图像的大小和位置，结果如图6-158所示。

图6-157　绘制出的选区

图6-158　调整图像的大小和位置

**step 06** 制作出"模特-矢量画效果.psd"文件中人物的选区，将图像移动复制到当前图像窗口中，适当调整其大小和位置，结果如图6-159所示。打开"替换颜色"对话框，将光标移动到人物衣服的黄色区域处单击鼠标左键，选取颜色范围，完成后在对话框中进行适当的设置，给图像换色后的效果如图6-160所示。

**step 07** 打开配套资料中"第6章/素材文件/健身房广告/动感生活.jpg"图片，制作出标志的选区，将其移动复制到当前图像窗口中，适当调整标志图像的大小和位置。将图像进行复制，载入选区并填充黄色，适当调整图像的位置，制作出阴影效果，结果如图6-161所示。选择"横排文字"工具，在图像窗口的下方输入如图6-162所示的文字。至此，整个实例就全部制作完成了，最后将文件进行保存。

图6-159　调整图像的大小和位置

图6-160　图像调整后的颜色

图6-161　复制出的图像

图6-162　输入的文字

## 职业快餐

报纸广告设计的原则是按照一定的设计手法在广告媒介上将图形和文字进行合理的组合，以获得符合要求的视觉图像。下面我们详细讲解一下报纸广告设计的几种常用手法。

（1）特异手法

特异是指构成要素在有次序的关系下有意违反次序，使少数重要的元素显得突出，以打破规律性。特异主要分为形状的特异、大小的特异、色彩的特异和方向的特异4种。形状特异是指在许多重复或近似的基本元素中，出现一小部分特异的形状，以形成差异对比，成为画面上的视觉焦点。大小的特异是在相同的基本元素的构成中，只在大小上做些特异的对比，这里需要注意的是基本元素在大小上的特异要适中，不要对比太悬殊或太相似。色彩的特异是在同类色彩构成中，增加某些对比的成分，以丰富画面效果。方向的特异是将大多数基本形式有次序地进行排列，这里需要注意的是将少数基本元素在方向上做适当的变化以形成特异效果。特异手法的广告效果如图6-163所示。

（2）对比手法

报纸广告中的对比手法有时候是形态上的对比，有时候是色彩和质感上的对比。对比可产生明朗、肯定、强烈的视觉效果，给人深刻的印象。构成对比的关系包括大小、明暗、锐钝、轻重等。对比手法的广告效果如图6-164所示。

（3）密集手法

密集手法是报纸广告设计中一种常用的组织画面的手法，基本元素在整个构图中可自由散布，有疏有密。最疏或最密的地方常常成为整个设计的视觉焦点。这样会在图面中造成一种视觉上的张力，向磁场一样，具有节奏感。密集也是一种对比的情况，利用基本元素数量的多少，产生疏密、虚实、松紧的对比效果。密集的分类有点的密集、线的密集和自然密集3种。密集手法的广告效果如图6-165所示。

图6-163　特异手法广告

图6-164　对比手法广告

图6-165　密集手法广告

（4）打散手法

打散手法是一种分解组合的构成方法，就是把一个完整的东西，分为各个部分，然后根据一定的构成原则重新组合。这种方法有利于抓住事物的内部结构及特征，从不同的角度去观察、解剖事物，从一个具象的形态中提炼出抽象的成分，用这些抽象的成分再组成一个新的形态，产生新的美感。打散手法的广告效果如图6-166所示。

图6-166　打散手法广告

# 第**7**章　DM单设计

**Chapter**

**07**

# 实例13

## 首饰DM单设计

素材路径：源文件与素材\实例13\素材

源文件路径：源文件与素材\实例13\

首饰DM单.psd

实例效果图13

## 情景再现

DM单是平面设计行业中使用较多一种类型，由于设计简单、制作素材快、价格适中、量比较大等特点，已经成为大部分小型广告公司的主要业务。

今天要做的这个单子，是我们下属的一个小型公司承揽的业务，由于他们人手不够，腾不出时间做，所以中途转给了我们，这款DM单是宣传结婚对戒的，所以基本要求就是高贵、喜庆，另外它的类型是三折页，并且一定要突出价格。

根据相关要求，我们迅速展开DM单的构思。

## 任务分析

· 根据产品的性质构思创意。

· 根据创意收集素材，并处理主图像的特殊效果。

· 输入需要重点突出的文字，并添加特效。

· 输入所要添加的所有文字，添加标志和产品名称，调整作品的整体结构，完成作品的制作。

## 流程设计

在制作时，我们首先用"渐变"工具和"添加杂点"、"动感模糊"滤镜制作出图像的底图和光照效果，然后使用"液化"滤镜制作出丝绸穿过对戒的效果，并用"画笔"工具绘制出光点的效果。最后再使用"横排文字蒙版"工具创建出所需的文字，并用图层样式为其添加需要的效果。

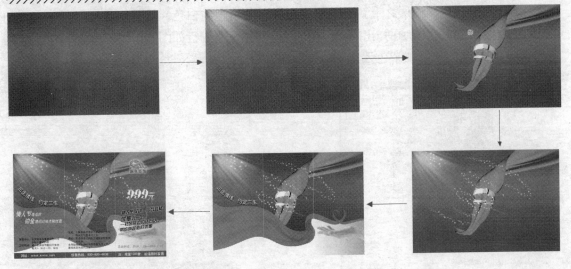

实例流程设计图13

## 任务实现

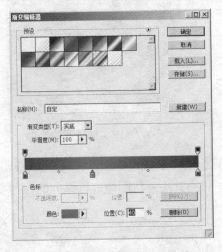

图7-1　"新建"对话框

**step 01** 启动Photoshop CS4软件系统。选择"文件"|"新建"菜单命令，在弹出的对话框中设置"宽度"为30厘米、"高度"为20厘米、"分辨率"为300像素/英寸，如图7-1所示，单击"确定"按钮，创建一个新的文件。

**step 02** 选择"渐变"工具，在"渐变编辑器"对话框中进行如图7-2所示设置，然后在图像窗口中从上到下拖曳鼠标，为"背景"图层填充如图7-3所示的线性渐变效果。

图7-2　"渐变编辑器"对话框

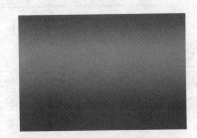

图7-3　填充渐变后的效果

**step03** 在"背景"图层之上新建"图层 1",并填充纯白色。选择"滤镜"|"杂色" | "添加杂色"菜单命令[1],在弹出的"添加杂色"对话框中进行如图7-4所示的设置,单击"确定"按钮为当前图层添加杂色效果,结果如图7-5所示。

图7-4 "添加杂色"对话框　　　　　　　图7-5 添加杂色后的效果

**注意** 使用"添加杂色"滤镜可以在一张空白图像中随机产生杂色,因此,该滤镜通常用来制作杂纹或其他底纹。

**step04** 选择"滤镜"|"模糊" |"动感模糊"菜单命令,在弹出的对话框中进行如图7-6所示的设置,完成后单击"确定"按钮,此时的图像效果如图7-7所示。

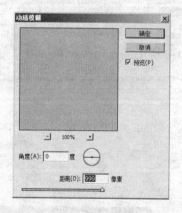

图7-6 "动感模糊"对话框　　　　　　　图7-7 图像调整后的效果

**step05** 选择"矩形选框"工具,在图像窗口左侧绘制一个矩形选区,按【Delete】键删除选区内的图像,结果如图7-8所示,然后使用自由变形的方法,将图像进行纵向的拉伸变形,使图像充满整个图像窗口,结果如图7-9所示。

---

[1]"添加杂色"滤镜:该滤镜可随机地将杂色混合到图像中,并可使混合时产生的色彩有漫散效果。在该滤镜对话框中,可以设定杂色的"数量"、"分布"选项,并可通过选中或取消"单色"复选框设置杂色对原有像素的影响(选中该复选框表示加入的杂色只影响原有像素的亮度,像素的颜色保持不变)。

图7-8　删除图像后的效果

图7-9　拉伸变形后的图像效果

**step 06** 在"图层"调板中将当前图层的混合模式设置为"柔光"，此时的图像效果如图7-10所示。选择"画笔"工具，在工具属性栏中设置画笔类型为"喷溅 567像素"，设置前景色为纯白色，新建"图层 2"，在图像窗口的左上角单击鼠标左键，绘制一个如图7-11所示的图像。

图7-10　设置混合模式后的效果

图7-11　绘制出的图像

**step 07** 选择"滤镜"|"模糊"|"径向模糊"菜单命令[1]，在弹出的对话框中进行如图7-12所示的设置，单击"确定"按钮，为绘制好的图像添加径向模糊效果，结果如图7-13所示。

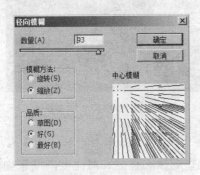

图7-12　"径向模糊"对话框

图7-13　模糊后的图像效果

**step 08** 连续按两次【Ctrl+F】组合键，重复上一步的滤镜操作，结果如图7-14所示。然后将当前图层进行两次复制，并将原图层和复制出的两个图层合层，以加深制作出的光效，结果如图7-15所示。

**step 09** 使用自由变形的方法，适当调整图像的大小和位置，结果如图7-16所示，然后在"图层"调板中将当前图层的不透明度设置为80%，结果如图7-17所示。

---

[1] "径向模糊"滤镜：该滤镜能够产生旋转模糊或放射模糊效果，使用该滤镜时，弹出"径向模糊"对话框，利用该对话框可设定"中心模糊"、"模糊方法"（旋转或缩放）和"品质"三个选项。

图7-14　重复滤镜操作后的效果

图7-15　复制图像后的效果

图7-16　图像变形后的效果

图7-17　设置透明度后的效果

step 10 打开配套资料中的"源文件与素材\实例11\素材\丝绸.png"图像，如图7-18所示，使用"移动"工具将图像移动复制到"首饰DM单设计"图像窗口中，得到"图层 3"，先就图像进行水平翻转，然后选择"编辑"|"变换"|"变形"菜单命令为图像添加变形框，适当调整变形框的形状，调整图像为如图7-19所示的效果。

图7-18　打开的素材图像

图7-19　变形后的图像效果

step 11 选择"图像"|"调整"|"亮度/对比度"菜单命令，在弹出的对话框中进行如图7-20所示的参数设置，完成后单击"确定"按钮，调整图像的亮度和对比度，结果如图7-21所示。

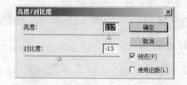

图7-20　"亮度/对比度"对话框

图7-21　图像调整后的效果

step 12 选择"图像"|"调整"|"变化"菜单命令[1]，在弹出的对话框中分别单击"加深黄色"和"较亮"缩略图，如图7-22所示，完成后单击"确定"按钮，调整图像的整体色调和亮度，结果如图7-23所示。

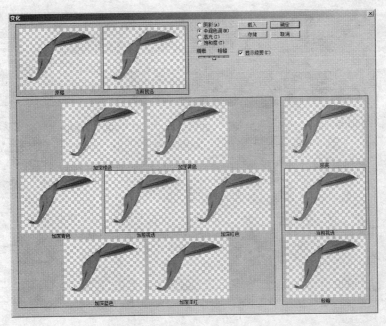

图7-22　"变化"对话框

step 13 打开配套资料中的"源文件与素材\实例11\素材\结婚对戒素材.jpg"图像，如图7-24所示，使用"魔棒"工具制作出对戒的选区，用"移动"工具将图像移动复制到"首饰DM单设计"图像窗口中得到"图层 4"，使用自由变形的方法对图像进行适当的选取和缩放，如图7-25所示。

图7-23　调整后的图像效果

图7-24　打开的素材图像

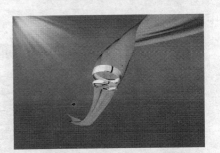

图7-25　调整后的图像

[1]"变化"命令：该命令通过显示调整效果的缩略图，可以很直观地调整图像或选区的色彩平衡、对比度和饱和度，该命令对于不需要做精确色彩调整的平均色调图像最有用，但不能用于索引颜色模式图像。

**step 14** 将"图层 3"设置为当前图层，选择"滤镜"|"液化"菜单命令[1]，在弹出的对话框中适当设置画笔的大小，将对戒处的轮廓稍稍向里拖曳，如图7-26所示，完成后单击"确定"按钮，此时的图像效果如图7-27所示。

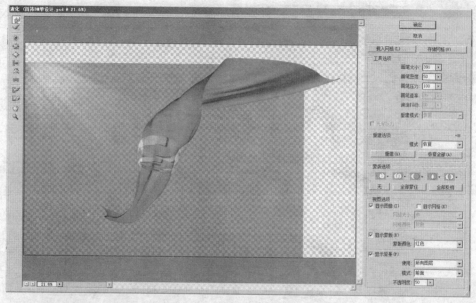

图7-26　"液化"对话框

图7-27　液化后的图像效果

**step 15** 将"图层 4"设置为当前图层，载入"图层 3"的选区，使用"橡皮擦"工具对选区内的对戒图像进行适当的擦除，制作出丝绸穿过对戒的视觉效果，结果如图7-28所示。然后选择"自由钢笔"工具[2]，在图像窗口中绘制出如图7-29所示的多条路径。

**step 16** 选择"画笔"工具，在工具属性栏中单击"切换画笔面板"按钮，打开"画笔"面板，在其中分别进行如图7-30所示的设置。

图7-28　删除图像后的效果

图7-29　绘制出的路径

---

[1] "液化"滤镜：利用该滤镜可使图像产生特殊的扭曲效果，如漩涡、扩展、收缩等效果。

[2] "自由钢笔"工具：利用该可创建任意形状的曲线路径，其使用方法非常简单，选择该工具后，按住鼠标左键在图像上随意拖动，这时沿光标拖动的轨迹即可生成路径。

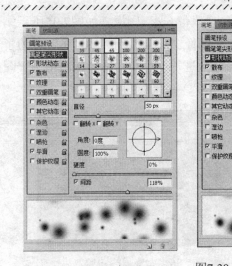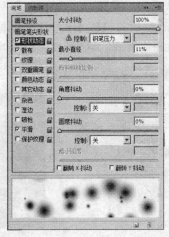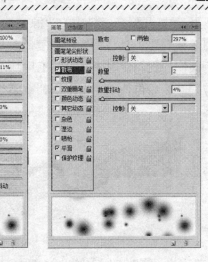

图7-30 "画笔"调板中的设置

step 17 设置前景色为纯白色并新建"图层 5",使用"路径选择"工具[1]选择图像窗口中的所有路径,单击鼠标右键,选择"路径描边"命令,用设置好的画笔对路径进行描边,结果如图7-31所示。然后按【Ctrl+H】组合键将路径隐藏,使用"移动"工具适当调整刚绘制好的图像,结果如图7-32所示。

图7-31 路径描边后的效果      图7-32 调整后的图像位置

step 18 选择"画笔"工具,在工具属性栏中设置笔刷的类型和大小,如图7-33所示。然后在图像窗口中出多个发光点效果,结果如图7-34所示。

图7-33 设置笔刷类型和大小      图7-34 绘制出的发光点效果

---

[1]"路径选择"工具:利用该工具可以对当前路径和子路径进行移动、选择、复制和对齐等操作。在工具箱中选择该工具后,在图像窗口中拖动光标或按住【Shift】键不放,依次单击子路径,均可选择多个子路径。在图像窗口中用光标拖动所选择的路径到适当地位置,即可移动路径,路径被移动后形状不发生变化。要复制路径,首先选择需要复制的路径,然后按住【Alt】键不放将其拖动即可。

**step19** 打开配套资料中的"源文件与素材\实例13\素材\飘带.psd"图像，如图7-35所示。使用"移动"工具将图像移动复制到"首饰DM单设计"图像窗口中得到"图层 6"，为了便于操作，我们使用"套索"工具制作出飘带的选区，依次进行剪切和粘贴操作，得到"图层 7"，然后再使用"变形"命令适当调整飘带图像的形状，结果如图7-36所示。

图7-35　打开的素材文件

图7-36　调整后的图像效果

**step20** 选择"图像"|"调整"|"色彩平衡"菜单命令，在弹出的对话框中进行如图7-37所示的设置，单击"确定"按钮调整图像的整体色调，结果如图7-38所示。

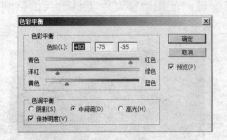

图7-37　"色彩平衡"对话框

图7-38　调整后的图像效果

**step21** 选择"图像"|"调整"|"亮度/对比度"菜单命令，在弹出的对话框中进行如图7-39所示的设置，单击"确定"按钮调整图像的亮度和对比度，结果如图7-40所示。

图7-39　"亮度/对比度"对话框

图7-40　调整图像后的效果

**step22** 选择"套索"工具，绘制出如图7-41所示的选区，在"图层 3"之上创建"图层 8"，选择"渐变"工具，打开"渐变编辑器"对话框，在其中进行如图7-42所示的设置，完成后单击"确定"按钮。

**step23** 从右到左为选区填充线性渐变效果，结果如图7-43所示。然后选择"视图"|"标尺"菜单命令（快捷键为【Ctrl+R】），打开标尺，用"移动"工具从纵向标尺处拖曳出两

条纵向辅助线，将它们分别移动到横向标尺的10厘米和20厘米处，表示最终要在这两个地方
进行对折，结果如图7-44所示。

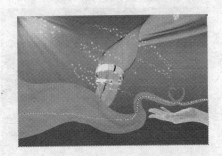

图7-41　绘制出的选区

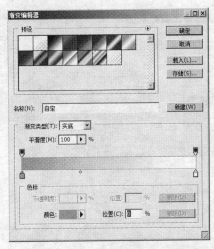

图7-42　"渐变编辑器"对话框

图7-43　填充的渐变效果

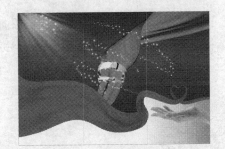

图7-44　添加辅助线

**step 24** 选择"横排文字"工具，在工具属性栏中设置字体和字号，如图7-45所示，然后按
【Ctrl+H】组合键显示之前绘制好的路径，将光标移动到最下方路径的左端，单击鼠标左键，
沿路径输入文字[1]，结果如图7-46所示。

图7-46　沿路径输入文字

图7-45　设置字体和字号

---

[1]沿路径输入文字：利用Photoshop可沿绘制好的路径或在图形内部直接输入文字，其方法非常简单，首先使用"钢
笔"工具或各种形状工具绘制好路径，然后在文字工具组中选择任意一个文字工具，移动鼠标指针到路径，当鼠标指
针显示为工形状时单击即可。选择"直接选择"工具或"路径选择"工具后，将鼠标指针移至文字上方，当鼠标指针
呈I形状时单击并沿路径拖动，即可沿路径移动文字，若沿路径的垂直方向拖动，即可翻转文字。

**step 25** 打开"图层样式"对话框，在其中进行如图7-47所示的参数设置，完成后单击"确定"按钮，文字效果如图7-48所示。

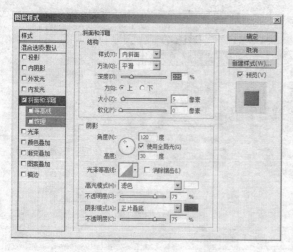

图7-47 "图层样式"对话框　　　　　　　　　图7-48 添加样式后的文字效果

**step 26** 使用"横排文字"工具在图像窗口输入如图7-49所示的文字，然后打开"图层样式"对话框，在其中进行如图7-50所示的参数设置。

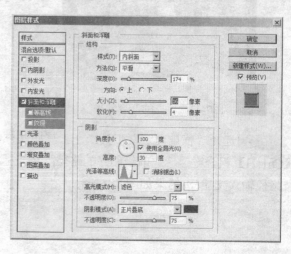

图7-49 输入的文字　　　　　　　　　　　　图7-50 "图层样式"对话框

**step 27** 完成后单击"确定"按钮，为文字添加图层样式效果，结果如图7-51所示。然后使用自由变形的方法将文字进行适当的倾斜，切换到"图层"面板，在当前文字层上单击鼠标右键，从弹出的快捷菜单中选择"栅格化文字"命令，将文字层转换为普通图层，打开"亮度/对比度"对话框，在其中进行如图7-52所示的参数设置，调整文字图像的亮度和对比度，完成后单击"确定"按钮。

**step 28** 将当前图层进行复制并垂直翻转，垂直向下调整其位置，在"图层"面板中将不透明度设置为24%，制作出倒影效果，结果如图7-53所示。然后使用前面所讲的蒙版的制作方法，为当前图层添加蒙版效果，制作出图像的渐隐效果，结果如图7-54所示。

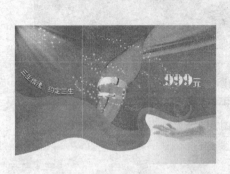

图7-51 添加图层样式后的效果　　　　　　　图7-52 调整亮度和对比度

图7-53 添加的倒影效果　　　　　　　图7-54 制作出的渐隐效果

step 29 使用"横排文字"工具在图像窗口中继续输入如图7-55所示的文字。然后使用"矩形选框"工具在图像窗口底部绘制一个矩形，填充为暗红色，在其上再输入如图7-56所示的文字。

图7-55 输入的文字　　　　　　　图7-56 绘制矩形并输入文字

step 30 打开配套资料中的"源文件与素材\实例13\素材\标志.jpg"图像，如图7-57所示。使用"魔棒"工具制作出标志图像的选区，用"移动"工具将图像移动复制到"首饰DM单设计"图像窗口中，适当调整标志图像的大小和位置，结果如图7-58所示。

step 31 打开"图层样式"对话框，在其中进行如图7-59所示的参数设置，完成后单击"确定"按钮，为图像添加外发光效果，结果如图7-60所示。至此，整个实例就制作完成了，按【Ctrl+S】组合键将文件进行保存。

图7-57　打开的素材图像

图7-58　适当调整图像的大小和位置

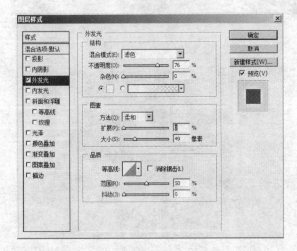

图7-59　"图层样式"对话框

图7-60　添加样式后的效果

## 设计说明

　　本例设计的是一个首饰DM单，因为本作品宣传的是结婚对戒，所以整体色调选择代表喜庆和幸福的红色，素材主要选用了飞扬的红丝绸和红丝带，这种风格既能切入主题，又具有非常强的视觉冲击力，而且还能给人以活泼感和很强的动感。

## 知识点总结

　　下面来详细介绍一下本例中用到的"变化"命令、"液化"滤镜、"自由钢笔"工具和"路径选择"工具。

　　1. "变化"命令

　　选择"图像" | "调整" | "变化"菜单命令，弹出"变化"对话框，如图7-61所示。

　　其中各主要选项的意义如下：

　　"原稿"缩览图显示为原始图像，"当前挑选"缩略图显示当前运用调整效果后的图像。若要重新对图像进行调整，可首先单击一下"原稿"缩览图。

　　阴影、中间色调和高光：分别选中这3个单选按钮后，可调整图像的暗调区域、中间区域和高光区域。

　　饱和度：选中该单选按钮后，可以更改图像的色相深度。

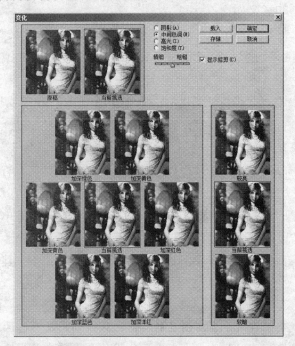

图7-61 "变化"对话框

精细/粗糙滑块：拖动该滑块可控制每次调整的数量，移动一格将使调整数量加倍。

对话框左下方的七个加色缩览图显示当前图像被加色后的效果，单击某一缩览图（"当前挑选"缩览图除外），即可为图像增加相应的色调。

单击对话框右下方的3个缩览图，可调整当前图像的亮度。

2. "液化"滤镜

选择"滤镜"|"液化"菜单命令，弹出"液化"对话框，如图7-62所示。

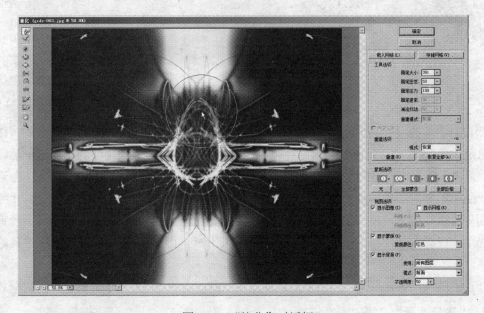

图7-62 "液化"对话框

其中各主要选项的意义如下：

"向前变形"工具：选中该工具后，可通过拖动鼠标指针改变像素。

"顺时针旋转扭曲"工具：选中该工具后，在图像区域单击或拖动鼠标可使画笔下的图像按顺时针旋转。

"褶皱"工具与"膨胀"工具：利用这两个工具可收缩或扩展像素。

"左推"工具：选中该工具后，在图像编辑窗口单击并拖动，系统将在垂直于鼠标指针移动方向上移动像素。

"镜像"工具：该工具用于镜像复制图像。选中该工具后，直接单击并拖动鼠标指针可以镜像复制与描边方向垂直的区域，按住【Alt】键单击并拖动可以镜像复制与描边方向相反的区域。通常情况下，在冻结了要反射的区域后，按住【Alt】键单击并拖动可产生更好的效果。使用"重叠描边"命令可创建类似于水中倒影的效果。

"湍流"工具：该工具用于平滑地混杂像素，它主要用于创建火焰、云彩、波浪和相似效果。

**注意** "液化"命令仅作用于当前图层的当前选区（如果没有选区，则作用于当前图层的整幅图像），因此，用户在准备使用该命令前应首先选中要操作的图层并制作合适的选区。

3. "自由钢笔"工具

"自由钢笔"工具的属性栏如图7-63所示。其中主要选项的意义如下：

图7-63 "自由钢笔"工具属性栏

"自由钢笔选项"下拉调板：其中"曲线拟合"选项可控制拖动光标产生路径的灵敏度。其数值范围为0.5～10，此值越小，路径上生成的锚点越多。选中"磁性的"复选框后，可使"自由钢笔"工具变为"磁性钢笔"工具。此时下面的选项均被激活。其中"宽度"选项可控制"磁性钢笔"工具的探测宽度，"对比"可控制"磁性钢笔"工具的灵敏度，"频率"可控制创建路径上生成锚点的数量。数值越大，路径上产生的锚点数量越多。对于"钢笔压力"选项，只有在使用绘图板时才有效，它可根据钢笔的压力调整"磁性钢笔"工具的"宽度"值。

"磁性的"：该选项与"自由钢笔选项"下拉调板中的"磁性的"复选框功能完全相同。

4. "路径选择"工具

"路径选择"工具的属性栏如图7-64所示。其中主要选项的意义如下：

图7-64 "路径"选择工具属性栏

"显示定界框"：选中该复选框后，可对选中的路径进行缩放、旋转和变形等操作。

"对齐"按钮 ：当选择两个以上的子路径时，该组按钮才有效。可将所选择的路径在水平方向上进行顶对齐、中央垂直对齐、底对齐，在垂直方向上进行左对齐、水平中心对齐、右对齐。

"分布"按钮 ：该组按钮只有在选择3个以上的子路径时才有效。可将所选择的路径在垂直方向上根据路径的顶部、垂直中心、底部进行等距离分布；在水平方向上根据路径的左边、水平中心、右边进行等距离分布。

**注意** 使用"路径选择"工具选择路径时，当子路径上的锚点全部显示为黑色时，表示该子路径被选择。使用"路径选择"工具拖曳所选择的子路径到另一个图像窗口，可以将子路径复制到另一个图像文件中。

## 拓展训练

下面将制作一个名片，该名片主要是通过图形和标志的叠加以及文字的排列来组成的，本例制作的最终效果如图7-65所示。该作品主要使用了"横排文字"工具、"渐变"工具、自由变形命令等。

图7-65 实例最终效果

**step 01** 选择"文件"|"新建"菜单命令，在弹出的"新建"对话框中，进行如图7-66所示的设置，完成后单击"确定"按钮创建一个空白文档。打开本书配套资料中的"源文件与素材\实例13\素材\云朵图案.jpg"图像，使用"色彩范围"命令创建出图案的选区，用"移动"工具将选区内的图像移动复制到"名片"图像窗口中得到"图层 1"，按【Ctrl+J】组合键将图层进行复制得到"图层 1副本"，选择"编辑"|"变换"|"垂直翻转"菜单命令，将图像进行翻转并将其移动到如图7-67所示的位置处，将"图层 1"和"图层 1副本"合层。

**step 02** 载入当前图层的选区，选择"选择"|"修改"|"扩展"菜单命令，设置扩展量为8像素，单击"确定"按钮将选区扩展，结果如图7-68所示。然后选择"矩形选框"工具，在属性栏中单击"添加到选区"按钮，在图像窗口的左侧绘制矩形选区，修改选区的形状，结果如图7-69所示。

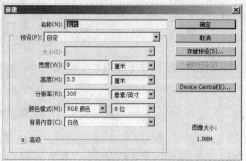

图7-66 "新建"对话框

图7-67 移动后的图像

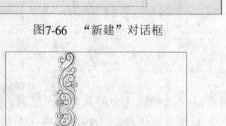

图7-68 扩展选区后的效果

图7-69 修改选区形状后的效果

**step 03** 选择"渐变"工具，打开"渐变编辑器"对话框，在弹出的对话框中设置从红色到暗红色渐变，在"图层 1"之下新建"图层 2"，在选区中填充如图7-70所示的径向渐变效果。载入"图层 1"的选区，按【Delete】键删除选区内的图像，将"图层 1"设置为不可见，结果如图7-71所示。

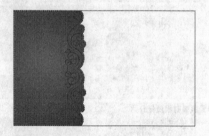

图7-70 填充渐变后的效果

图7-71 删除图像后的效果

**step 04** 打开本书配套资料中的"源文件与素材\实例13\素材\狮子.jpg"图像，使用"色彩范围"命令创建出实例图像的选区，将选区内的图像复制到"名片"图像窗口中得到"图层3"，适当调整图像的大小和位置，结果如图7-72所示。然后在"图层"调板中将当前图层的不透明度设置为30%，结果如图7-73所示。

图7-72 调整图像的大小和位置

图7-73 调整不透明度后的效果

**step 05** 将"图层 2"设置为当前图层,使用"矩形选框"工具创建一个矩形选区,将选区内的图像进行复制并将其进行水平翻转,得到"图层 4",结果如图7-74所示。然后载入当前图层的选区,为选区填充浅灰色,适当调整图像的位置,结果如图7-75所示。

图7-74 水平翻转后的图像效果

图7-75 调整图像的位置

**step 06** 继续将"狮子"图像窗口中选区内的狮子图像移动复制到"名片"图像窗口中,适当调整其大小,并载入其选区并填充浅灰色,设置不透明度为30%,结果如图7-76所示。然后打开本书配套资料中的"源文件与素材\实例13\素材\标志01.jpg"图像,使用"色彩范围"命令制作出黑色区域的选区,将选区内的图像移动复制到"名片"图像窗口中,适当调整其大小和位置,结果如图7-77所示。

图7-76 调整图像后的效果

图7-77 调整图像的位置

**step 07** 将当前图层进行复制,载入其选区并填充纯白色,撤销选区并适当调整图像的位置,结果如图7-78所示。然后选择"横排文字"工具,在图像窗口中分别输入名片中所需要的全部信息,结果如图7-79所示。至此,整个实例就制作完成了,按【Ctrl+S】组合键将文件进行保存。

图7-78 调整图像的位置

图7-79 输入的文字

## 职业快餐

DM是英文Direct mail的缩写，意为快讯商品广告，一般由8开或16开广告纸正反面彩色印刷而成，通常采取邮寄、定点派发、选择性派送到消费者住处等多种方式进行宣传，是现在最重要的促销方式之一。 DM单无法借助报纸、电视、杂志、电台等在公众中已建立的信任度，因此DM单只能以自身的优势和良好的创意、设计、印刷及诚实、幽默等富有吸引力的语言来吸引目标对象，以达到较好的效果。

1. DM单的特点

针对性：由于DM广告直接将广告信息传递给广大受众，具有非常强烈的选择性和针对性。

持久性：DM单传到受众手中后，可以反复翻阅上面的信息，并以此作为参照物来详尽了解产品的各项性能指标，直到最后做出购买或舍弃的决定。

灵活性：DM单可以根据自身具体情况来任意选择版面大小，并自行确定广告信息的长短及选择全色或单色的印刷形式，另外在DM单上还可以随心所欲地制作出各种各样的DM广告。

测定性：商家在发出DM单后可以借助产品销售数量的增减变化情况，来了解DM单对产品销售所产生的影响，以便做出及时的调整和修改，这是其他广告媒体所不能做到的。

隐蔽性：DM单是一种非轰动性广告，不易引起竞争对手的察觉和重视。

2. DM 设计的要点

（1）DM单的创意一定要新颖别致，制作一定要精美，要确保有足够的吸引力和保存价值。

（2）DM单的主题口号一定要响亮，要能抓住消费者的眼球。好的标题是成功的一半，好的标题不仅能给人耳目一新的感觉，而且还会产生较强的诱惑力，引发读者的好奇心，吸引他们不由自主地看下去，使DM单的广告效应达到最大化。

（3）纸张、规格一定要根据实际情况进行选择，画面精美的要选铜版纸，这样能够很好地体现画面的整体效果，提升自身的档次；文字信息多的一般选新闻纸，打报纸的擦边球。选新闻纸的一般规格最好是报纸的一个整版，至少也要一个半版；彩页类，一般不能小于B5纸，太小了不行，一些二折、三折页更不要夹，因为读者拿报纸时，很容易将它们抖掉。

# 实例14

## 企业文化宣传样本设计

素材路径：源文件与素材\实例14\素材
源文件路径：源文件与素材\实例14\
企业文化DM单.psd

实例效果图14

## 情景再现

　　企业文化宣传样本是现在广大正规公司所必备的，就像人的名片一样，它起着对公司进行宣传和推广的作用。

　　今天我们要做的工作是为一个房地产公司设计制作企业文化宣传样本，具体要求是：共有4P组成，包括封面、封底和正文两页。作品一定要突出公司的性质和特色，并蕴含丰富的文化底蕴。

　　认真了解企业提出的要求，并对整体结构进行构思。

## 任务分析

- 设置好宣传样本的文件尺寸，并用辅助线标注出血位置。
- 将收集好的图像素材添加到文件中，添加适当图像效果。
- 使用文字工具输入文字并调整位置。

## 流程设计

在制作时，我们首先设置好文件的整体尺寸并留出出血，将素材图像移动到设置好的图像窗口中，用图层样式效果和降低透明度的方法为其添加效果，然后使用文字工具创建出段落文字，输入文字后根据要求用"字符"面板和"段落"面板调整文字的间距、行距和段落样式。

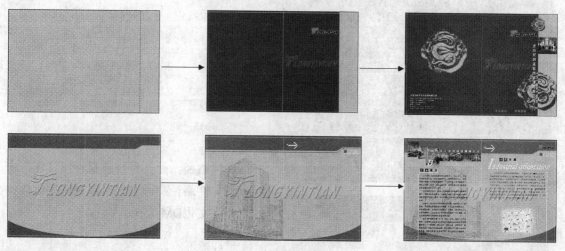

实例流程设计图14

## 任务实现

**step 01** 按【Ctrl+N】组合键打开"新建"对话框，在其中设置"名称"为宣传卡封面、"宽度"为37.6厘米、"高度"为24.6厘米、"分辨率"为300像素/英寸、"颜色模式"为RGB颜色，设置完成后单击"确定"按钮新建一幅图像。

**step 02** 按【Ctrl+R】组合键显示出标尺，选择"移动"工具 ，分别从上边和左边的标尺中拖出辅助线，标注出出血和中线，结果如图7-80所示，完成后为"背景"图层填充灰蓝色（#B8D5FC），然后选择"矩形选框"工具，在图像窗口中绘制一个如图7-81所示的矩形选区，完成后新建"图层 1"，并为其填充深蓝色（#0253C0）。

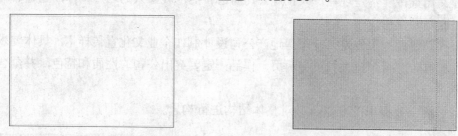

图7-80 标注出的辅助线    图7-81 绘制出的矩形选区

**step 03** 打开本书配套资料中的"源文件与素材\实例14\素材\标志图片.jpg"图像，如图7-82所示，选择"魔棒"工具，将光标放置到白色区域处单击鼠标左键创建选区，完成后按【Ctrl+Shift+I】组合键将选区反选，得到标志图像的选区，结果如图7-83所示。

图7-82 打开的标志图像

图7-83 创建出的选区

**step 04** 使用"移动"工具，将选区内的图像移动复制到"宣传卡封面"图像窗口中得到"图层2"，适当调整标志图像的大小和位置，结果如图7-84所示，然后在"图层"调板的当前图层上双击鼠标左键，打开"图层样式"对话框，在其中进行如图7-85所示的参数设置，完成后单击"确定"按钮，为图像添加外发光效果。

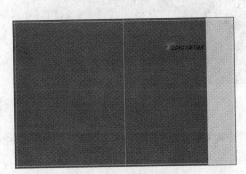

图7-84 标志图像调整后的大小和位置

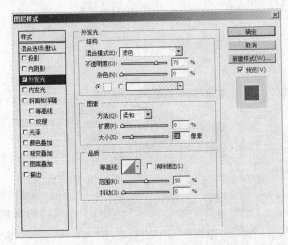

图7-85 "图层样式"对话框中的设置

**step 05** 继续将标志图像移动复制到"宣传卡封面"图像窗口中，并适当调整其大小和位置，结果如图7-86所示，然后载入当前图层的选区，并为其填充灰蓝色（#B8D5FC），完成后取消选区，并在"图层"调板中设置当前图层的不透明度为25%，结果如图7-87所示。

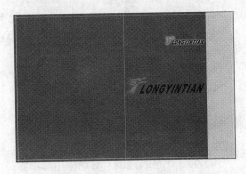

图7-86 图像调整后的大小和位置

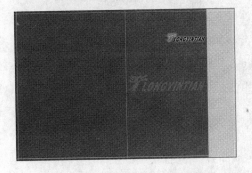

图7-87 图像修改后的效果

**step 06** 打开本书配套资料中的"源文件与素材\实例14\素材\效果图图片.jpg"图像，如图7-88所示，使用"移动"工具将其移动复制到"宣传卡封面"图像窗口中，得到"图层4"，然后适当调整图像的大小和位置，并将该图层放置到"图层1"之下，结果如图7-89所示。

**step 07** 选择"图像"|"调整"|"亮度/对比度"对话框，在弹出的对话框中进行如图7-90所示的设置，完成后单击"确定"按钮，结果如图7-91所示。

图7-88　打开的图像

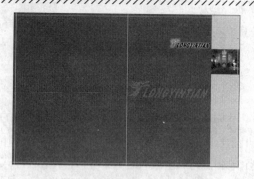

图7-89　图像调整后的大小

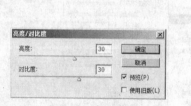

图7-90　"亮度/对比度"对话框中的设置

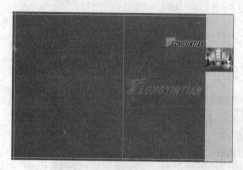

图7-91　图像调整后的效果

**step 08** 打开本书配套资料中的"源文件与素材\实例14\素材\龙纹图片.jpg"图像，如图7-92所示，选择"选择"|"色彩范围"菜单命令，将光标移动到龙纹的红色区域处单击鼠标左键，完成后在"色彩范围"对话框中进行如图7-93所示的设置，单击"确定"按钮，创建选区。

图7-92　打开的图像

图7-93　"色彩范围"对话框中的设置

**step 08** 按【Ctrl+Shift+I】组合键打开"羽化选区"对话框，在其中进行如图7-94所示的设置，完成后单击"确定"按钮，将选区羽化，结果如图7-95所示。

**step 10** 选择"移动"工具，将选区内的图像移动复制到"宣传卡封面"图像窗口中得到"图层5"，适当调整其大小和位置，结果如图7-96所示，然后载入当前图层的选区，按住【Ctrl+Alt+Shift】组合键单击"图层1"，得到两图像的交集，结果如图7-97所示，完成后新建"图层6"，并为选区填充灰蓝色（#B8D5FC）。

图7-94　"羽化选区"对话框中的设置

图7-95　选区修改后的效果

图7-96　图像调整后的大小和位置

图7-97　选区修改后的效果

**step 11** 继续载入"图层 5"的选区，按住【Ctrl+Alt】组合键单击"图层 1"，减去两图像相交处的选区，结果如图7-98所示，完成后为选区填充深蓝色（#0253C0），然后取消选区，并删除"图层 5"，结果如图7-99所示。

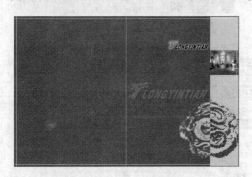

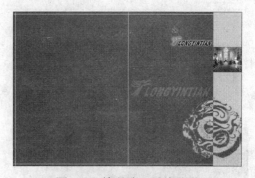

图7-98　选区修改后的效果

图7-99　填充选区后的效果

**step 12** 将"图层 6"进行复制，并适当调整复制出的图像的大小和位置，结果如图7-100所示，然后选择"直排文字"工具[1]，在其属性栏中设置字体为综艺体、字号为24、颜色为纯白色，完成后在图像窗口中输入如图7-101所示的文字。

**step 13** 使用前面所讲的方法，打开"图层样式"对话框，在其中进行如图7-102所示的设置，完成后单击"确定"按钮，为文字添加阴影效果，结果如图7-103所示。

**step 14** 选择"横排文字"工具，在其属性栏中设置字体为黑体、字号为18、颜色为纯红色，完成后在图像窗口的右下方输入如图7-104所示的文字，然后打开"图层样式"对话框，

[1] "直排文字"工具：使用该工具可以输入直排的文字，在工具属性栏中可以设置字体、字号以及文字颜色。

在其中进行如图7-105所示的设置，完成后单击"确定"按钮，为文字添加外发光效果。

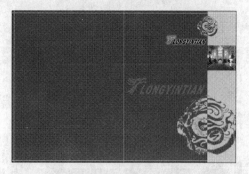

图7-100　复制后的图像

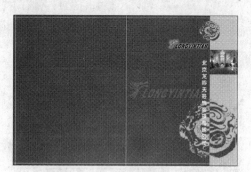

图7-101　输入的文字

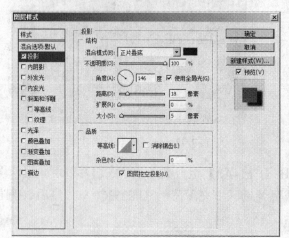

图7-102　"图层样式"对话框中的设置

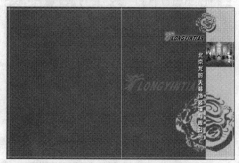

图7-103　添加图层样式后的效果

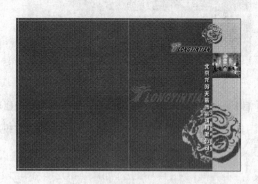

图7-104　输入的文字

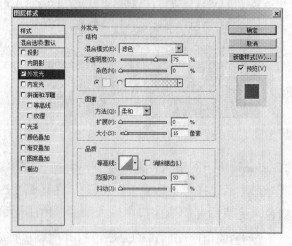

图7-105　"图层样式"对话框中的设置

**step 16** 复制"图层6"，适当调整图像的大小和位置，载入其选区并填充灰蓝色（#B8D5FC），结果如图7-106所示，然后选择"横排文字"工具，在其属性栏中适当调整字体和大小，完成后在图像窗口中按下鼠标并拖曳出文本框，输入如图7-107所示的文字。

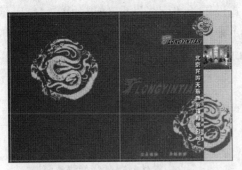

图7-106 图像修改后的效果 　　　　　　　图7-107 输入的文字

**step 16** 使用"移动"工具将文字调整到图像窗口的左下方，结果如图7-108所示。至此，宣传卡封面就全部制作完成了，按【Ctrl+S】组合键将文件进行保存。

图7-108 文字调整后的位置

**step 17** 下面继续制作宣传卡的内页，按【Ctrl+N】组合键打开"新建"对话框，在其中设置"名称"为宣传卡内页、"宽度"为37.6厘米、"高度"为24.6厘米、"分辨率"为300像素/英寸、"颜色模式"为RGB颜色，设置完成后单击"确定"按钮新建一幅图像。然后使用前面所讲的方法，按【Ctrl+Y】组合键校样颜色，并标注出出血和中线，完成后为"背景"图层填充灰蓝色（#B8D5FC）。

**step 18** 使用"钢笔"工具在图像窗口的上方绘制一个如图7-109所示的封闭路径，新建"图层1"，并为路径填充深蓝色（#0253C0），完成后将路径删除，然后继续在图像窗口的下方绘制如图7-110所示的封闭路径，为其填充深蓝色（#0253C0）后将删除路径。

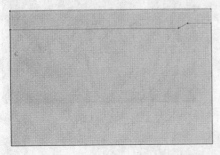

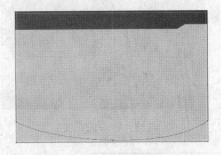

图7-109 在窗口上方绘制出的封闭路径 　　　　图7-110 在窗口下方绘制出的封闭路径

**step 19** 在"图层"调板中将当前图层的混合模式设置为"强光"[1]，结果如图7-111所示，然后打开本书配套资料中的"源文件与素材\实例14\素材\标志图片.jpg"图像，使用前面所讲的方法，将其移动复制到"宣传卡内页"图像窗口中，得到"图层2"，适当调整图像的大小和位置，结果如图7-112所示。

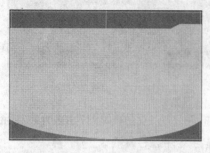

图7-111　调整图层混合模式后的效果

图7-112　图像调整后的大小和位置

**step 20** 切换到"样式"调板，单击右上角的小三角形按钮，从弹出的菜单中选择"玻璃按钮"命令，为"样式"调板添加各种玻璃效果，结果如图7-113所示，然后在其中的"清晰浮雕-内斜面"按钮上单击鼠标左键，为标志图像添加效果，结果如图7-114所示。

图7-113　添加效果后的"样式"调板

图7-114　添加样式后的文字效果

**step 21** 在"图层"调板中设置当前图层的不透明度为50％，结果如图7-115所示，然后选择"矩形选框"工具，并在属性栏中单击"添加到选区"按钮，完成后在图像窗口的上方创建一个如图7-116所示的箭头选区，完成后新建"图层 3"，并填充纯白色。

图7-115　修改透明度后的效果

图7-116　创建出的选区

---

[1]"强光"图层样式：选择该混合模式，将会根据上下图层的明暗程度使合成效果变亮或变暗，具体的效果变化取决于像素的明暗程度，像素亮度与图像的合成亮度成正比。

**step 22** 继续使用"矩形选框"工具，在图像窗口中绘制一个如图7-117所示的正方形选区，完成后新建"图层 4"，并为其填充深蓝色（#0253C0），然后取消选区，打开"图层样式"对话框，在其中进行如图7-118所示的设置，完成后单击"确定"按钮，为图像描边。

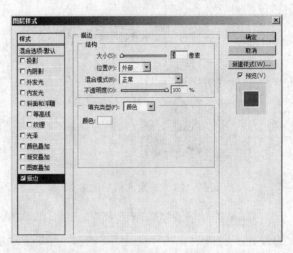

图7-117 绘制出的正方形选区　　　　　　图7-118 "图层样式"对话框中的设置

**step 23** 使用同样的方法，绘制正方形选区并为其描纯白色的边，结果如图7-119所示，然后使用"移动"工具，适当调整图像的位置，结果如图7-120所示。

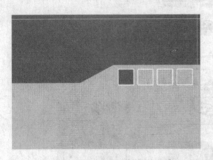

图7-119 绘制出的其他正方形　　　　　　图7-120 图像调整后的位置

**step 24** 打开本书配套资料中的"源文件与素材\实例14\素材\建筑物图片.jpg"文件，如图7-121所示，然后选择"多边形套索"工具，沿建筑物的轮廓创建如图7-122所示的选区，完成后使用"移动"工具，将选区内的图像移动复制到"宣传卡内页"图像窗口中，得到"图层 5"。

图7-121 打开的图片　　　　　　　　　　图7-122 制作出的选区

**step 25** 适当调整图像的大小和位置，结果如图7-123所示，选择"图像"|"调整"|"色调分离"菜单命令[1]，在弹出的对话框中进行如图7-124所示的设置，完成后单击"确定"按钮，调整图像的色调。

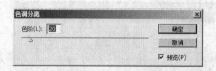

图7-123  图像调整后的效果　　　　　　图7-124  "色调分离"对话框中的设置

**step 26** 选择"滤镜"|"素描"|"影印"菜单命令[2]，在弹出的对话框中进行如图7-125所示的设置，完成后单击"确定"按钮，为图像添加影印效果，结果如图7-126所示。

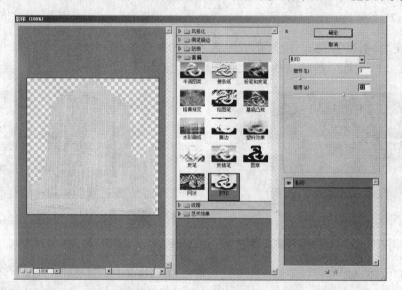

图7-125  "影印"对话框中的设置

图7-126  添加滤镜后的效果

**step 27** 将当前图层的不透明度设置为40%，并将"图层 2"调整到所有图层之上，结果如图7-127所示，然后使用"钢笔"工具，在图像窗口的上端绘制一条如图7-128所示的路径，完成后新建"图层 6"，并为路径描10像素的边。

**step 28** 打开本书配套资料中的"源文件与素材\实例14\素材\效果图01.jpg"文件，如图7-129所示，使用

---

[1] "色调分离"命令："色调分离"命令可以指定图像中每个通道的色调级（或亮度值），并将这些像素映射为最接近的匹配色调。如果在RGB图像中设置两种色调，那么图像将得到六种颜色，即两种红色、两种绿色和两种蓝色。

[2] "影印"滤镜：该滤镜用来模拟影印效果，处理后的图像高亮区显示前景色，阴暗区显示背景色。

"移动"工具，将其移动复制到"宣传卡内页"图像窗口中，得到"图层 7"，然后适当调整图片的大小和位置，并将当前图层放置到"图层 6"的下面，结果如图7-130所示。

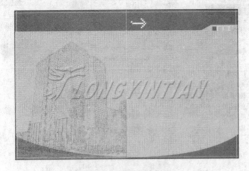

图7-127　图像调整后的效果

图7-128　绘制出的路径

图7-129　打开的图片

图7-130　图像调整后的效果

step 29　使用同样的方法，导入其他的效果图图片，并适当调整他们的位置和大小，结果如图7-131所示，然后设置"图层 6"的图层混合模式为"叠加"[1]，结果如图7-132所示。

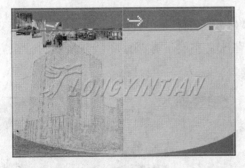

图7-131　导入的所有图片

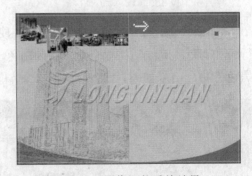

图7-132　图像调整后的效果

step 30　选择"横排文字"工具，在图像窗口上端输入如图7-133所示的文字，完成后打开"图层样式"对话框，在其中进行如图7-134所示的设置，完成后单击"确定"按钮，为文字添加阴影效果。

---

[1] "叠加"图层混合模式：选择该混合模式时，图像的合成效果取决于下方图像的明暗对比，叠加处理后下方图层的亮度区域和阴影区域仍然被保留。

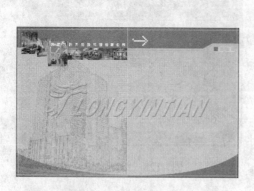

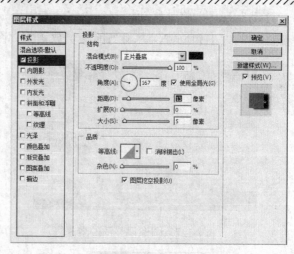

图7-133　输入的文字　　　　　　　图7-134　"图层样式"对话框中的设置

**step 31** 继续输入如图7-135所示的文字，完成后将其进行适当的变形，使文字变倾斜，结果如图7-136所示。

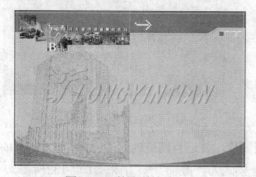

图7-135　输入的文字　　　　　　　　图7-136　文字变形后的效果

**step 32** 继续输入如图7-137所示的文字，使用"字符"面板[1]和"段落"面板[2]适当调整文字的行距和间距，完成后将"企业"改为白色，并在该文字层下方新建图层并绘制两个正方形的黑色方块，结果如图7-138所示。

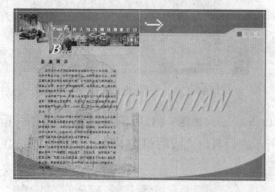

图7-137　输入的文字　　　　　　　　图7-138　文字修改后的效果

---

[1] "字符"面板：利用该面板可以对选择的文字进行字体、字号、行距、间距以及颜色等精细调整。

[2] "段落"面板：利用该面板可控制文字的段落格式。

**step 33** 创建一个如图7-139所示的矩形选区，完成后为该选区描8像素的纯白色边，结果如图7-140所示。

图7-139　绘制出的矩形选区

图7-140　图像描边后的效果

**step 34** 在文字左侧继续一个矩形选区，并填充纯白色，结果如图7-141所示，然后继续导入标志图像，适当调整其大小和位置，并为其添加外发光效果，结果如图7-142所示。

图7-141　绘制出的图形

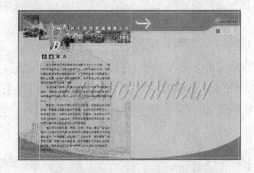

图7-142　图像调整后的效果

**step 35** 使用前面所讲的方法，继续在图像窗口的右半部分输入文字和图像，完成后打开本书配套资料中的"源文件与素材\实例14\素材\地图图片.jpg"文件，使用"移动"工具，将其移动复制到"宣传卡内页"图像窗口中，适当调整图片的大小和位置，结果如图7-143所示，然后选择"橡皮擦"工具，适当调整笔刷类型，在图像的边缘进行适当的擦除，结果如图7-144所示。

图7-143　制作出的文字和图像

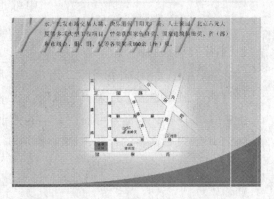

图7-144　图像擦除后的效果

**step 8** 在"图层"调板中，将当前图层的混合模式设置为"溶解"[1]，结果如图7-145所示，至此，宣传卡内页就全部制作完成了，其整体效果如图7-146所示。最后，按【Ctrl+S】组合键将文件进行保存。

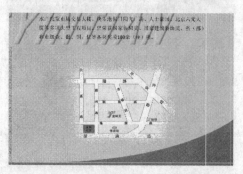 

　　图7-145　　图像修改后的效果　　　　　　　　图7-146　　宣传卡内页的整体效果

## 设计说明

　　本例是为龙吟天装饰装潢有限公司设计制作宣传册，由封面和内页两部分组成，封面主要由标志、名称、广告语、联系方式和龙纹等几部分组成，其中的龙纹和效果图主要是为了突出公司的名称和工作性质，便于人们记忆，颜色以代表科技、发展的蓝色调为主，用于表现公司的发展方向和前景。内页由完成的效果图、企业简介、业绩介绍和地图等几部分组成，一方面是为了突出企业的能力和业绩，另一方面是为了让人们对公司有一个更详细的认识和了解。

## 知识点总结

　　下面我们将对本例中运用到的"色调分离"命令和"字符"调板和"段落"调板进行介绍。

### 1. "色调分离"命令

　　选择"图像"|"调整"|"色调分离"菜单命令，即可弹出如图5-147所示的"色调分离"对话框。在其中可通过设置色阶值来控制图像变化的剧烈程度，值越小，图像变化越剧烈；反之，图像变化越轻微。

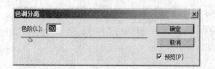

　　图7-147　　"色调分离"对话框

### 2. 字符"调板

　　"字符"面板如图7-148所示，用户可利用其中的各种设置来控制文字的字体格式。"字符"调板的最上方为"字体"、"字形"选择框。

**T**：在其右侧文本框中可设置文字的大小。

**ᴬᴬ**：用于设置文字的行距，即文字行与行之间的距离。

**ᴵT**：用于缩放字符的高度。

**T**：用于缩放字符的宽度。

---

[1] "溶解"图层混合模式：选择该混合模式，当前图层中的图像的透明像素会显示出颗粒化效果。

：用于设置所选字符的比例间距。

：用于调整字符的间距。

：用于微调两个字符间的字距。

：用于设置文字在默认高度的基础上向上或向下偏移的高度。

颜色框：可设置文字的颜色。

T T TT Tᵣ Tᵀ T, T F：利用该按钮组可将所选字符加粗、倾斜、添加下划线等。

3. "段落"调板

"段落"调板如图7-149所示，利用它可控制文字的段落格式。

图7-148　"字符"调板

图7-149　"段落"调板

：在其右侧编辑框中可设置段落左侧的缩进量。

：可设置段落右侧的缩进量。

：可设置段落第一行的缩进量。

：可设置每段文字与前一段的距离。

：可设置每段文字与后一段的距离。

> **注意**　如果希望将输入的文字（单行或多行）按设置的段落控制框进行排列，则应创建段落文本。要创建段落文本，有两种方法，一种是在输入文字时首先单击并拖动，定义一个段落控制框，然后再输入文字；另一种方法是将点文本转换为段落文本。

## 拓展训练

下面我们来制作一个婚庆公司的宣传页，制作完成的最终效果如图7-150所示。本例在制作时首先使用"渐变"工具填充底色，再使用花边素材制作图像中的边框效果，最后再根据整体布局输入文字并添加相应的图片。作品整体采用了代表喜庆的中国红色调，红色的底图与黄色的边框搭配，不仅强烈地烘托出了喜庆气氛，而且还带给人们一种高贵典雅的感觉。

**step 01** 选择"文件" | "新建"菜单命令，在弹出的"新建"对话框中，进行如图7-151所示的设置，完成后单击"确定"按钮创建一个空白文档。选择"渐变"工具，在"渐变编辑器"对话框中设置从红色到暗红渐变，在"背景"图层中填充如图7-152所示的径向渐变效果。

**step 02** 打开本书配套资料中的"源文件与素材\实例14\素材\花纹.psd"文件，使用"移动"工具将"图层 1"中的图像移动复制到"宣传彩页"图像窗口中得到"图层 1"，适当调整图像的大小和位置，结果如图7-153所示。将"图层 1"和"背景"图层合层，使用"魔棒"工具在图像的下方单击鼠标左键，创建出如图7-154所示的选区，

图7-150　实例最终效果

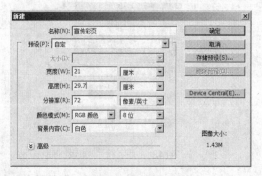

图7-151　"新建"对话框

图7-152　填充渐变后的效果

图7-153　适当调整图像的大小和位置

**step 03** 选择"渐变"工具，从上到下为选区填充如图7-155所示的线性渐变效果，完成后将选区取消。然后选择"横排文字"工具，在图像窗口中输入如图7-156所示的文字。

图7-154　创建出的选区

图7-155　填充渐变后的效果

**step 04** 分别打开本书配套资料中的"源文件与素材\实例14\素材\时尚槟塔.jpg"、"时尚烛台.jpg"和"实例素材.jpg"图像，将其中的相应图像输出导入到图像窗口中，适当调整他们的大小和位置，结果如图7-157所示。至此，整个实例就制作完成了，按【Ctrl+S】组合键，将文件进行保存。

图7-156　输入的文字

图7-157　导入图像后的效果

## 职业快餐

　　宣传卡俗称小广告，是现代商业贸易活动中的主要宣传手段之一。如果商家要一次宣传多种种类的产品，使用其他的广告形式就不易达到全面、详实的宣传效果，而宣传卡却可以根据销售旺季、流行时段等不同的时期，针对展览会、洽谈会等不同的宣传场合，分发、赠送和邮寄到消费者手中，从而扩大商家和产品的知名度，并推销产品和加强消费者对商品的了解。下面来详细讲解宣传卡的分类和特点，使读者对其有一个全面的了解和认识。

　　1. 宣传卡的分类

　　常见的宣传卡可分为如下三类：

　　A. 宣传卡片

　　将内容写在卡片上，以卡片的形式向消费者提示、介绍、推销和宣传商品，其形式包括传单、折页、明信片、贺年卡、企业介绍等，如图7-158所示。

图7-158　宣传卡片

B. 样本

以小册子的形式，向消费者系统宣传企业或产品，包括各种手册、产品目录、企业刊物和画册等，如图7-159所示。其内容主要包括前言、厂长或经理致辞、各部门介绍、各种产品介绍及成果介绍等。

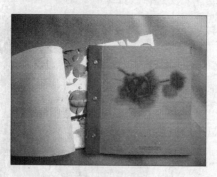

图7-159　企业样本

C. 说明书

一般附于商品包装内，让消费者了解商品的性能、结构、成分、质量和使用方法等，如图5-160所示。

图5-160　产品说明书

2. 宣传卡的特点

宣传卡之所以被商业界广泛应用，是因为其具有针对性、独立性等显著特点。

A. 针对性

宣传卡是一种完整的宣传形式，它可以针对销售季节、销售对象、销售形式进行设计，以扩大企业、商品的知名度。推销产品和加强消费者对商品了解，从而增强其广告效用。

B. 独立性

宣传卡不需要借助于其他媒体，也不受其他媒体的环境、特点、信息安排、版面、印刷、纸张等的限制，所以它又被称之为非媒介性广告。前面已经介绍了，宣传卡还包括样本和说明书，它们则是小册子的形式，由封面和内页两部分组成，就如同书籍装帧一样，所以无论是何种形式的宣传卡，都具有很强的独立性。

由于宣传卡具有以上特点，所以在进行设计时，要充分考虑各方面的因素，如构思、表现形式、开本、印刷、纸张等，争取每一个环节都做的最好，让消费者看后爱不释手。精美的宣传卡，可以让消费者长期保存，能起到长久宣传的作用。

# 第8章 包装设计

Chapter 08

# 实例15

## 图书封面设计

素材路径：源文件与素材\实例15\素材
源文件路径：源文件与素材\实例15\
图书封面.psd

实例效果图15

## 情景再现

　　封面设计是平面设计行业中经常遇到的工作，一个成功的封面设计必须具备两个条件：一是能明确地体现出图书的内容，能让读者通过封面就知道图书的类型和主要讲解的内容，让人一目了然；二是具备很强的视觉冲击力，通过图形、结构及色彩对比，能够很好地吸引人们的注意力。

　　今天我们收到了中国建筑出版社的封面设计通知，要求为《中国古代建筑艺术》一书设计封面，并注明这是系列图书中的一本，设计时一定要突出系列特色。另外封面和封底文字，以及书脊的宽度，经过编辑的最终确认后也通过QQ迅速发送给我们。

　　通过了解图书内容及封面、封底的文字要求，我们立刻开始了封面的整体构思。

## 任务分析

- ·根据图书的类型和内容构思创意。
- ·根据创意收集素材，并处理主图像的特殊效果。
- ·输入需要重点突出的文字，并添加特效。
- ·输入所要添加的所有文字，添加标志，调整作品的整体结构，完成作品的制作。

## 流程设计

　　在制作时，我们首先用相关的色彩调整命令调整素材的整体色调，使其与背景色协调一致。然后添加相关的图像素材，并根据要求调整素材的结构。最后输入相关的文字，并使用图案填充的方法为背景填充砖墙图案。

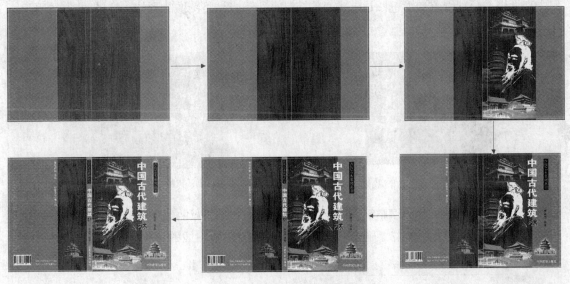

实例流程设计图15

## 任务实现

**step 01** 按【Ctrl+N】组合键打开"新建"对话框，在其中设置"名称"为封面设计、"宽度"为38.8厘米、"高度"为26.6厘米、"分辨率"为300像素/英寸、"颜色模式"为CMYK颜色，设置完成后单击"确定"按钮新建一幅图像。

**step 02** 按【Ctrl+R】组合键显示出标尺，选择"移动"工具，分别从上边和左边的标尺中拖出辅助线，标注出出血和书脊，如图8-1所示，完成后为"背景"图层填充朱红色（#C92126），然后打开本书配套资料中的"源文件与素材\实例15\素材\木纹.jpg"文件，如图8-2所示。

图8-1 制作出的出血和书脊参考线

图8-2 打开的"木纹"图片

**step 03** 选择"图像"丨"调整"丨"色彩平衡"菜单命令，打开"色彩平衡"对话框，在其中进行如图8-3所示的参数设置，完成后单击"确定"按钮，调整图像的色彩，结果如图8-4所示。

**step 04** 选择"移动"工具，在"木纹"图像窗口中按下鼠标左键并拖动，在"封面设计"图像窗口中释放鼠标，将图像移动复制到该图像窗口中得到"图层1"，然后按【Ctrl+T】组合键为图像添加

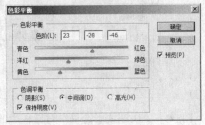

图8-3 "色彩平衡"对话框中的设置

自由变形框，分别调整变形框四边上中心的控制点，适当调整图像的形状，结果如图8-5所示，完成后按【Enter】键确定。

图8-4　图片调整后的效果

图8-5　调整图像的形状和位置

**step 05** 选择"图像"|"调整"|"曲线"菜单命令，打开"曲线"对话框，在其中调整曲线的形状如图8-6所示，单击"确定"按钮调整当前图层中图像的色调，结果如图8-7所示。

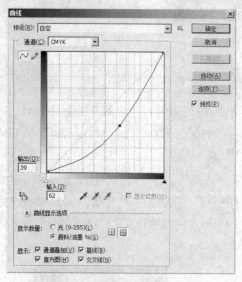

图8-6　"曲线"对话框中的设置

图8-7　图像调整后的效果

**step 06** 选择"画笔"工具✐，在其属性栏中设置画笔类型为"柔角674像素"，然后在工具箱中双击"以快速蒙版模式编辑"按钮◉，打开"快速蒙版选项"对话框，在其中选中"所选区域"单选钮，如图8-8所示，完成后单击"确定"按钮进入快速蒙版模式编辑状态，在图像两边进行如图8-9所示的绘制。

图8-8　"快速蒙版选项"对话框中的设置

图8-9　绘制出的效果

**step 07** 单击工具箱中的"以标准模式编辑"按钮◻，进入标准模式编辑状态，此时绘制的区域转变为了选区，然后选择"图像"|"调整"|"亮度/对比度"菜单命令，打开"亮度/

对比度"对话框，在其中进行如图8-10所示的设置，单击"确定"按钮调整选区内图像的亮度，完成后按【Ctrl+D】组合键取消选区，结果如图8-11所示。

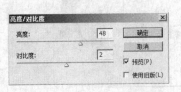

图8-10　"亮度/对比度"对话框中的设置　　　　　图8-11　图像调整后的效果

step 08 打开"色彩平衡"对话框，在其中进行如图8-12所示的参数设置，完成后单击"确定"按钮，调整图像的色彩，结果如图8-13所示。

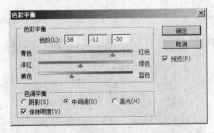

图8-12　"色彩平衡"对话框　　　　　　　　图8-13　图像调整后的效果

step 09 打开"亮度/对比度"对话框，在其中进行如图8-14所示的设置，单击"确定"按钮调整选区内图像的亮度，完成后按【Ctrl+D】组合键取消选区，结果如图8-15所示。

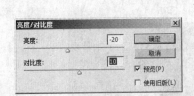

图8-14　"亮度/对比度"对话框中的设置　　　　　图8-15　图像调整后的效果

step 10 打开本书配套资料中的"源文件与素材\实例15\素材\头像.jpg"文件，如图8-16所示，选择"图像"|"调整"|"去色"菜单命令，将图像以灰度显示，结果如图8-17所示。

图8-16　打开的"头像"图片　　　　　　　　图8-17　图片去色后的效果

step 11 继续打开"亮度/对比度"对话框，在其中进行如图8-18所示的设置，单击"确定"按钮调整选区内图像的亮度，完成后按【Ctrl+D】组合键取消选区，结果如图8-19所示。

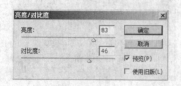

图8-18　"亮度/对比度"对话框中的设置　　　　图8-19　图像调整后的效果

step 12 使用"色彩范围"命令创建出头像中黑色区域的选区，结果如图8-20所示。使用"移动"工具将选区内的图像移动复制到"封面设计"图像窗口中得到"图层 2"，适当调整大小和位置，结果8-21所示。

图8-20　创建出的选区　　　　　　　　图8-21　图像调整后的位置和大小

step 13 打开"亮度/对比度"对话框，在其中进行如图8-22所示的设置，单击"确定"按钮调整图像的亮度和对比度，结果如图8-22所示。

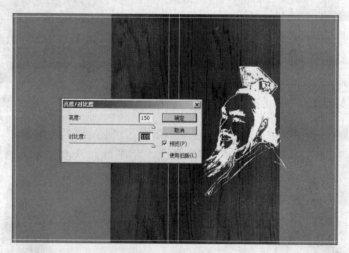

图8-22　调整图像的亮度和对比度

step 14 打开本书配套资料中的"源文件与素材\实例15\素材\建筑01.jpg"文件，如图8-23所示，选择"魔棒"工具，并在其属性栏中按下"添加到选区"按钮，然后在图像窗口的蓝天处连续单击创建选区，结果如图8-24所示。

图8-23 打开的"建筑01"图片

图8-24 创建出的选区

**step 15** 按【Ctrl+Shift+I】组合键将选区反选,选择"移动"工具 ,将选区内的图像移动复制到"封面设计"图像窗口中得到"图层 3",此时会发现图像的边缘极其粗糙,这显然不符合制作要求。下面就来取出它的粗糙边缘,选择"选择"|"修改"|"边界"菜单命令,打开"边界选区"对话框,在其中进行如图8-25所示,完成后单击"确定"按钮,此时的选区如图8-26所示。

图8-25 "边界选区"对话框中的设置

图8-26 修改完成的选区

**step 16** 选择"滤镜"|"模糊"|"高斯模糊"菜单命令,在弹出的对话框中进行如图8-27所示的参数设置,完成后单击"确定"按钮将选区内的图像模糊处理,结果如图8-28所示,最后按【Ctrl+D】组合键取消选区。

图8-27 "高斯模糊"对话框中的设置

图8-28 选区内图像的效果

**step 17** 用step04步中所讲的方法,适当调整图像的位置和大小,结果如图8-29所示,然后选择"橡皮擦"工具 ,并在其属性栏中适当设置画笔类型,完成后将图像进行适当的擦除,结果如图8-30所示。

**step 18** 选择"图像"|"调整"|"变化"菜单命令,打开"变化"对话框,在其中首先单击"原稿"缩略图,然后分别多次单击"加深黄色"、"加深红色"和"较暗"缩略图,结果如图8-31所示,完成后单击"确定"按钮调整图像的色彩,结果如图8-32所示。

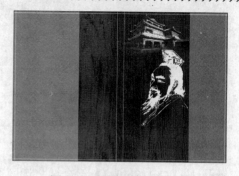

图8-29 图像调整后的大小和位置　　　　　　图8-30 擦除图像后的效果

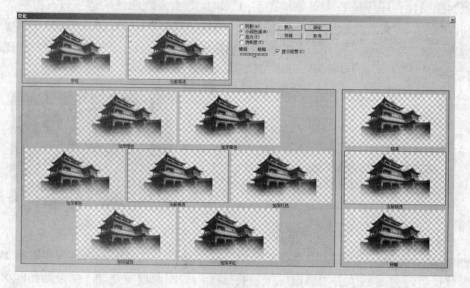

图8-31 "变化"对话框中的设置

**step 19** 使用同样的方法，继续添加两个建筑，并适当调整其形状和色彩，结果如图8-33所示。

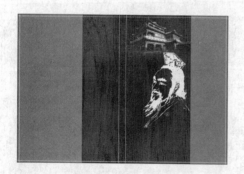

图8-32 图像调整后的效果　　　　　　　　　图8-33 添加完成的图像

**step 20** 选择"直排文字"工具　T.，在图像窗口中输入文字"中国古代建筑"，如图8-34所示。然后选择"横排文字"工具 T.，继续在图像窗口中输入文字"艺术"，结果如图8-35所示。

**step 21** 将"艺术"文字层复制，在"字符"调板中修改文字颜色为纯黑色，选择"移动"工具，适当调整文字的位置，结果如图8-36所示，然后选择"矩形选框"工具，在图像窗口中创建一个如图8-37所示的选区，新建图层并为选区填充纯黑色。

图8-34 书名的形状和位置

图8-35 文字的形状和大小

图8-36 文字调整后的效果

图8-37 创建的矩形选区

**step 22** 选择"直排文字蒙版"工具，在黑色区域处输入"古代艺术系列丛书"，创建出文字选区，如图8-38所示，接着按【Delete】键删除选区内的部分，最后取消选区。

图8-38 创建完成的文字选区

**step 23** 分别用"直排文字"工具和"横排文字"工具，在图像窗口中输入作者名和出版社名，结果如图8-39所示，然后继续用"直排文字"工具在图像窗口的右边缘处输入书名的拼音，如图8-40所示，完成后在"图层"调板中将该文字层的不透明度设为15%。

**step 24** 打开本书配套资料中的"源文件与素材\实例15\素材\天坛.jpg"文件，如图8-41所示，选择"魔棒"工具，在图像窗口的蓝天处连续单击创建选区，完成后按【Ctrl+ Shift+I】

---

1 "直排文字蒙版"工具：使用该工具可以输入直排的文字选择，在输入前在工具属性栏中也可以直接设置字体、字号以及文字颜色。但是输入文字选区后，文字的相关信息就不能修改了。

组合键将选区反选[1]，并用"移动"工具 ⊹ 将选区内的图像移动复制到"封面设计"图像窗口中，然后适当调整其位置和大小，结果如图8-42所示。

图8-39　输入作者名和出版社名

图8-40　输入书名的拼音

图8-41　打开的"天坛"图片

图8-42　图像调整后的大小和位置

**step 25** 将书名的拼音文字层复制，并适当调整其位置和大小，结果如图8-43所示，然后打开本书配套资料中的"源文件与素材\实例15\素材\条形码.jpg"文件，将其移动复制到"封面设计"图像窗口中，并适当调整其大小和位置，结果如图8-44所示。

图8-43　文字调整后的大小和位置

图8-44　图像调整后的大小和位置

**step 26** 继续用"横排文字"工具和"直排文字"工具在封底输入其他的文字，结果如图8-45所示，然后打开本书配套资料中的"源文件与素材\实例15\素材\角楼.jpg"文件，创建出选区并将其移动复制到"封面设计"图像窗口中，适当调整其大小和位置，结果如图8-46所示。

**step 27** 在"图层"调板中的当前图层上双击鼠标左键，打开"图层样式"对话框，在其中

---

[1] "方向"工具：在创建好选区的情况下，选择"选择"|"反向"菜单命令，可以将创建好的选区进行反向选择。

进行如图8-47所示的设置，完成后单击"确定"按钮，为图像添加外发光效果[1]，结果如图8-48所示。

图8-45 输入的其他文字

图8-46 图像调整后的大小和位置

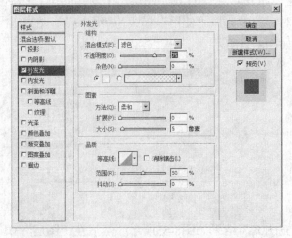

图8-47 "图层样式"对话框中的设置

图8-48 创建出的外发光效果

**step 28** 在"图层"调板中当前图层的效果上按下鼠标左键，拖动其到天坛图层上释放，将外发光效果复制，结果如图8-49所示，然后在书脊处创建矩形选区，新建图层并为其填充朱红色（#C92126），完成后取消选区并将封面上的文字复制到此时，适当调整它们的大小和位置，制作出书脊文字，结果如图8-50所示。

图8-49 复制外发光效果

图8-50 创建出的书脊效果

---

[1] "外发光"图层样式：使用该图层样式，可以在图层内容边缘的外部产生发光效果。通过该命令，可以为图像设置"纯色光"和"渐变光"两种外发光效果。

**step 29** 打开本书配套资料中的"源文件与素材\实例15\素材\砖墙.jpg"文件，如图8-51所示。使用"矩形选框"工具创建出一个如图8-52所示的选区，然后选择"图像"|"裁剪"菜单命令[1]，修改文件的尺寸。

图8-51　打开素材文件

图8-52　创建选区

**step 30** 选择"编辑"|"定义图案"菜单命令[2]，打开"图案名称"对话框，在其中设置图案的名称，如图8-53所示，完成后单击"确定"按钮。在"背景"图层之上新建图层，然后选择"编辑"|"填充"菜单命令[3]，在弹出的对话框中选择"使用"模式为"图案"，在"自定图案"列表框中选择我们刚定义的图案，如图8-54所示。

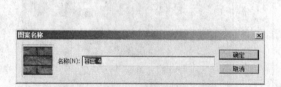

图8-53　设置图案名称

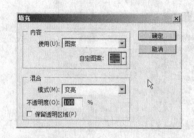

图8-54　"填充"对话框

**step 31** 单击"确定"按钮，为当前图层填充图案，结果如图8-55所示。然后在"图层"调板中将当前图层的混合模式设置为"柔光"，此时的图像效果如图8-56所示。

图8-55　填充图像后的效果

图8-56　设置混合模式后的效果

---

[1] "裁剪"命令：在创建好选区的情况下，选择该命令可将图像窗口的尺寸按照选区的大小进行修改，只保留选区内的部分，选区外的图像统被删除。

[2] "定义图案"命令：使用该命令可以将当前打开的图像定义为图案，这个图案会自动保存到软件系统中，在填充图案时可以直接选择。

[3] "填充"命令：使用该命令可以为图像填充前景色、背景色和图案，在该对话框中可首先设置前景色、背景色或定义图案。

step 22 打开本书配套资料中的"源文件与素材\实例15\素材\牌匾.jpg"文件，使用"色彩范围"命令创建出牌匾的选区。使用"移动"工具将选区内的图像移动复制到"封面设计"图像窗口中，适当调整大小和位置，结果如图8-57所示。载入牌匾图像的选区，选择"编辑"|"描边"菜单命令[1]，在弹出的对话框中进行如图8-58所示的设置。

图8-57 调整后的图像效果

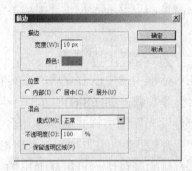

图8-58 "描边"对话框

step 23 单击"确定"按钮为图像进行描边，结果8-59所示。至此，封面就全部制作完成了，按【Ctrl+S】组合键将文件进行保存。

图8-59 描边后的图像效果

## 设计说明

本例制作的是《古代艺术系列丛书》中的一本名为《中国古代建筑艺术》的图书封面。在设计制作之前，要首先了解本书所讲的内容，概括出其主题思想，这本书顾名思义肯定是讲我国古代建筑的，所以在色彩的选择上采用了我国古代建筑中常用的朱红色，另外因为我国古代建筑中的主要材料是木头，所以将主图形的部分放入一个木纹的图片，这样可以更好地体现出主题。在颜色上将木纹调整为暗红色，这样既能与朱红色的背景色很好的搭配，又能带给人们一种端庄大方的感觉。在主图形方面选用了我国古代建筑鼻祖——鲁班的头像，并在其周围添加了几个比较知名的建筑作为衬托，这样该书的主体就被淋漓尽致地表现出来了。文字主要采用了端庄规矩的粗黑体和黑体，以给人一种严肃谨慎的感觉，其中比较重要

---

[1] "描边"命令：在创建好选区的情况下，使用该命令可以沿着选区进行描边。

的内容（如书名、出版社名等）选用白色加以强调。最后将古代建筑中最能代表我国特色的两个建筑（天坛和角楼），分别放在封面和封底，这样一方面可以更好地突出书的主题，另一方面在结构上还可以形成前后呼应之势，给人一种平衡感。

## 知识点总结

下面我们来详细介绍一下本例中用到的"外发光"图层样式、"填充"命令和"描边"命令。

1. "外发光"图层样式

在对话框中选中该命令后，在其右侧的窗口中可设置外发光的混合模式、不透明度、扩展和大小等参数，如图8-60所示。

"外发光"图层样式对话框中各参数的含义如下。

"混合模式"：在其中可以为阴影选择不同的"混合模式"，从而得到不同的阴影效果。单击其右侧的颜色块，可用从弹出的"拾色器"对话框中设置阴影的颜色。

"不透明度"：设置该参数，可以调整外发光效果的透明度。

"杂色"：设置该参数可以为阴影添加杂色效果。

"颜色"：该参数可以设置外发光的颜色。

"方法"：在此处可设置外发光的混合模式。

"使用全局光"：选中该复选框，当修改任意一种图层样式的"角度"值时，将会同时改变其他所有图层样式的角度。反之则只改变当前图层的图层样式角度。

"扩展"：在此调整滑块的位置或输入数值，可以修改阴影的强度，数值越大，投射强度越大，反之越小。

"大小"：在此调整滑块的位置或输入数值，可以修改阴影的柔化程度，数值越大，投射的柔化效果越明显，反之越清晰。

"等高线"：选择等高线类型可以改变图层样式的外观，单击此下拉列表按钮，将会弹出如图8-61所示的"等高线"列表框。

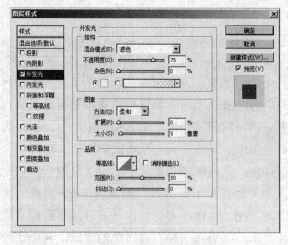

图8-60　"外发光"对话框

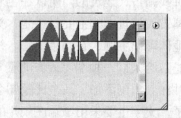

图8-61　"等高线"列表框

**2. "填充"命令**

选择【编辑】|【填充】菜单命令，这时将弹出如图8-62所示的"填充"对话框，在其中可设置需要的填充内容、混合模式及不透明度等。

"填充"对话框中各个参数的具体意义如下。

"使用"：在下拉菜单中可以选择8种不同的填充类型，包括前景色、背景色、自定义颜色、黑色、白色、灰色、图案和历史记录。

"自定图案"：只有在"使用"下拉菜单中选择了"图案"选项后，该参数才能被激活，单击右侧的图案缩略图，在弹出的图案列表框中可以选择想要进行填充的图案，如图8-63所示。

图8-62 "填充"对话框

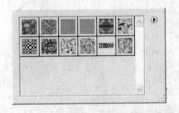

图8-63 图案列表框

"模式"：该参数与前面讲解的"画笔"工具属性栏中的参数意义相同。

"不透明度"：该参数与前面讲解的"画笔"工具属性栏中的参数意义相同。

"保留透明区域"：当需要填充的图层中有透明区域时，"保留透明区域"复选框为可用状态，此时选择该复选框，将不会对透明区域进行填充。

**注意** 单击右上角的按钮 ⊙，会弹出一个如图3-74右图所示的快捷菜单，选择其中相应的命令，可以载入程序自带的大量图案。按【Alt+Delete】或【Alt+Backspace】组合键，可快速填充前景色；按【Ctrl+Delete】或【Ctrl+Backspace】组合键，可快速填充背景色；按【Shift+Backspace】或【Shift+F5】组合键，可快速打开"填充"对话框。若当前图层被隐藏或当前图层为文字图层，则不能进行填充。

**3. "描边"命令**

在当前存在选区或者普通图层中含有不透明像素的情况下，选择【编辑】|【描边】菜单命令，可打开如图8-64所示的"描边"对话框，用户通过在其中设置描边的宽度、边界颜色及描边的位置等可以很轻松地完成对选区的描边操作。

"描边"对话框中各个参数的具体意义如下。

"宽度"：在其中输入数值可以确定描边线条的宽度，数值越大线条越宽。

图8-64 "描边"对话框

"颜色"：单击其右侧的色块，即可弹出"拾色器"对话框，在其中用户可以设置任意一种颜色作为描边线条的颜色。

　　"位置"：其中的3个选项表示描边线条相对于选区或不透明像素边缘的位置，如图8-65所示为3个不同位置的效果对比。

　　"混合"：其中包括"模式"、"不透明度"和"保留透明区域"3个设置，其中"模式"和"不透明度"参数与前面讲解的"画笔"工具属性栏中的参数意义相同。当需要描边的对象是普通图层中的不透明像素时，"保留透明区域"复选框为可用状态，此时选择该复选框，将不会对透明区域边缘进行描边，即此时如果设置描边位置为"外部"，将不会产生描边效果。

图8-65　　描边的位置对比

## 拓展训练

图8-66　　实例最终效果

　　下面将制作一则音乐CD的包装盒，该CD的内容是摇滚音乐，所以在设计风格上采用了破旧的金属效果，这种风格不仅符合摇滚音乐桀骜不驯的本质，还能带给人们一种沧桑感。

　　本例在制作时，主要用到了"渐变"工具、"描边"命令、"云"滤镜、"钢笔"工具等。本例制作的最终效果如图8-66所示。

　　**step 01** 打开"新建"对话框，在其中进行如图8-67所示的设置，单击"确定"按钮新建一个文件。切换至"图层"调板，单击"图层"调板底部的"创建新图层"按钮，得到"图层 1"，使用"矩形选框"工具，按住【Alt】键拖动出一个正方形选区，效果如图8-68所示。

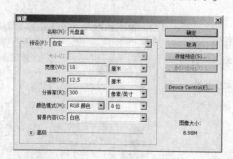

图8-67　　"新建"对话框

图8-68　　绘制出的正方形选区

　　**step 02** 分别更改前景色为浅灰色（#d1c6c6）、背景色为深灰色（#2d2d2d），选择"滤镜"|"渲染"|"云彩"菜单命令，多次按【Ctrl+F】组合键重复此滤镜操作，直到效果满意为止。然后选择"加深"工具，在其工具选项栏选择适当的笔刷类型，对"图层 1"中图像的边缘进行适当的加深处理，加深后的效果如图8-69所示。选择"橡皮擦"工具，在其工具属

性栏中设置适当的笔刷类型，对图像的边缘进行适当的擦除，形成边缘腐蚀的效果，然后再选择"加深"工具，对图像进行适当的局部加深，形成由于古旧而污渍斑斑的效果，如图8-70所示。

图8-69　边缘加深处理后的效果

图8-70　局部加深后的图像效果

**step 03** 新建"图层 2"，切换至"路径"调板，单击"路径"调板底部的"创建新路径"按钮，得到"路径 1"，使用"钢笔工具"，在图像窗口下方绘制不规则形状。按住【Ctrl】键单击"路径 1"的路径缩览图，载入其选区，使用前面所讲的方法在选区中填充云彩效果，结果如图8-71所示。切换至"图层"调板，按住【Ctrl】键单击"图层 1"的缩览图，将其载入图像的选区，选择"图层 2"，按住【Ctrl+Shift+I】组合键反选选区，再按【Delete】键删除选区中的图像。选择"编辑"|"描边"菜单命令，在弹出的"描边"对话框中设置参数，单击"确定"按钮退出对话框，此时的图像效果如图8-72所示。

图8-71　绘制出的封闭路径

图8-72　填充云朵后的效果

**step 04** 切换至"图层"调板，选择"图层 2"，单击"图层"调板底部的"添加图层蒙版"按钮，为"图层 2"添加图层蒙版。选择"橡皮擦"工具，在其工具属性栏中适当设置笔刷类型，对图像进行适当的擦除，使"图层 2"中的图像与"图层 1"中的图像更加融合，效果如图8-73所示。切换至"图层"调板，双击"图层 1"，在弹出的"图层样式"对话框中设置参数，向当前图层添加图层样式，按照相同的方法设置"图层 2"的图层样式，效果如图8-74所示。

图8-73　擦除图像后的效果

图8-74　添加图层样式后的效果

**step 05** 新建"图层 3"，切换至"路径"调板，单击"路径"调板底部的"创建新路径"按钮，得到"路径 2"。选择"多边形"工具，在画布中绘制出五角星。按住【Ctrl】键单击"路径 2"的路径缩览图，载入其选区，设置前景色为棕色（#3d2810），为选区填充前景色，效果如图8-75所示。切换至"路径"调板，新建"路径 3"，选择"钢笔"工具，在图像窗口中绘制五个三角形，设置前景色为浅灰色（#dbd1d2），按住【Ctrl】键单击"路径3"的路径缩览图，载入其选区，为选区填充前景色，效果如图8-76所示。

图8-75　填充颜色后的五角形

图8-76　填充颜色后的效果

step 06 打开本书配套资料中的"源文件与素材\实例15\素材\PSD2.tif"，将其中两个图像拖入制作文件中，得到"图层 4"、"图层 5"，然后将这两个图层放置在"图层 3"的上方，结果如图8-77所示。打开本书配套资料中的"源文件与素材\实例15\素材\PIC18.tif"，将图像拖入制作文件中，得到"图层 6"，并将其放置在"图层 5"的上方，适当调整"图层 6"中图像的大小。选择"魔棒"工具，选择"图层 4"，创建出黑色图案的选区，选择"图层6"，将选区反选，按【Delete】键删除选区中的图像。切换至"图层"调板，单击"图层"调板底部的"创建新图层"按钮，得到"图层 7"，选择"椭圆选框"工具，在图像窗口中创建一个圆形选区。选择"编辑"|"描边"菜单命令，添加描边效果如图8-78所示。

图8-77　调整后的图像效果

图8-78　多次描边后的效果

step 07 使用"横排文字"工具，在图像窗口中输入如图8-79所示的文字。切换至"图层"调板，选择"music"图层，按住【Shift】键，再选择"图层 1"，按【Ctrl+E】组合键合并图层。单击"图层"调板底部的"创建新图层"按钮新建图层，将其拖动至"music"图层的下方，恢复前景色、背景色的默认设置，选择"矩形选框"工具，在画布中拖动出一个矩形选区，为选区填充前景色，效果如图8-80所示。切换至"图层"调板，单击"图层"调板底部的"创建新图层"按钮新建图层，选择"矩形选框"工具，在画布中拖动出一个矩形选区并填充前景色，效果如图8-81所示。双击"图层 2"，在弹出的"图层样式"对话框中设置参数，如图8-82所示，单击"确定"按钮退出对话框，效果如图8-83所示。

图8-79　输入的文字

图8-80　填充颜色后的矩形

图8-81　填充颜色后的矩形

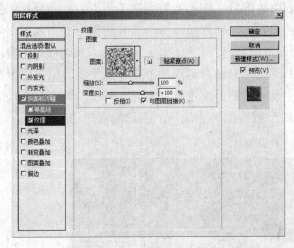

图8-82 "图层样式"对话框

图8-83 添加图层样式后的效果

**step 08** 切换至"图层"调板，选择"music"图层，按【Shift】键再选择"图层1"，按【Ctrl+E】组合键合并图层。选择"背景"图层，使用"渐变"工具，在画布中由上向下拖动出渐变效果，如图8-84所示。切换至"图层"调板，选择"music"图层，将其拖动至"图层"调板底部的"创建新图层"按钮上，得到"music 副本"图层。选择"music 副本"图层，选择"编辑"|"变换"|"垂直翻转"菜单命令，使此图层中的图像垂直镜像翻转，并将此图层的"不透明度"改为50%，按【Ctrl+T】组合键，根据需要对"music"图层、"music副本"图层中的图像进行缩放调整，最终效果如图8-85所示。至此，整个实例就制作完成了，按【Ctrl+S】组合键将文件进行保存。

图8-84 填充渐变后的效果

图8-85 制作出的倒影效果

## 职业快餐

图书其实也是产品，是一种比较特殊的文化产品，封面就是这种产品的包装，它具有保护和宣传图书的作用。封面犹如图书的门面，它通过艺术形象设计的形式来反映图书的内容，是给读者的第一印象，所以封面设计是整个书籍装帧设计中最重要的一个环节。在浩瀚的书海中，封面就好比一个推销员，它的好坏将会直接影响到图书的销售。下面笔者将对封面设计的相关基础知识进行详细讲解，通过本节的学习，可以使读者对封面设计有一个比较全面的了解和认识。

### 1. 封面的结构

一个完整的图书封面有封面、封底、书脊和勒口4部分组成，如图8-86所示。封面既是书籍的正面，又是传递信息的主要场所，上面集中了书名、作者名、出版社名及反映书籍主题思想的图像等所有内容，是整个封面设计的主体部分。图书被放置在书架上时，书脊就代替封面来发挥宣传作用，所以它的设计也非常重要。如同封面一样，书脊也集中了书名、作者名、出版社名等大部分内容。封底主要用于设置条形码、书号、价目及设计人员名称等内容，如果是系列丛书，也可以用于宣传其他丛书，虽然它没有封面和书脊那么重要，但是出于整体美观的考虑，绝对不能将其弃之不顾，在设计时要力求做到与封面相统一。勒口在现在的大部分图书中已经不存在了，该位置主要用于放置作者的简历、书籍的宣传语等内容。

图8-86　封面的整体结构

### 2. 封面设计要素

图形、色彩和文字是封面设计的三大要素，设计者在进行封面设计时一定要根据图书的不同性质、用途和读者群来设定这三个要素的形式，然后按照艺术设计的要求将它们有机地结合起来，从而不但表现出书籍的丰富内涵，而且还要给人艺术的享受。

### A. 图形

封面设计中所用的图形，主要有插图、图案和摄影三种，既可以是写实性的，也可以是抽象性的。由于书的性质、用途和读者群的不同，所以所选用的图形的类型也有所不同。比如儿童读物、通俗类读物及文艺读物的封面多采用写实性的图形，如图8-87所示。科技读物、设计类读物及杂志画册的封面多采用抽象性的图形，如图8-88所示。因为前者的读者群受年龄、文化程度和生活阅历的限制，对具体形象比较容易理解；而后者书中的内容非常全面，很难用具体的形象来表现，而使用抽象图形则可准确地提炼出其精神实质，使读者能够体会到其中的内涵。

图8-87　写实性图形封面　　　　　　　　　　图8-88　抽象性图形封面

B. 色彩

封面设计中色彩的搭配和对比一定要醒目且具有个性，通过它不仅要抓住消费者的视线，还要根据色彩的象征意义使人产生不同的感受。基于这个特点，在色彩的运用上多采用对比强的亮度、纯度和色相，以突出封面图形与背景色的关系。封面设计中主图形的色彩与背景的主色调有着很大的关系，一般情况下主图形色彩的纯度高、对比强烈，尽可能地使人们第一眼就能清楚地看到它，而背景色则要保持协助的关系，在强度上不应当超过主图形，以免使人产生画面杂乱的感觉。好的封面设计者一定要胸怀大局，有计划的处理主图象与背景的色彩搭配，让局部服从整体，有条理有意识地引导人们的视线，从而创作出成功的封面设计作品，如图8-89所示。

图8-89 封面设计中的色彩搭配

C. 文字

封面中的文字主要包括书名（包括丛书名、副书名）、作者名及出版社名，这些都是直接传达给消费者的文字信息，在设计中起着举足轻重的作用。在设计文字时，要根据书籍的体裁、风格以及主题思想来设置文字的字体和形状，像平面广告设计一样，将它们视为点、线、面来进行设计，使其有机地融入到整体结构中，参与各种分割和排列，以产生各种新颖独特的形式，如图8-90所示。

图8-90 封面设计中的字体安排

3. 封面的结构类型

前面已经讲过，封面设计不仅仅是对正面的设计，尽管它是人们所关注的重点，一个完整的封面设计还包括封底、书籍甚至勒口设计，它们的相互关系一定要有一个统一的构思和表现形式。一般情况下，封面的结构类型可分为前后对称型、整体分布型和遥相呼应型3种，这种关系处理得是否得当，将直接影响到书籍装帧设计的整体效果。

A. 前后对称型

封面和封底的图形设计和色彩搭配完全相同或相似，所不同的仅仅是文字内容和字体安排，整体给人一种和谐对称的感觉，如图8-91所示。

图8-91　前后对称型封面

B. 整体分布型

用一张完整的设计图覆盖封面、封底和书脊，然后在其上分别装饰文字，整体给人一种完整统一的感觉，如图8-92所示。

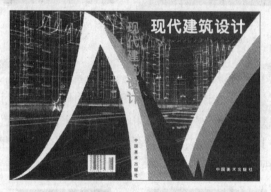

图8-92　整体分布型封面

C. 遥相呼应型

封底的图案是封面图案的补充或延伸，与封面形成相互呼应之势，整体给人一种新颖、独特的感觉，如图8-93所示。

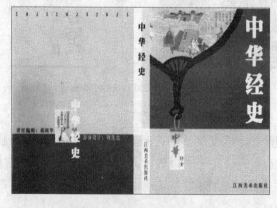

图8-93　遥相呼应型封面

# 实例16:

## 化妆品包装设计

素材路径：源文件与素材\实例16\素材
源文件路径：源文件与素材\实例16\
化妆品包装.psd

实例效果图16

## 情景再现

　　包装盒的设计比较简单，主要是由主图像、标志和相关的说明文字组成，没有过多的特效。

　　我们是时尚化妆品牌COSSR的长期合作伙伴，主要负责该产品的包装设计，其产品的包装盒、海报、宣传画册以及影视广告都是由我们设计制作的。

　　今天COSSR让我们设计一款珍珠美白霜的包装盒，要求显著突出美白和珍珠两大元素。根据厂商的这些要求，我们联系模特、设计造型，通过拍照得到突出美白的主图像。根据已经得到的主图像，我们继续构思包装盒的整体结构。

## 任务分析

- 确定好产品的平面图尺寸和折叠方法，用辅助线标注出平面展开图的基本形状。
- 将收集好的图像素材添加到基本图形的相应位置，并添加特效。
- 使用文字工具输入文字并调整位置。
- 使用自由变形的方法，将平面展开图进行适当的变形，制作包装盒的立体效果。

## 流程设计

　　下面笔者就根据构思好的创意，综合运用以上所学的知识来制作包装盒的平面图和立体效果图。通过该实例的制作，读者不但可以了解封面的制作流程，还能够进一步巩固软件操作的知识。

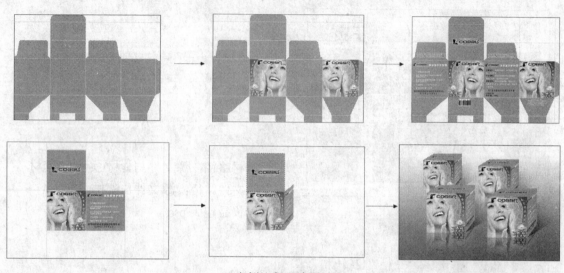

实例流程设计图16

## 任务实现

### 1. 平面图的制作

　　**step 01** 按【Ctrl+N】组合键打开"新建"对话框，在其中设置"名称"为包装盒平面图、"宽度"为33厘米、"高度"为23厘米、"分辨率"为300像素/英寸、"颜色模式"为CMYK颜色，设置完成后单击"确定"按钮新建一幅图像。

　　**step 02** 按【Ctrl+R】组合键显示出标尺[1]，选择"移动"工具 ，分别从上边和左边的标尺中拖出辅助线[2]，标注出包装盒的对折线，如图8-94所示，然后选择"钢笔"工具 ，参照辅助线绘制出包装盒的平面图形，结果如图8-95所示。

图8-94　标注出的对折线

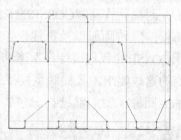
图8-95　绘制出的轮廓路径

---

　　[1]"标尺"命令：选择此命令，可在图像窗口上方和左侧显示出图像纵向和横向的标尺刻度，从而便于用户有效地计算尺寸。

　　[2]"辅助线"：显示出图像窗口的标尺后，使用"移动"工具在标尺处拖曳，可以创建出辅助线效果，它可以作为绘制图像时的参考。

step 03 使用前面所讲的方法，将路径转换为选区，在"背景"图层之上新建"图层 1"，并填充冰蓝色（#02B5FF），完成后撤销选区，结果如图8-96所示，然后打开本书配套资料中的"源文件与素材\实例16\素材\水纹.bmp"文件，如图8-97所示。

图8-96　填充颜色后的效果

图8-97　打开的图像

step 04 选择"移动"工具 ，在"水纹"图像窗口中按下鼠标左键并拖动，到"包装盒平面图"图像窗口中释放，将图像移动复制到该图像窗口中得到"图层 2"，按【Ctrl+T】组合键为图像添加自由变形框，分别调整变形框四边上中心的控制点，适当调整图像的形状，结果如图8-98所示，完成后按【Enter】键确定，然后进入"图层"调板，设置当前图层的图层混合模式为"叠加"、"不透明度"为60%，效果如图8-99所示。

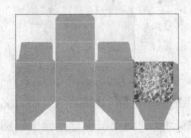

图8-98　图像调整后的大小

图8-99　图像修改后的效果

step 05 打开本书配套资料中的"源文件与素材\实例16\素材\人物图片.jpg"文件，如图8-100所示，选择"套索"工具 ，在其属性栏中单击"添加到选区"按钮 ，并设置"羽化"值为2像素，完成后在图像窗口中沿人物的头发绘制选区，结果如图8-101所示。

图8-100　打开的图像

图8-101　创建出的选区

step 06 选择"图像"|"调整"|"色相/饱和度"菜单命令，在弹出的"色相/饱和度"对话框中进行如图8-102所示的设置，完成后单击"确定"按钮关闭对话框，效果如图8-103所示。

step 07 选择"图像"|"调整"|"色阶"菜单命令，在弹出的"色阶"对话框中适当调整直方图下方的三个滑块，如图8-104所示，修改选区内图形的亮度和对比度，完成后单击"确定"按钮关闭对话框，此时图形的效果如图8-105所示。

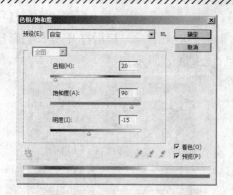

图8-102　"色相/饱和度"对话框中的设置

图8-103　图像修改后的效果

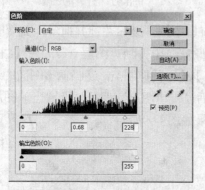

图8-104　"色阶"对话框中的设置

图8-105　图形修改后的效果

**step 08** 选择"磁性套索"工具 [1]，在图形窗口中沿人物的轮廓创建一个如图8-106所示的选区，完成后选择"移动"工具 ，将选区内的图像移动复制到"包装盒平面图"图像窗口中，得到"图层 3"，然后适当调整其大小和位置，结果如图8-107所示。

图8-106　创建出的选区

图8-107　图像调整后的位置和大小

**step 09** 选择"图层"|"图层样式"|"外发光"菜单命令，在弹出的"图层样式"对话框中进行如图8-108所示的设置，完成后单击"确定"按钮，为图像添加外发光效果，然后在新建"图层 4"，将其与"图层 3"链接后合层，完成后载入"图层 2"的选区，并将该选区反选，按【Delete】键将选区内的图像删除，撤销选区后结果如图8-109所示。

---

1 "磁性套索"工具：该工具主要适用于边界分明的图案的选择，使用该工具时，它会根据选择的图像边界的像素点颜色与背景颜色的差别自动勾画出选区边界，从而快速制作出需要的选区。

step 10 继续打开本书配套资料中的"源文件与素材\实例16\素材\贝壳.jpg"文件，如图8-110
所示，选择"磁性套索"工具 ，在图形窗口中沿贝壳的轮廓创建一个如图8-111所示的选区，
完成后使用前面所讲的方法将选区内的图像移动复制到"包装盒平面图"图像窗口中，得到
"图层 4"。

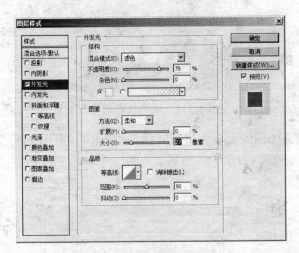

图8-108 "图层样式"对话框

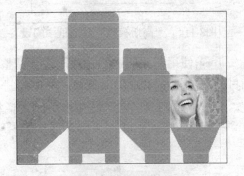

图8-109 图像修改后的效果

图8-110 打开的图像

图8-111 创建出的选区

step 11 适当放大图像窗口的显示比例，会观察到贝壳图像的周围有许多毛刺，如图8-112
所示。下面将毛刺去除，选择"选择"|"载入选区"菜单命令，在弹出的"载入选区"对话
框中单击"确定"按钮，载入当前图层的选区，然后选择"选择"|"修改"|"边界"菜单命
令，在弹出的对话框中设置"宽度"为3，如图8-113所示，完成后单击"确定"按钮，创建
边界选区。

图8-112 图像的效果

图8-113 "边界选区"对话框中的设置

step 12 选择"滤镜"|"模糊"|"高斯模糊"菜单命令，在弹出的对话框中进行如图8-114
所示的参数设置，完成后单击"确定"按钮，这样毛刺就被去除了，按【Ctrl+D】组合键将
选区取消，结果如图8-115所示。

图8-114 "高斯模糊"对话框中的设置

图8-115 图像处理后的效果

**step 13** 使用前面所讲的方法，适当调整贝壳图像的大小和位置，结果如图8-116所示，然后打开"色相/饱和度"对话框，在其中进行如图8-117所示的设置，调整图像的饱和度和亮度，完成后单击"确定"按钮，关闭对话框。

图8-116 图像调整后的大小

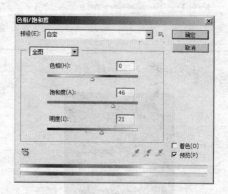

图8-117 "色相/饱和度"对话框中的设置

**step 14** 打开本书配套资料中的"源文件与素材\实例16\素材\珍珠.jpg"文件，如图8-118所示，选择"椭圆选框"工具，在图形窗口中沿珍珠的轮廓创建一个椭圆形选区，完成后使用前面所讲的方法将选区内的图像移动复制到"包装盒平面图"图像窗口中，得到"图层5"，适当调整图像的大小和位置，结果如图8-119所示。

图8-118 打开的图像

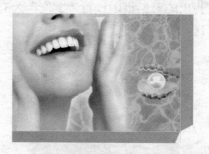

图8-119 图像调整后的大小和位置

**step 15** 选择"图层"|"图层样式"|"外发光"菜单命令，在弹出的"图层样式"对话框中进行如图8-120所示的设置，完成后单击"确定"按钮，为图像添加外发光效果，结果如图8-121所示。

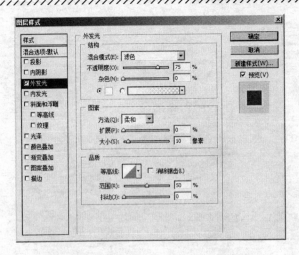

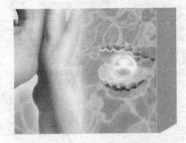

图8-120　"图层样式"对话框中的设置　　　　　　　图8-121　图像修改后的效果

**step 16** 选择"多变形套索"工具 ♥[1]，在图像的右下方绘制一个如图8-122所示的选区，完成后在"图层 5"之上新建"图层 6"，并为选区填充红色，然后选择"编辑"|"描边"菜单命令，在弹出的对话框中为选区描2像素的黄边，结果如图8-123所示。

图8-122　绘制出的选区　　　　　　　　　　图8-123　图像描边后的效果

**step 17** 选择"图层"|"图层样式"|"投影"菜单命令，在弹出的"图层样式"对话框中进行如图8-124所示的设置，完成后单击"确定"按钮，为图像添加投影效果，结果如图8-125所示。

**step 18** 选择"横排文字"工具，在其属性栏中设置字体为"中特广告体"、字号为36、颜色为白色，完成后在红色图像之上输入文字"珍珠美白型"，结果如图8-126所示，然后使用前面所讲的方法，将其进行适当的变形，结果如图8-127所示。

**step 19** 选择"钢笔"工具 ♦，在图像的右侧绘制一个如图8-128所示的封闭路径，完成后使用前面所讲的方法将其转换为选区，并在"图层 2"之上新建"图层 7"，然后选择"渐变"工具，并打开"渐变编辑器"对话框，在其中进行如图8-129所示的设置，单击"确定"按钮，将其关闭，完成后在选区中从上到下添加渐变效果，最后将选区撤销。

**step 20** 继续使用"钢笔"工具 ♦，绘制一个如图8-130所示的路径，然后选择"直排文字"工具，在其属性栏中设置字体为"行楷简体"、字号为18、颜色为黑色，完成后在路径的起始点上单击鼠标左键，沿路径输入文字"美容营养护肤"，结果如图8-131所示。

---

　[1]"多边形套索"工具：使用该工具可以制作出较为精确的选区，制作时需要连续单击鼠标左键，单击的次数越多，创建出的选区就越精确。

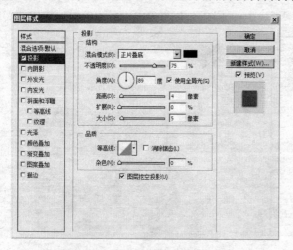

图8-124 "图层样式"调板中的设置

图8-125 添加图层样式后的效果

图8-126 输入的文字

图8-127 文字变形后的效果

图8-128 绘制出的封闭路径

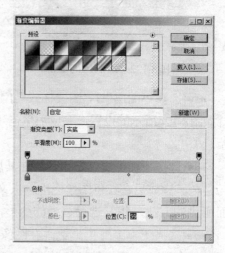

图8-129 "渐变编辑器"对话框中的设置

图8-130 绘制出的路径

图8-131 输入的文字

step 21 将刚输入的文字进行复制，修改其颜色为纯白色，并适当调整其位置，结果如图8-132所示，然后打开本书配套资料中的"源文件与素材\实例16\素材\标志.jpg"文件，如图8-133所示，选择"魔棒"工具，在白色区域处单击鼠标左键，制作出白色区域的选区，完成后按【Ctrl+Shift+I】组合键将选区反选，得到标志的选区。

图8-132 文字调整后的效果

图8-133 打开的图像

step 22 使用前面所讲的方法，将选区内的图像移动复制到"包装盒平面图"图像窗口中得到"图层 8"，适当调整其位置和大小，结果如图8-134所示，然后继续选择"图层"|"图层样式"|"外发光"菜单命令，在弹出的对话框中进行如图8-135所示的设置，完成后单击"确定"按钮，为图像添加外发光效果。

图8-134 图像调整后的大小和位置

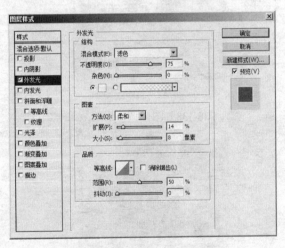

图8-135 "图层样式"对话框中的设置

step 23 选择"矩形选框"工具，在标志图形的下方绘制一个如图8-136所示的矩形选区，新建"图层 9"，并打开"渐变编辑器"对话框，在其中进行如图8-137所示的设置，完成后单击"确定"按钮关闭对话框，然后在选区中从左到右创建渐变效果，完成后将选区撤销。

step 24 使用前面所讲的方法，适当修改图像的大小和形状，效果如图8-138所示，完成后将"图层 8"和"图层 9"合层，至此，包装盒的正面就全部制作完成了。为了便于管理，在"图层"面板中单击"创建新组"按钮，新建一个组，并更名为"正面"，完成后将"背景"图层和"图层 1"以外的所有的图层都按照原来的顺序放置到该组中。完成后将该图层组进行复制并更名为"背面"，然后将其移动到包装盒的背面位置，并将其中的图像进行水平翻转，效果如图8-139所示。

step 25 将"图层 8"进行复制，并放置到图层组的上面，适当调整其位置和大小，结果如图8-140所示，然后选择"横排文字"工具，在其属性栏中设置字体为"粗黑"、字号为20、颜色为白色，完成后在标志右侧输入文字"美容营养护肤霜"，结果如图8-141所示。

图8-136 绘制出的矩形选区

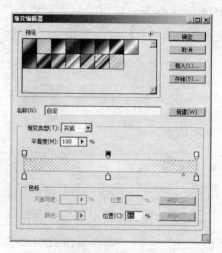

图8-137 "渐变编辑器"中的设置

图8-138 图像调整后的效果

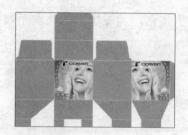

图8-139 图像翻转后的效果

图8-140 图像调整后的大小和位置

图8-141 输入的文字

**step 28** 适当调整文字的字体、大小和颜色，继续输入如图8-142所示的文字，然后使用同样方法，继续在另一个侧面中添加标志和文字，结果如图8-143所示。

图8-142 输入的文字

图8-143 在另一侧输入的文字

step 27 继续复制标志图像，将其放置到顶盖的中央，并将其进行垂直翻转，效果如图8-144所示，然后再在侧面翻盖处输入如图8-145所示的文字。

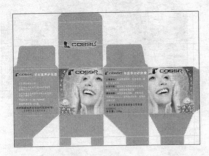

图8-144 图像修改后的效果

图8-145 输入的文字

step 28 使用"矩形选框"工具，创建一个如图8-146所示的选区，新建图层并打开"描边"对话框，在其中进行如图8-147所示的设置，单击"确定"按钮，为选区描边，完成后将选区撤销。

图8-146 绘制出的选区

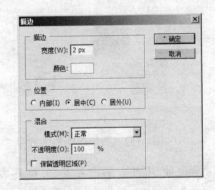

图8-147 "描边"对话框中的设置

step 29 将上一步中的文字和边框合层，并进行复制，完成后将其移动到另一个侧面顶盖处，结果如图8-148所示，然后继续在侧面底盖处输入文字，结果如图8-149所示。

图8-148 复制后的图像

图8-149 输入的文字

step 30 打开本书配套资料中的"源文件与素材\实例16\素材\条形码.jpg"文件，使用前面所讲的方法，将其移动复制到"包装盒平面图"图像窗口中，适当调整其位置和大小，结果如图8-150所示。至此，包装盒平面图就全部制作完成了，其整体效果如图8-151所示。最后，按【Ctrl+S】组合键将文件进行保存。

图8-150 图像调整后的大小和位置

图8-151 平面图的整体效果

### 2. 立体效果图的制作

**step 01** 将前面制作好的包装盒平面图另存为"包装盒立体效果图"，完成后将其中除"背景"图层之外的所有图层合层，然后使用"矩形选框"工具，制作出多余部分的选区，按【Delete】键将其删除，最后只留下正面、顶面和左侧面3部分，如图8-152所示，完成后继续使用"矩形选框"工具，并配合"移动"工具调整各部分的位置，结果如图8-153所示。

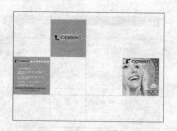

图8-152 图像删除后的效果

图8-153 调整位置后的效果

**step 02** 使用"矩形选框"工具在左侧面处制作出如图8-154所示的选区，完成后按【Ctrl+T】组合键为选区内的图像添加自由变形框[1]，按住【Ctrl】键适当调整右侧的两个控制点，制作出透视效果，按【Enter】键确定，结果如图8-155所示，完成后将选区撤销。

图8-154 制作出的选区

图8-155 图像变形后的效果

**step 03** 使用前面所讲的方法，制作出顶面的选区，如图8-156所示，然后对其进行适当的变形，制作出透视效果，结果如图8-157所示，完成后将选区撤销。

**step 04** 在"图层"调板中将"图层 1"复制，选择"编辑"|"变换"|"垂直翻转"菜单命令，将复制后的图像进行翻转，完成后使用"移动"工具适当调整图像的位置，结果如图8-158所示，然后使用"矩形选框"工具在图像上制作如图8-159所示的选区，按【Delete】键

---

[1]变形操作：使用"自由变换"命令或者按【Ctrl+T】组合键，可以对图像进行形状或者透视的变形操作。

将其中的图像删除，完成后撤销选区。

图8-156 制作出的选区

图8-157 图像变形后的效果

图8-158 垂直翻转图像

图8-159 制作出的选区

**step 05** 打开"包装盒平面图"，将其中的左侧面图像全部合层，并移动复制到"包装盒立体效果图"图像窗口中得到"图层 2"，适当调整其位置，结果如图8-160所示，然后将其进行垂直翻转，并使用前面所讲方法将其进行适当的变形，结果如图8-161所示，完成后将其与下面的"图层 1副本"合层。

图8-160 图像调整后的位置

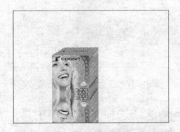

图8-161 图像变形后的效果

**step 06** 选择"橡皮擦"工具，适当调整其笔刷类型，将图像进行适当的擦除，结果如图8-162所示，然后在"图层"调板中将该图层的不透明度设置为50%，制作出倒影，结果如图8-163所示。

图8-162 图像擦除后的效果

图8-163 修改透明度后的效果

**step 07** 选择"多边形套索"工具，创建一个如图8-164所示的选区，并在"图层 1"之下新建"图层 3"，然后选择"渐变"工具，并打开"渐变编辑器"对话框，在其中进行如图

8-165所示的设置，完成后单击"确定"按钮将其关闭。

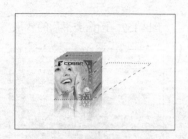

图8-164　制作出的选区

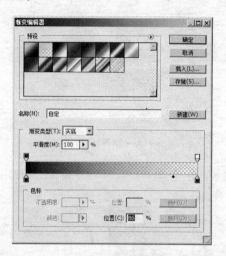

图8-165　"渐变编辑器"对话框中的设置

step 08 在选区中填充如图8-166所示的渐变效果，制作出阴影，完成后将选区撤销，这样一个立体的包装盒就制作完成了，将其进行复制并适当调整大小和位置，制作出其他的立体图，结果如图8-167所示。

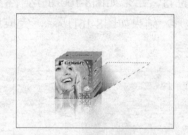

图8-166　制作出的渐变效果

图8-167　复制图像后的效果

step 09 继续选择"渐变"工具，并打开"渐变编辑器"对话框，在其中进行如图8-168所示的设置，完成后将其关闭，然后将"背景"图层设置为当前图层，在其中填充渐变效果，结果如图8-169所示。

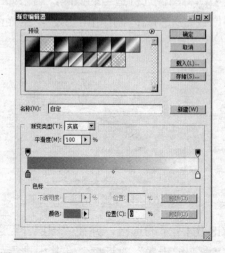

图8-168　"渐变编辑器"对话框中的设置

图8-169　制作出的背景

step 8 至此，包装盒的立体效果图就全部制作完成了，按【Ctrl+S】组合键将文件进行保存。

## 设计说明

本例将设计制作一款化妆品的包装盒，在设计制作之前，要首先按照折叠方法绘制出包装盒的整体平面轮廓，后面所有的制作将在该轮廓中进行。通过该产品的标志，可以确定标准色为蓝色，由此将包装盒的底色填充为冰蓝色，这样不但符合企业特色，还能清楚地衬托出商品的标志，另外冰蓝色还可以带给人们一种清凉舒爽的感觉，可以很好地反映出产品的功效特点。在主图形方面选用了一个靓女头像，并在旁边添加一个珍珠图像作为衬托，这样该产品的功效就被淋漓尽致地表现出来了，使人看后能够一目了然。文字的颜色主要采用白色，也是为了更好地突出其美白的功效。

## 知识点总结

下面我们将对本例中运用到的"标尺"、"辅助线"、"磁性套索"工具、"多边形套索"工具和图像变形操作进行详细的讲解。

1. "标尺"和"辅助线"

使用标尺和参考线，可以非常方便地将各种图像元素放置到指定位置，例如，我们在设计封面时，会经常使用标尺和参考线来定位"出血"、"书脊"的大小以及"书名"等图像元素的位置，如图8-170所示。

图8-170　标尺、参考线的具体用途

与标尺和参考线相关的操作如下：

要打开或关闭标尺，可选择"视图"|"标尺"菜单命令。

单击标尺并拖动即可拖出水平或垂直参考线。

默认情况下，标尺的单位为厘米。用户也可通过选择"编辑"|"预置"|"单位与标尺"菜单命令，在打开的对话框中设置为其他单位。

要移动参考线的位置，可在按下【Ctrl】键后将光标移至参考线上方单击并拖动，此时光标将呈✥形状；或者选中"移动"工具，然后将光标移至参考线上方单击并拖动。若将参考线拖出画面，则可删除参考线。

利用"视图"菜单中的"锁定参考线"和"清除参考线"菜单项，可锁定和删除参考线。

选择"编辑"|"预置"|"参考线、网格和切片"菜单命令，可以设置参考线和网格的颜色和样式，设置切片的线条颜色。

选择"视图"|"对齐到"|"参考线"菜单命令，可打开或关闭参考线捕捉。

除标尺和参考线外，利用网格也可帮助精确定位光标位置。要显示网格，可选择"视图"|"显示"|"网格"菜单命令；要控制光标按网格移动，可选择"视图"|"对齐到"|"网格"菜单命令。

### 2. "磁性套索"工具

该工具主要适用于边界分明的图案选择，使用该工具时，它会根据选择的图像边界的像素点颜色与背景颜色的差别自动勾画出选区边界，从而快速制作出需要的选区。

在工具箱中选择"磁性套索"工具，其工具属性栏如图8-171所示，其中主要选项的意义如下：

图8-171 "磁性套索"工具属性栏

"宽度"：主要用于设置"磁性套索"工具在选取时的搜查距离。其值为1～256之间的整数，数值越大，搜查范围越大。

"边对比度"：用于设置套索的敏感度，其值为1%～100%之间的整数，数值大可探测与周围强烈对比的边缘，数值小可探测低对比度的边缘。

"频率"：用于设置套索连接点的连接速率，其值为0～100之间的整数，使用较高的值会更快地将选区边框固定。

"钢笔压力"：该复选框只有在使用绘图板时才有效，主要用来设置绘图板的笔刷压力。

### 3. "多边形套索"工具

利用该工具可以使用鼠标单击节点绘制选区，它可以制作比较精确的选区，但操作非常烦琐，常适用于边界多为直线或边界曲折复杂的图案。在工具箱中选择该工具后，将鼠标移到图像窗口中，沿要选择的图像边界单击鼠标左键定义起点，然后再单击每一落点确定每一条直线，最后将光标移回到起点处，当光标下方出现一个小圆圈时，单击鼠标左键，从而形成封闭选区。

### 4. 图像变形操作

用户若要旋转和翻转整个图像，可选择"图像"|"旋转画布"菜单命令中的各项子菜单命令，在扫描完大量图片后进行修整时，会经常用到这些命令。

用户若要对当前图层的图像（背景层除外）或选区进行旋转、翻转、缩放、斜切、扭曲等变形操作，可选择"编辑"|"变换"菜单命令中的相关命令。此外，若选择"编辑"|"自由变换"菜单命令（快捷键【Ctrl+T】），可以用手动的方式对当前图层或选区内的图像进行任意缩放、旋转等自由变形操作，其中选择该命令后，按住【Ctrl】键的同时拖动自由变形框上的控制点，可进行扭曲变形。按住【Ctrl+Alt+Shift】组合键的同时拖动控制点，可进行透视变形。

**注意**

与"旋转画布"菜单命令不同，"变换"菜单命令中的旋转、翻转命令只对当前图层和路径有效，而不是整个图像。

## 拓展训练

下面我们来制作一款白酒的包装，制作完成的最终效果如图8-150所示。本例中的酒盒平面图制作与上面所讲的方法完全一样，由于篇幅限制，这里就不再重复了。这里重点讲解酒瓶的包装设计，首先利用"钢笔"工具、"加深"工具和"减淡"工具，绘制出酒瓶的形状和立体效果，然后复制出酒盒上的主图像，利用"圆柱体"命令制作出标签的立体效果，并通过"渐变"工具和"叠加"混合模式制作出标签的高光效果。最后，利用"垂直翻转"命令和"液化"滤镜制作图像的倒影效果。

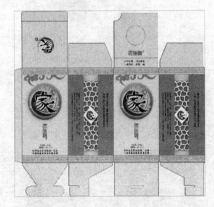

图8-172 实例最终效果

**step 01** 使用前面所讲的方法，制作出如图8-173所示的设置酒包装盒的平面图（该平面图的制作方法与前面所讲的完全相同，这里就不再重复了），然后将平面图中多余的图像进行删除，结果如图8-174所示。

图8-173 创建出的包装盒平面图　　　　　图8-174 删除图像后的效果

**step 02** 使用"矩形选框"工具框选右半部分的图像，用自由变形的方法进行透视和压缩变形，效果如图8-175所示。然后再将酒盒图像中的图像进行如图8-176所示的删除。

**step 03** 使用前面所讲的方法，对右半部分的图像进行透视和压缩变形，效果如图8-177所示。然后使用"矩形选框"工具在图像窗口中创建一个如图8-178所示的矩形选框，选择"图

像"|"裁剪"菜单命令，调整图像窗口的大小，完成后在"背景"图层中从左到右填充灰蓝色到浅灰色的线性渐变。

图8-175　图像调整后的效果

图8-176　删除图像后的效果

图8-177　调整图像后的效果

图8-178　创建出的矩形选区

step 04 使用"钢笔"工具绘制一个如图8-179所示的封闭路径，将路径转换为选区，新建图层并填充浅灰色，效果8-180所示。

图8-179　绘制出的封闭路径

图8-180　填充颜色后的效果

step 05 使用"加深"工具和"减淡"工具对图像进行适当的加深和减淡处理，绘制出酒瓶的立体效果，结果如图8-181所示。然后使用"矩形选框"工具在酒盒图像上创建一个如图8-182所示的矩形选区，将选区内的图像进行复制粘贴。

图8-181　绘制出的图像立体效果

图8-182　创建出的矩形选区

**step 06** 适当调整复制出的图像大小和位置，效果如图8-183所示。然后选择"3D"|"从图层新建形状"|"圆柱体"菜单命令，为当前图层中的图像创建圆柱体效果，结果如图8-184所示。

图8-183 调整图像的大小和位置　　　　　图8-184 创建圆柱体效果

**step 07** 继续创建一个如图8-185所示的矩形选区，然后切换到"路径"调板，单击下方的"从选区生成工作路径"按钮 ，将选区生成工作路径，使用"添加锚点"工具 在上下两侧的路径中央单击鼠标左键添加锚点，完成后垂直向下适当调整锚点的位置，结果如图8-186所示。至此，整个实例就制作完成了，按【Ctrl+S】组合键将文件进行保存。

图8-185 创建出的矩形选区　　　　　图8-186 调整路径的形状

**step 08** 将修改后的路径转换为选区，切换到"图层"调板，在当前的3D层上单击鼠标右键，从弹出的快捷菜单中选择"栅格化3D"命令，将3D层转换为普通图层，将前面创建好的选区反选，删除选区内的图像，制作标签效果，适当调整图像的大小和位置，效果如图8-187所示。

图8-187 调整后的图像效果

**step 08** 打开"亮度/对比度"对话框，在其中进行如图8-188所示的设置，单击"确定"按钮调整标签图像的亮度和对比度，效果如图8-189所示。

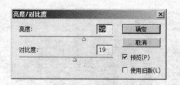

图8-188 "亮度/对比度"对话框

图8-189 图像调整后的效果

**step 10** 载入标签图像的选区，新建一个图层，选择"渐变"工具，打开"渐变编辑器"对话框，在其中进行如图8-190所示的设置，完成后在选区中填充如图8-191所示的线性渐变效果。

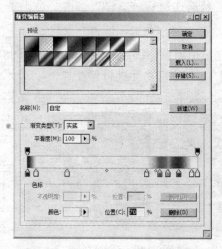

图8-190 "渐变编辑器"对话框

图8-191 填充渐变后的效果

**step 11** 在"图层"调板中将当前图层的混合模式设置为"叠加"、"不透明度"设置为65%，效果如图8-192所示。配合【Ctrl】键在"图层"调板中选择所有与酒瓶相关的图层，将它们进行复制得到另一个酒瓶，适当调整其位置，结果如图8-193所示。至此，整个实例就制作完成了，按【Ctrl+S】组合键将文件进行保存。

图8-192 调整混合模式后的效果

图8-193 复制出的图像

**step 12** 在"图层"调板中将"背景"图层暂时设置为不可见，按【Ctrl+Shift+Alt+E】组合键将可见图层盖印得到一个新图层，将当前图层中图像进行垂直翻转，适当调整其位置，结果如图8-194所示。

图8-194 调整图像的效果

**step 13** 选择"滤镜"|"液化"菜单命令，在弹出的对话框中适当涂抹酒瓶的底部，使其与上面的图像完全接触，如图8-195所示，完成后单击"确定"按钮。然后在"图层"调板中设置当前图层的不透明度为40%，制作出倒影效果，效果如图8-196所示。至此，整个实例就制作完成了，按【Ctrl+S】组合键将文件进行保存。

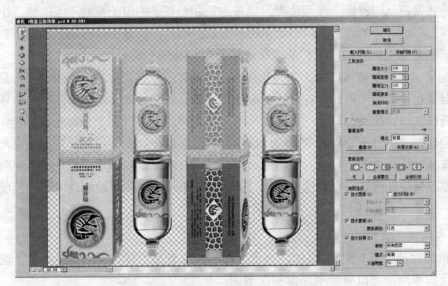

图8-195 "液化"对话框

图8-196 制作出的倒影效果

## 职业快餐

包装设计是依附于包装盒或容器上的广告设计，它和广告设计一样，也具有吸引视线、传递信息、引导消费等特点，但是它作为一种独立的设计形式，还具有自身的一些显著特点。就其展示方法而言，它不像平面广告那样以平面的形式张贴在街头或刊登在报刊上，而是以瓶、罐、盒、袋、箱的形式陈列在货架上，所以在进行商品的包装设计时不但要考虑图形、色彩、结构的搭配和安排，还要充分考虑商品自身的特点、用途及摆放场所，从而确定商品以何种形式进行包装最易于保护和宣传产品。下面笔者将详细讲解一些关于商品包装设计的基础知识，通过本节的学习，可以使读者对商品包装设计有一个比较全面的了解和认识。

### 1. 包装的形式

包装的形式主要有两种，一种是纸盒包装，另一种是容器包装。

纸盒包装是包装设计中最常见的一种形式。纸盒所用纸的种类很多，比较常见的有单面白板纸、双面白板纸、铜版纸、玻璃卡等；纸盒的造型多种多样，随意性很强，其中长方形居多，但是随着商品的特性、陈列位置、携带方式和消费者的审美观的不断改变，出现了各种大小不同、形状各异的造型，但是无论何种形式的纸盒，都是由面、边、角三个造型要素组成的，三者是相互依存的，它们的变化必然会带来其造型的变化。

容器包装主要用于液体产品，如酒和化妆品等，容器包装设计的两个组成要素是容器和标签。容器是存放产品的器皿，在设计时应该首先确认所装的产品，由于酒的气体压力强、易挥发，所以在设计这类容器时一般将其外形设计为圆线性，以利于分散膨胀，避免受力不均而造成的破损，另外还要将其瓶口设计成小口状，以减少挥发和控制流量；如果产品是膏状、乳状等流动性较差的化妆品，要将瓶口设计成大口状，这样便于取出产品，另外容器的整体高度要尽量设计得矮一点，这样同样是为了便于取出产品。标贴标注的是产品的信息，在设计时一定要注意标贴与容器、标贴与标贴之间的相互关系。

### 2. 主次设计

一个包装盒至少要有5个面组成，一个容器也往往有多个标贴，它们之间由于面积大小和所处的位置不同，可以分为主展面和次展面。

无论是包装盒还是容器都只有一个主展面，因为在摆放商品时，主展面总是处在正对消费者的一边，所以它的主要作用是吸引消费者的视线，在设计时，要将商品的标志、名称、生产厂家等内容都放在这里，让人看后一目了然。其他各面均可称为次展面，它们主要用于展现商品的成份、功能、重量和使用说明、保存日期、各主管部门的批号等内容，在设计时没有主展面那么重要。

通过以上的讲解，读者应该清楚，在包装设计中，主展面起着广告宣传的龙头作用。由于包装的面积都相对比较狭小，所以在设计主展面时，往往采用较大的文字和特写的形象来表现商品，以便迅速将其介绍给大家。

### 3. 整体设计

包装通常是立体结构，消费者所看到的是多角度的，在考虑主展面的同时，也要考虑到它和其他面的相互关系，考虑到包装物的整体形象。因此，在设计时，通常运用文字、图像和色彩之间的连贯、重复、呼应和分割等手法来形成包装的整体结构。

包装的整体结构设计一般可分为以下3种类型：

（1）均等型

有的包装盒，所有次展面的面积都和主展面相同，这时可以采用完全相同的设计，使它们都和主展面一样，不管以什么样的角度摆放，都给人以完全相同的感觉。

（2）主次型

有的包装盒的正反面面积较大，侧面面积相对较小，此时正面被定为主展面，是整个设计的主体，其他各面为次展面，是主体的辅助设计。

（3）组合型

将文字和图形跨面排列，在排列商品时将多个包装盒的主展面组合成一个整体，以形成一个大的主展面。这种设计往往在商品陈列时，利用不同的组合形成大的视觉画面，以产生强烈的视觉冲击力。

总而言之，无论何种形式的包装设计，都要围绕一个主题思想，都要符合商品的特性和消费者的心理。

**Chapter**

**09**

# 第9章 工业造型设计

## 实例17

# 手机造型设计

素材路径：源文件与素材\实例17\素材
源文件路径：源文件与素材\实例17\
手机造型设计.psd

实例效果图17

## 情景再现

造型设计也是平面设计的一个重要组成部分，我们长期负责为时尚手机品牌Hooler设计造型。Hooler手机以外形时尚、功能先进而闻名于世，深受时下青年人的青睐。

随着3G时代的来临，各大手机厂商都积极推出最先进的3G产品作为品牌手机的代表，Hooler也不例外，也计划推出最新的3G手机。今天一早就接到了Hooler公司的书面通知，要求设计一款全新的手机造型。

厂商对造型的要求是：触摸屏、金属壳、摄像头以及丰富的时尚元素，面向的受众主要是青年人。根据上面的要求，我们就赶紧开始造型的构思吧。

## 任务分析

· 根据产品的性质构思创意。
· 根据创意绘制出产品的基本图形。
· 在基本图像之上添加细节，并突出其质感。
· 添加背景，制作出产品的倒影效果，完成作品的制作。

## 流程设计

在制作时，我们首先使用"圆角矩形"工具绘制出手机的基本轮廓，然后使用各种形状绘制出手机的细节，并使用渐变工具制作出手机的金属质感效果。最后，再结合渲染和扭曲滤镜制作出摄像镜头。

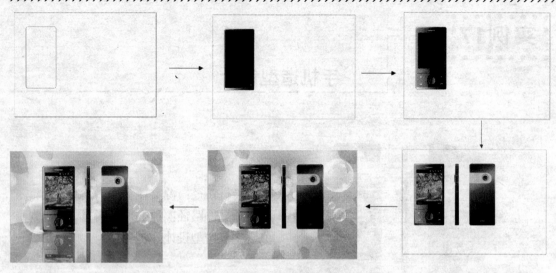

实例流程设计图17

## 任务实现

**step 01** 按【Ctrl+N】组合键打开"新建"对话框,在其中设置"名称"为封面设计、"宽度"为29.7厘米、"高度"为21厘米、"分辨率"为300像素/英寸,设置完成后单击"确定"按钮新建一幅图像。

**step 02** 选择"圆角矩形"工具[1],在工具属性栏中单击"路径"按钮,并设置"半径"为40px,如图9-1所示,完成后在图像窗口中绘制一个如图9-2所示的圆角矩形路径。

图9-1  工具属性栏中的设置          图9-2  绘制出的圆角矩形路径

**step 03** 选择"渐变"工具,打开"渐变编辑器"对话框,在其中进行如图9-3所示的设置,完成后新建"图层 1",将路径转换为选区,在选区中从左到右拖曳鼠标填充从白色到黑色的线性渐变效果,效果如图9-4所示。

**step 04** 新建"图层 2",选择"编辑"|"描边"菜单命令,打开"描边"对话框,在其中进行如图9-5所示的设置,单击"确定"按钮为选区进行描边,效果如图9-6所示。

**step 06** 选择"选择"|"修改"|"收缩"菜单命令,打开"收缩选区"对话框,在其中进行如图9-7所示的设置,单击"确定"按钮将选区进行收缩,结果如图9-8所示。

---

[1]"圆角矩形"工具:利用该工具可绘制具有平滑边缘的矩形,其工具属性栏中的"半径"参数决定了圆角的大小,调整好该参数后只需在图像窗口中拖曳鼠标即可绘制矩形。

**step 06** 选择 "选择" | "变换选区" 菜单命令[1]，对选区进行如图9-9所示的变形，完成后新建 "图层 3"，并在选区中填充从深灰色到黑色的线性渐变效果。然后新建 "图层 4"，选择 "编辑" | "描边" 菜单命令，在弹出的 "描边" 对话框中进行如图9-10所示的设置。

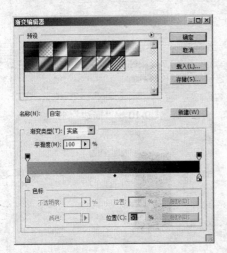

图9-3 "渐变编辑器" 对话框

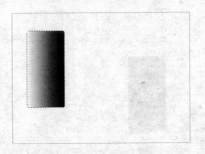

图9-4 填充渐变后的效果

图9-5 "描边" 对话框

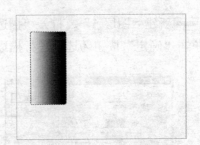

图9-6 描边后的效果

图9-7 "收缩选区" 对话框

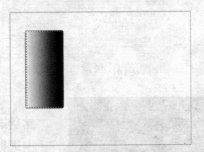

图9-8 收缩选区后的效果

**step 07** 单击 "确定" 按钮，为选区进行描边，效果如图9-11所示。然后选择 "椭圆选框" 工具，在图像窗口中绘制一个如图9-12所示的圆形选区。

---

[1] "变换选区" 命令：利用该命令可对当前选区进行旋转、缩放、翻转、扭曲等变形操作。其操作方法是选择该命令后，按住【Ctrl】键的同时拖动自由变形框上的控制点，可进行扭曲变形；按住【Ctrl+Alt+Shift】组合键的同时拖动控制点，可进行透视变形。

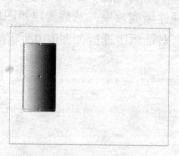

图9-9 调整选区的形状

图9-10 "描边"对话框

图9-11 描边后的图像效果

图9-12 绘制出的圆形选区

step 08 新建"图层5",打开"描边"对话框,在其中进行如图9-13所示的参数设置,完成后单击"确定"按钮为选区进行描边。然后继续绘制一个如图9-14所示圆形选区。

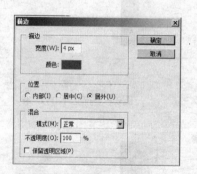

图9-13 "描边"对话框

图9-14 绘制出的圆形选区

step 09 沿选区的外部描纯黑色的边,效果如图9-15所示。然后选择"渐变"工具,打开"渐变编辑器"对话框,在其中进行如图9-16所示的设置。

step 10 单击"确定"按钮关闭对话框,在选区中从左上角到右下角拖曳鼠标,为选区填充线性渐变效果,如图9-17所示。然后再在图像之上创建一个如图9-18所示的圆形选区、

图9-15 描边后的效果

step 11 为选区填充纯黑色后再创建一个如图9-19所示的圆形选区,为选区填充灰色(#c1c1c1),效果如图9-20所示。

step 12 继续绘制出如图9-21所示的圆形选区,然后为选区填充纯黑色,效果如图9-22所示。

step 13 继续绘制一个如图9-23所示的圆形选区,并为选区填充深灰色(#3e3e3e)。

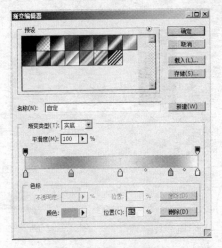

图9-16 "渐变编辑器"对话框

图9-17 填充渐变后的效果

图9-18 绘制出的圆形选区

图9-19 调整选区的位置

图9-20 填充灰色后的效果

图9-21 创建出的选区

图9-22 填充颜色后的效果

图9-23 创建出的选区

step 14 使用"钢笔"工具在图像窗口中绘制一个如图9-24所示的封闭路径,然后将路径转换为选区,按住【Ctrl+Shift+Alt】组合键将光标移动到"图层"面板中的"图层3"上,单击鼠标左键得到相交后的选区,效果如图9-25所示。

step 15 选择"渐变"工具,打开"渐变编辑器"对话框,在其中进行如图9-26所示的设置,然后新建"图层6",在选区中从左到右填充白色到透明的线性渐变效果,制作出手机的高光效果,结果如图9-27所示。

图9-24　绘制出的封闭路径

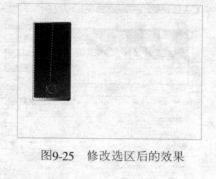

图9-25　修改选区后的效果

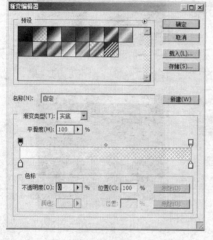

图9-26　"渐变编辑器"对话框

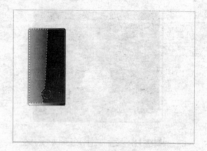

图9-27　填充渐变后的效果

**step 16** 使用"钢笔"工具在手机图像的底部绘制出如图9-28所示的两条封闭路径，将路径转化为选区，新建"图层 7"，为选区填充如图9-29所示的线性渐变效果。

图9-28　绘制出封闭路径

图9-29　填充渐变后的效果

**step 17** 选择"自定形状"工具 [1]，在工具属性栏中选择系统中自带的箭头，如图9-30所示，然后在图像窗口中拖曳鼠标，绘制出如图9-31所示的箭头路径。

**step 18** 将路径进行水平翻转，并转换为选区，新建"图层 8"，为选区填充纯白色，效果如图9-32所示，然后使用同样的方法绘制出其他的小图标，效果如图9-33所示。

**step 19** 使用"圆角矩形"工具绘制出如图9-34所示的圆角矩形路径，将其转换为选区，新建"图层 9"，为选区填充纯黑色。然后选择"选择"|"修改"|"收缩"菜单命令，在弹

---

1 "自定形状"工具：利用该工具可以绘制任意一些不规则的图形或自定义图形，选择该工具后，在工具属性栏中可以选择系统自带的任意形状进行绘制。

出的对话框中进行如图9-35所示的设置，完成后单击"确定"按钮收缩选区。新建"图层10"，为选区填充纯白色。

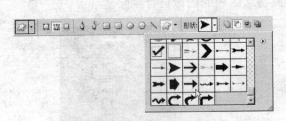

图9-30 选择箭头形状

图9-31 绘制出的箭头路径

图9-32 填充颜色后的效果

图9-33 绘制出的其他图标

图9-34 绘制出的圆角矩形

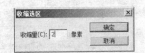

图9-35 "收缩选区"对话框

**step 20** 将"图层 10"进行复制得到"图层 10副本"，将"图层 10"设置为当前图层，打开"图层样式"对话框，在其中进行如图9-36所示的参数设置，单击"确定"按钮为图层添加斜面和浮雕图层样式。然后将"图层 10副本"设置为当前图层，切换到"样式"调板，在其中"半透明玻璃"图标上单击，如图9-37所示，为图像添加图层样式。

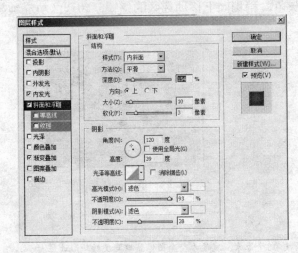

图9-36 "图层样式"对话框

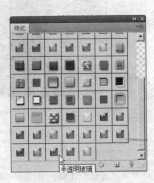

图9-37 "样式"调板

**step 21** 添加样式后的效果如图9-38所示，新建"图层 11"，将其与"图层 10副本"合层，将含有图像样式的图像转换为普通图层。然后选择"矩形选框"工具，在图像窗口中创建一个如图9-39所示的选区，按【Delete】键将选区内的图像进行删除。

图9-38　添加样式后的效果

图9-39　删除后的图像

**step 22** 选择"橡皮擦"工具，打开"画笔"调板，在其中进行如图9-40所示的设置，完成后配合【Shift】键对"图层 10"中的图像进行如图9-41所示擦除。

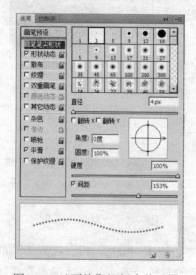

图9-40　"画笔"调板中的设置

图9-41　图像擦除后的效果

**step 23** 选择"单行选框"工具 ，在手机的下方单击鼠标左键绘制出如图9-42所示的矩形，然后新建"图层 12"为选区填充深灰色，稍稍向上移动选区的位置，为选区填充纯黑色，结果如图9-43所示。

图9-42　绘制出的单行选区

图9-43　填充颜色后的效果

---

1 "单行选框"工具：使用该工具可以创建出高度为1个像素、宽度为整个图像窗口宽度的矩形选区。

step 24 使用"矩形选框"工具，绘制出一个如图9-44所示的矩形选区，新建"图层 13"为选区填充深灰色，然后打开"收缩"对话框，设置收缩量为5px，为选区填充混合色，效果如图9-45所示。

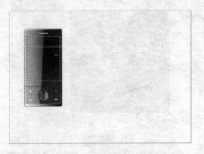
图9-44 绘制出的选区

图9-45 填充颜色后的效果

step 25 打开本书配套资料中的"源文件与素材\实例17\素材\屏保.jpg"文件，如图9-46所示。将其移动复制到"手机造型设计"图像窗口中，适当调整其大小和位置，并在其上下两端制作出图标和文字，得到手机的屏幕效果，结果如图9-47所示。

图9-46 打开的外用素材

图9-47 添加图标和文字

step 26 下面我们继续来制作手机的摄像镜头。打开"新建"对话框，在其中进行如图9-48所示的设置，单击"确定"按钮新建图像窗口，为"背景"图层填充纯黑色，选择"滤镜"|"渲染"|"镜头光晕"菜单命令[1]，在弹出的对话框中进行如图9-49所示的设置，单击"确定"按钮为图像添加镜头光晕效果。

step 27 此时图像的效果如图9-50所示，继续使用同样的方法，在图像窗口中再添加两个精通光晕，结果如图9-51所示。

step 28 选择"滤镜"|"扭曲"|"极坐标"菜单命令[2]，在弹出的对话框中进行如图9-52所示的设置，单击"确定"按钮为图像添加极坐标效果，效果如图9-53所示。

step 29 将"背景"图层进行复制得到"背景 副本"图层，选择"编辑"|"变换"|"水平翻转"菜单命令，将其进行翻转，完成后将两个图层合层，效果如图9-54所示。然后选择"滤

---

[1]"镜头光晕"滤镜：使用该滤镜可在图像中生成摄像机镜头眩光效果，用户还可手工调节眩光位置。

[2]"极坐标"滤镜：使用该滤镜可以将图像坐标从直角坐标系转化成极坐标系，或者将极坐标系转化为直角坐标系。

镜"丨"扭曲"丨"水波"菜单命令[1]，在弹出的对话框中进行如图9-55所示的设置，完成后单击"确定"按钮为图像添加水波效果。

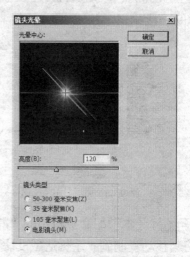

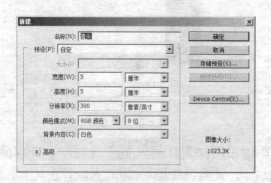

图9-48　"新建"对话框

图9-49　"镜头光晕"对话框

图9-50　添加光晕后的效果

图9-51　添加的两个光晕

图9-52　"极坐标"对话框

图9-53　添加极坐标后的图像效果

**step 30** 选择"滤镜"丨"模糊"丨"高斯模糊"菜单命令，在弹出的对话框中进行如图9-56所示的设置，完成后单击"确定"按钮为图像添加模糊效果，效果如图9-57所示。

**step 31** 选择"图像"丨"调整"丨"亮度/对比度"菜单命令，在弹出的对话框中进行如图9-58所示的设置，单击"确定"按钮调整图像的亮度和对比度，结果如图9-59所示。

---

[1] "水波"滤镜：该滤镜按各种设定产生锯齿状扭曲，并将它们按同心环状由中心向外排列，产生的效果就像荡起阵阵涟漪的"湖面"一样。

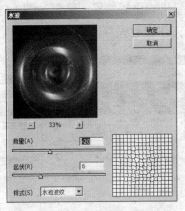

图9-54 水平翻转图像后的效果

图9-55 "水波"对话框

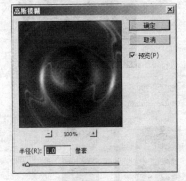

图9-56 "高斯模糊"对话框

图9-57 添加模糊后的效果

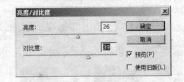

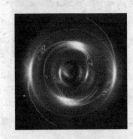

图9-58 "亮度/对比度"对话框

图9-59 调整图像后的效果

**step 32** 选择"渐变"工具,打开"渐变编辑器"对话框,在其中进行如图9-60所示的设置,完成后新建"图层 1",在图像窗口中从左上角到右下角拖曳鼠标,填充线性渐变效果,并在"图层"调板中设置当前图层的混合模式为"叠加",此时的图像效果如图9-61所示。

**step 33** 按【Ctrl+Shift+Alt+E】组合键,将可见图层继续盖印,得到"图层 2",将该图层移动复制到手机图像窗口中,适当调整其大小和位置,制作出手机的摄像镜头,结果如图9-62所示。然后再使用上面所讲的方法依次绘制出手机的侧视图和后视图,由于方法相同,这里就不再重复了,绘制完成的效果如图9-63所示。

**step 34** 打开本书配套资料中的"源文件与素材\实例17\素材\背景素材.jpg"文件,将其移动复制到"手机造型设计"图像窗口中,适当调整其大小,使其充满整个屏幕,制作出手机的背景,结果如图9-64所示。然后使用前面所讲的方法,将除手机外的所有图层都设计为不可见,盖印可见的所有手机图层,将其垂直翻转,适当调整其位置并设置其不透明度为50%,

制作出手机的倒影效果，结果如图9-65所示。至此，整个实例就制作完成了，按【Ctrl+S】组合键将文件进行保存。

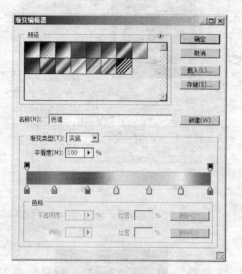

图9-60　"渐变编辑器"对话框

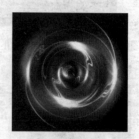

图9-61　图像效果

图9-62　调整图像大小和位置

图9-63　绘制出的侧视图和后视图

图9-64　添加的背景

图9-65　制作出的倒影效果

## 设计说明

　　本例将设计一款名为星火的手机造型，该手机为直板型触摸屏手机，整体线条比较柔和，比较适合年轻人使用，为了突出其纯正的金属外壳和端庄稳重的外形，在颜色上选用了最能体现这些元素的纯黑色，这样不但突出了手机的金属质感，还给人一种高贵典雅的艺术享受。

## 知识点总结

下面我们来详细介绍一下本例中用到的"圆角矩形"工具、"镜头光晕"滤镜和"水波"滤镜。

### 1. "圆角矩形"工具

在工具箱中选择该工具后，其属性栏如图9-66所示。

图9-66 "圆角矩形"工具属性栏

其中各个选项的意义如下。

"不受限制"：选中该单选按钮，可绘制任意尺寸的矩形。

"方形"：选中该单选按钮，可绘制正方形。

"固定大小"：选中该单选按钮，可以按固定尺寸绘制矩形。

"比例"：选中该单选按钮，可以按W与H文本框中所设置的长宽比例值绘制矩形。

"从中心"：选中该复选框，表示在绘制矩形时以开始单击并拖动的位置作为矩形的中心。

"半径"：该选项主要用来控制圆角矩形的平滑度，数值越大越平滑，反之越小。

### 2. "镜头光晕"滤镜

选择"滤镜"|"渲染"|"镜头光晕"菜单命令，弹出如图9-67所示的"镜头光晕"对话框。

其中各个选项的具体意义如下。

"光晕中心"：在该预览框中单击鼠标左键即可指定发光的中心。

"亮度"：变化范围为10%～300%，值越高反向光越强。

"镜头类型"：共有3个选项。其中在"镜头类型"设置区下可以选择50～300毫米的变焦镜或35毫米和105毫米的聚焦镜来产生眩光。选择105mm的聚焦镜所产生的光较强。

### 3. "水波"滤镜

选择"滤镜"|"扭曲"|"水波"菜单命令，弹出如图9-68所示的"水波"对话框。

其中各个选项的具体意义如下。

"数量"：该参数可以设置波纹的数量，即波纹的大小，范围为－100～100，负值时产生下凹波纹，正值产生上凸波纹。

"起伏"：该参数用于设定波纹数目，范围为1～20，值越大产生的波纹越多。

"样式"：在该下拉列表中可选择3种产生波纹的方式。"围绕中心"选项表示围绕图像中心产生波纹；"从中心向外"选项表示使图像按"起伏"和"数量"选项的设定沿特定的方向突发性地向外（数量值为正时）或向内（数量值为负时）移动，沿周围方向产生韵律变化效果；"水池波纹"选项表示使图像产生池塘同心状波纹。

图9-67 "镜头光晕"对话框

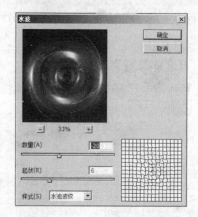

图9-68 "水波"对话框

## 拓展训练

下面将设计制作一款时尚的**MP3**，在制作中主要用到了"圆角矩形"工具、"渐变"工具、"描边"命令、蒙版等。本例制作的最终效果如图9-69所示。

图9-69 实例最终效果

**step 01** 打开"新建"对话框，在其中进行如图9-70所示的设置，单击"确定"按钮新建一个文件。使用前面所讲的绘制手机的方法，绘制出MP3的正面造型，效果如图9-71所示。

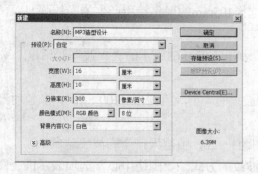

图9-70 "新建"对话框

图9-71 绘制出的正面造型

**step 02** 将MP3造型的图像盖印，使用自由变形的方法进行如图9-72所示的透视变形。然后使用"钢笔"工具绘制出如图9-73所示的选区。

图9-72 变形图像后的效果

图9-73 创建出的选区

**step 03** 在当前图层的下面新建图层，为选区填充黑色，适当向下调整选区的位置，结果如图9-74所示，在当前图像下面新建图层，填充灰色。然后再选择"加深"工具和"减淡"工具，对图像进行适当的局部加深和减淡处理，如图9-75所示。

图9-74 调整选区的位置

图9-75 加深和减淡处理后的效果

**step 04** 继续在图像的低端绘制出如图9-76所示的插孔效果，然后打开本书配套资料中的"源文件与素材\实例17\素材\矢量背景.jpg"文件，将其移动复制到"MP3造型设计"图像窗口中，适当调整其大小，使其充满整个屏幕，制作出背景，效果如图9-77所示。

图9-76 绘制出的插孔

图9-77 添加背景后的效果

**step 05** 然后使用前面所讲的方法，将除手机外的所有图层都设计为不可见，盖印可见的所有手机图层，将其垂直翻转，适当调整其位置并设置其不透明度为55%，制作出倒影效果，效果如图9-78所示。然后在"图层"调板中单击"添加矢量蒙版"按钮 ，为图层添加蒙版，使用"渐变"工具在倒影图像外填充从纯白色到纯黑色的线性渐变效果，制作出倒影的渐隐效果如图9-79所示。至此，整个实例就制作完成了，按【Ctrl+S】组合键将文件进行保存。

图9-78　制作的倒影

图9-79　制作出的渐隐效果

## 职业快餐

随着科技的不断发展，手机的品牌已经是琳琅满目、数不胜数了，不论何种品牌的手机，其功能和作用都是大致相同的，不同的是手机的外形，所以手机造型是最能体现手机自身的个性和特点的。一款成功的手机造型，不但要在外形上符合消费者的审美心理，而且还能够激发起人们的购买欲望。下面笔者就来详细讲解手机造型设计方面的相关基础知识，让读者对手机造型设计有一个全面的了解和认识，为今后独立创作打好坚实的基础。

### 1. 手机造型的种类

现在的手机造型大致可分为直板机、翻盖机、折叠机、旋转机、旋屏机和滑盖机，下面来分别讲解一下它们各自的优缺点。

（1）直板机

最早的手机造型都是直板机，该机型的优点是外形简单、牢固耐用；缺点是屏幕小、体积大、不便携带、宜损坏屏幕。直板机型如图9-80所示。

图9-80　直板手机

（2）翻盖机

翻盖机和直板机的造型基本相同，只是在直板机的基础上加了一个用于保护按键和屏幕的盖子。这种机型是直板机的改进型，它在保持了直板机优点的同时，还可以保护按键和屏幕。该机型的缺点是没有根本解决体积大的问题，而且其盖子的单一功能看起来很呆板，这也是翻盖机逐渐被淘汰的主要原因。

（3）折叠机

折叠机型一般是将屏幕和按键对折，这样不但大大缩小了手机的体积，而且开盖后屏幕和按键板的角度，非常符合人脸的形状。折叠机不但可以很好地保护屏幕和按键，而且携带起来非常方便。该机型的缺点是由于经常使用转轴，会导致手机排线的寿命不长，但随着技术的不断提高，这个问题已经被逐渐解决。折叠机型如图9-81所示。

图9-81 折叠手机

（4）旋转机

旋转机实际上是直板和折叠的结合体，转出按键时如同直板机，合上时如同折叠机。它保留了直板机和折叠机的所有优点，而且由于使用了转轴，还避免了排线寿命短的问题。缺点是不利于屏幕的保护。旋转机型如图9-82所示。

图9-82 旋转手机

（5）旋屏机

旋屏机是在折叠机的基础上添加了旋转屏幕的功能，这样主要是为了摄像头取景。旋屏机既保持了翻盖机的保护屏幕和减小面积的优点，同时增大了屏幕的面积，方便了摄像头取景。该机型的缺点是整体结构比较复杂，容易损坏。旋屏机型如图9-83所示。

图9-83 旋屏手机

（6）滑盖机

滑盖机是旋转机的改进型，它大大改善了直板机和翻盖机的缺点，既保留了宽大的屏幕和按键，又有效地减少了整体体积，携带非常方便，而且还有效地保护了很多敏感部位，如摄像头和键盘。该机型的缺点是屏幕仍然暴露在外面，不利于屏幕的保护。滑盖机型如图9-84所示。

图9-84 滑盖手机

## 2. 手机的主要构件

在设计手机造型之前，先要搞清楚手机的各部分及其功能，通常情况下，手机由外壳、屏幕、键盘、摄像头和电池等几大部分组成。

（1）外壳

外壳是用于保护手机内部构件的，如同人的外衣一样，是最能体现手机个性和特点的地方。外壳设计是手机造型设计中的一个重要环节，在设计时一定要全面考虑其他构件的位置和形状，以便给它们留出合理空间。

（2）屏幕

屏幕的作用是显示信息，它是手机的主要组成部分。屏幕的形状多为长方形，也有正方形和圆形的。直板机、翻盖机、旋转机和滑盖机都只有一个屏幕，而折叠机和旋屏机通常由内外两个屏幕组成，外屏幕小，位于翻盖的外侧，内屏幕相对较大，位于翻盖的内侧。

（3）键盘

键盘是用于输入信息的，它通常分为数字/字母键和功能键两大部分，数字/字母键是指键盘上的10个写有数字和字母的按键，它们主要用于输入数字和文字信息。功能键的个数因不同的手机类型而不同，通常包括*、#、清除键、滚动键、接听键、挂断键等。

（4）摄像头

摄像头相当于相机的镜头，没有照相功能的手机没有该构件，它主要是用于拍照和摄像。早期摄像手机的摄像头只有一个，往往放置在手机的背面和翻盖上，随着技术的不断完善，现在的摄像手机一般都有至少两个摄像头，分别放置在手机的正面和背面，这样大大方便了自拍和外拍。

（5）电池

手机电池分为内置和外置两种，内置电池放置在手机内部，由外壳覆盖；外置电池一般放置在手机的背面，由于暴露在外面，所以在设计上一定要考虑整体效果，使其与机身形成完美的统一。

## 实例18

### 汽车外形设计

素材路径：源文件与素材\实例18\素材
源文件路径：源文件与素材\实例18\
汽车外形设计.psd

实例效果图18

## 情景再现

汽车造型设计属于比较高端的造型设计，它包含物理、色彩、绘画等多种知识，对设计者的要求非常高。国内知名汽车品牌——卓越，是我们的重要合作伙伴，我们主要负责其产品的造型设计和更新。近几年随着国内汽车市场的迅速发展，汽车的销量不断攀升，消费者对汽车的要求也越来越高，使得汽车的更新也越来越快，汽车的外形是给消费者的第一感觉，所以外形的好坏直接决定了产品的销量。

随着汽车销售旺季的日益临近，新款的汽车生产也被提上了日程。今天一早我们接到卓越厂商的电话："XX，您好！我们公司计划在年底之前推出卓越二代的升级产品，要求对车型进行更新，由原来的两厢改为三厢、颜色以银灰色为主、空间宽敞，面向的受众主要是年轻的成功人士和高级白领。"

根据厂家的要求，我们立刻在老车型的基础之上，开始构思新款的三厢车型。

## 任务分析

- 根据产品的性质构思创意。
- 根据创意绘制出产品的基本图形。
- 在基本图像之上添加细节，并突出其质感。
- 添加背景，制作出产品的倒影效果，完成作品的制作。

## 流程设计

本节我们来学习如何绘制逼真的汽车，在绘制过程中首先用"钢笔"工具绘制汽车的形状，然后再分别绘制各部分构件的质感。绘制汽车的金属质感是本节的一个难点，在绘制之前读者需要了解汽车的反射纹理呈长条状，且反射强度很大。在绘制时需要多次使用"减淡"工具和"加深"工具来形成明暗面，并同时结合"钢笔"工具绘制反射纹理。

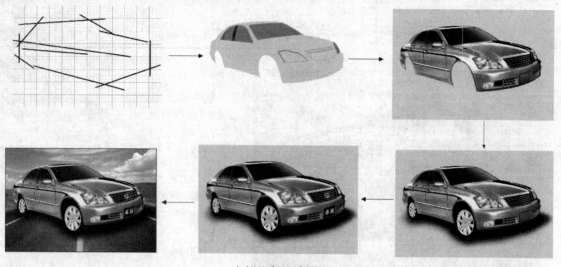

实例流程设计图18

## 任务实现

### 1. 绘制汽车各部分构件的形状

**step 01** 打开"新建"对话框，在其中设置名称为汽车，宽度为30厘米，高度为20厘米，分辨率为72，设置完成后单击"确定"按钮新建一幅图像。为了便于后面的操作，选择"视图"｜"显示"｜"网格"菜单命令，显示出网格。

**step 02** 为了保证比例协调，我们最好先绘制出汽车的参考线。选择"直线"工具，以网格为参考在图像窗口中绘制如图9-85所示的路径。

**step 03** 选择"画笔"工具，并在其属性栏中设置画笔的大小为尖角25像素，在"背景"图层之上新建"图层1"，然后切换到"路径"调板，在"用画笔描边路径"按钮上单击鼠标左键为路径描边，完成后将"工作路径"删除，这样便绘制出了汽车的参考线，结果如图9-86所示。

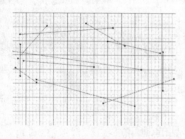

图9-85　绘制路径

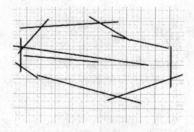

图9-86　描边后的效果

**step 04** 继续选择"钢笔"工具，以参考线为准在图像窗口中绘制一个封闭路径，结果如图9-87所示。为了便于锚点的修改，取消网格的显示，然后参照参考线，分别使用"转换点"工具和"直接选择"工具调整锚点的形状和位置，完成后将"图层1"设为不可见，观察路径的形状如图9-88所示。

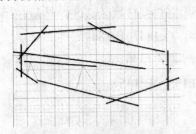

图9-87 绘制封闭路径

图9-88 修改后的路径

**step 05** 在"路径"调板的"将路径作为选区载入"按钮◎上单击鼠标左键，将路径转换为选区。然后在"图层 1"之上新建"图层 2"，并为选区填充浅灰色（R:206，G:205，B:205），完成后取消选区，这样车盖的形状就绘制完成了。

**step 06** 继续用"钢笔"工具◊绘制如图9-89所示的封闭路径，完成后将其转换为选区。然后在"图层 2"之上新建"图层 3"，并为选区填充深灰色（R:136，G:135，B:135）作为前车玻璃。

图9-89 绘制封闭路径

**step 07** 再次使用"钢笔"工具◊绘制出如图9-90所示的前车灯形状，然后将路径转换为选区，在"图层 3"之上新建"图层 4"，并在选区中填充深灰色（R:136，G:135，B:135）。

**step 08** 将选区收缩15像素，在工具箱中选择任意一个创建选区工具如"矩形选框"工具，按键盘上的光标移动键将选区向右下方稍稍移动，如图9-91所示，然后在"图层 4"之上新建"图层 5"，并在选区中填充浅灰色（R:206，G:205，B:205）。

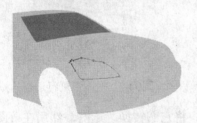

图9-90 绘制出前车灯的形状

图9-91 选区调整后的位置

**step 08** 继续使用"钢笔"工具◊在右侧绘制如图9-92所示的封闭路径，完成后将其转换为选区，然后按住【Ctrl+Shift+Alt】组合键，在"图层"调板的"图层 2"上单击鼠标左键，得到交叉后的选区，结果如图9-93所示，在"图层 5"之上新建"图层 6"，并在选区中填充深灰色（R:136，G:135，B:135）。

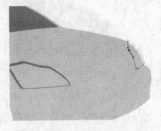

图9-92 绘制出的封闭路径

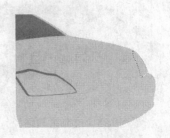

图9-93 修改后的选区

**step 10** 继续绘制如图9-94所示的两条封闭路径，并将它们转换为选区，然后在"图层6"之上新建"图层7"，并在选区中填充灰色（R:184，G:184，B:184）。

**step 11** 再绘制如图9-95所示的封闭路径，完成后将其转换为选区，然后在"图层7"之下新建"图层8"，在选区中填充深灰色（R:136，G:135，B:135）。

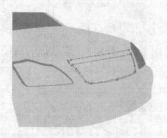

图9-94　绘制出的路径

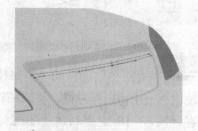

图9-95　绘制出的路径

**step 12** 在"图层8"之上新建"图层9"，然后选择"编辑"|"描边"菜单命令，在弹出的"描边"对话框中设置宽度为3像素，颜色为灰色（R:178，G:177，B:177），并选中"居外"单选按钮，如图9-96所示，完成后单击"确定"按钮，对选区进行描边。

**step 13** 取消选区后选择"橡皮擦"工具，在当前图层中进行适当的擦除，只留下下方的部分，结果如图9-97所示。

图9-96　"描边"对话框中的设置

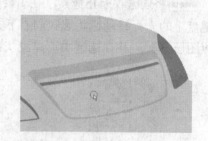

图9-97　对图形进行适当的擦除

**step 14** 继续绘制如图9-98所示的两条封闭路径，将它们转换为选区，然后在"图层9"之上新建"图层10"，并在选区中填充灰色（R:178，G:177，B:177）。

**step 15** 按【Ctrl+Shift+I】组合键将选区反选，选择"套索"工具，并在其属性栏的"与选区交叉"按钮上单击鼠标左键，然后沿内部选区的边缘绘制选区，如图9-99所示，这样便得出它们的交集，完成后在选区中填充深灰色（R:136，G:135，B:135）。

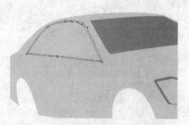

图9-98　绘制出的路径

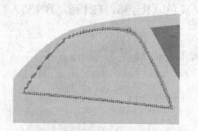

图9-99　沿边缘绘制选区

**step 16** 继续绘制如图9-100所示的封闭路径，完成后将其转换为选区，然后在"图层 10"之上新建"图层 11"，在选区中填充深灰色（R:71，G:71，B:71）。

**step 17** 使用同样的方法绘制出如图9-101所示的路径，并将其转换为选区，然后新建"图层 12"并在选区中填充深灰色（R:71，G:71，B:71）。

图9-100　绘制出的路径　　　　　　　　图9-101　绘制出的路径

**step 18** 至此，汽车各部分构件的形状就全部绘制完成了，适当缩小图像窗口的显示比例，观察整体效果如图9-102所示。

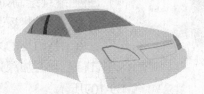

图9-102　观察整体效果

## 2. 绘制各部分构件的质感

**step 01** 为了便于观察，我们将"背景"层填充为淡青色（R:140，G:222，B:252），然后将"图层 2"设为当前图层，按住【Ctrl】键在"图层"调板的"图层 2"上单击鼠标左键，载入其选区，最后在选区中填充浅蓝色（R:189，G:187，B:211），完成后取消选区，结果如图9-103所示。

**step 02** 使用"钢笔"工具绘制出如图9-104所示的封闭路径，将该路径转换为选区，然后按住【Ctrl+Shift+Alt】组合键，在"图层"调板的"图层 2"上单击鼠标左键得到交叉后的选区。

图9-103　修改形状的颜色　　　　　　　图9-104　绘制出的路径

**step 03** 选择"加深"工具，在其属性栏中适当调节画笔的大小，并设置范围为高光、曝光度为20%，然后在选区中进行适当的加深处理，结果如图9-105所示。

step 04 按【Ctrl+Shift+I】组合键将选区反选，然后分别使用"加深"工具 🖐 和"减淡"工具 🖐 在选区中进行适当的加深和减淡处理，结果如图9-106所示，这里需要注意的是"加深"工具和"减淡"工具的范围分别为中间调和高光，曝光度均为20%。

图9-105　加深处理后的效果

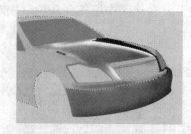

图9-106　进行适当的加深和减淡处理

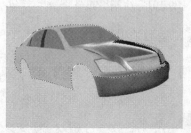

图9-107　进行适当的涂抹处理

step 05 选择"涂抹"工具 🖐 [1]，在其属性栏中设置画笔大小为柔角23像素，然后在选区中进行适当的涂抹，制作出较暗的反射纹理，结果如图9-107所示。

step 06 继续绘制如图9-108所示的封闭路径，并将其转换为选区，然后选择"加深"工具 🖐 ，在其属性栏中适当调整画笔的大小，并设置范围为高光，在选区中进行适当的加深处理，完成后取消选区，结果如图9-109所示。

图9-108　绘制出的选区

图9-109　加深处理后的效果

step 07 将"图层2"设为当前图层，然后使用"魔棒"工具 🖐 制作出如图9-110所示的选区，然后再选择"减淡"工具 🖐 ，在其属性栏中适当调整画笔的大小，并设置范围为高光、曝光度为10%，在选区中进行适当的减淡处理，完成后取消选区，结果如图9-111所示。

图9-110　创建的选区

图9-111　减淡处理后的效果

---

[1] "涂抹"工具：选中该工具后，通过设置笔刷类型，可以涂抹出毛发、立体化等效果。

**step 08** 继续绘制如图9-112所示的封闭路径，并将该路径转换为选区，然后选择"选择"|"修改"|"羽化"菜单命令[1]，打开"羽化选区"对话框，在该对话框中设置羽化半径为5，单击"确定"按钮将选区羽化，然后再在选区中进行适当的加深和减淡处理，效果如9-113所示，这里注意"加深"工具和"减淡"工具的范围均为中间调，曝光度均为20%。

图9-112 绘制出的路径

图9-113 加深和减淡处理后的效果

**step 09** 绘制如图9-114所示的封闭路径，并将其转换为选区，然后选择"加深"工具 ，设置其范围为高光，在选区中进行适当的加深处理，结果如图9-115所示。

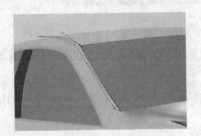

图9-114 绘制出的路径

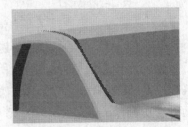

图9-115 加深处理后的效果

**step 10** 用前面所讲的方法，将选区收缩2像素，然后选择"多边形套索"工具 ，并在其属性栏的"从选区减去"按钮 上单击鼠标左键，在选区处进行适当的绘制，并修改其形状，结果如图9-116所示。

**step 11** 使用"减淡"工具 在选区中进行适当的减淡处理，结果如图9-117所示，完成后将选区取消。

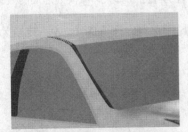

图9-116 修改选区的形状

图9-117 减淡处理后的效果

**step 12** 继续绘制如图9-118所示的封闭路径，并将其转换为选区，然后使用"加深"工具 在选区中进行适当的加深处理，效果如图9-119所示。

**step 13** 将选区反选，然后分别使用"加深"工具 和"减淡"工具 在选区中进行适当

---

[1] "羽化"命令：选择该命令可以通过设置羽化参数，可以为选区边缘添加模糊效果。

的加深和减淡处理，效果如图9-120所示，操作完成后将选区取消。

图9-118　绘制出的路径

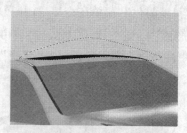

图9-119　加深处理后的效果

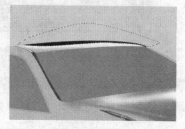

图9-120　加深和减淡处理后的效果

step 14 选择"涂抹"工具，并在其属性栏中设置画笔大小为尖角13像素，然后在黑色边缘处进行适当的涂抹，效果如图9-121所示。

step 15 再分别使用"加深"工具和"减淡"工具，在汽车的侧面进行适当的加深和减淡处理，效果如图9-122所示。

图9-121　涂抹后的效果

图9-122　加深和减淡处理后的效果

step 16 使用"钢笔"工具绘制出如图9-123所示的封闭路径，然后将该路径转换为选区，并在其中进行适当的加深处理，效果如图9-124所示。

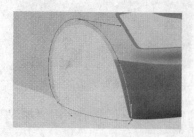

图9-123　绘制出的路径

图9-124　加深处理后的效果

step 17 将选区反选，然后使用"减淡"工具在选区中进行减淡处理，效果如图9-125所示。这里需要注意的是绘制强反光时将"减淡"工具的范围设为高光，反光不太强时将范围设为中间调。

**step 18** 载入 "图层 7" 的选区，并将该选区反选，然后选择 "套索" 工具 $\mathcal{P}$，确定此时属性栏中的 "与选区交叉" 按钮被按下，用前面所讲的方法创建如图 9-126 所示的选区，然后再在该选区中填充纯黑色，为了便于观察将选区取消，效果如图9-127所示。

**step 19** 使用 "套索" 工具 $\mathcal{P}$ 沿反射纹理绘制出如图 9-128 所示的选区，然后选择 "选择" | "修改" | "平滑" 菜单命令[1]，在弹出的 "平滑选区" 对话框中设置取样半径为6，单击 "确定" 按钮将选区平滑，最后再在该选区中进行适当的加深处理，效果如图9-129所示。

图9-125　减淡处理后的效果

图9-126　创建出的选区

图9-127　在选区中填充纯黑色

图9-128　绘制出的选区

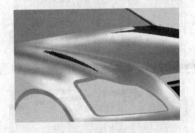

图9-129　加深处理后的效果

**step 20** 用前面所讲的方法将选区收缩8像素，并调整该选区到如图9-130所示的位置，然后再在选区中进行减淡处理，完成后将选区取消，效果如图9-131所示。

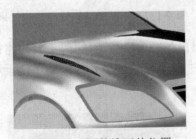

图9-130　调整选区的位置

图9-131　减淡处理后的效果

**step 21** 继续绘制如图9-132所示的封闭路径，并将其转化为选区，然后在其中进行适当的加深处理，效果如图9-133所示。

---

[1] "平滑" 命令：选择该命令后，通过设置合适的 "取样半径" 值来光滑选区的边缘。在图像中制作好一个选区后，选择该命令，打开 "平滑选区" 对话框，用户可在其中设置合适的扩展量值。

图9-132　绘制出的路径

图9-133　加深处理的后的效果

**step 22** 将选区反选，然后使用"减淡"工具，在选区的边缘处进行适当的减淡处理，效果如图9-134所示，最后将选区取消。

**step 23** 继续绘制如图9-135所示的封闭路径，然后将其转换为选区并进行适当的加深处理，效果如图9-136所示。

图9-134　减淡处理后的效果

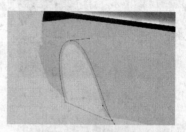
图9-135　绘制出的路径

**step 24** 再将选区反选，并在选区中进行适当的加深和减淡处理，最后效果如图9-137所示。

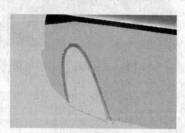
图9-136　加深处理后的效果

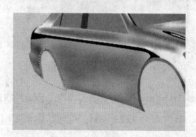
图9-137　加深和减淡处理后的效果

**step 25** 为了制作出更逼真的反射效果，我们再绘制出如图9-138所示的两条封闭路径，并将它们转换为选区，然后分别在两个选区的下边缘处进行适当的减淡处理，为了便于观察将选区取消，结果如图9-139所示。

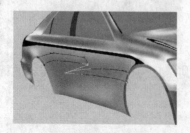
图9-138　绘制出的路径

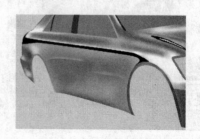
图9-139　减淡处理后的效果

step 26 继续绘制如图9-140所示的封闭路径,并将其转换为选区,然后在"图层2"之上新建"图层13",在选区中填充淡蓝色(R:195,G:193,B:216),然后再使用前面所讲的方法向上调整选区的位置,并在选区中进行适当的减淡处理,效果如图9-141所示。

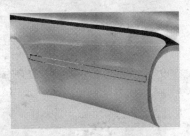

图9-140 绘制出的路径

图9-141 减淡处理后的效果

step 27 将选区反选并在其内部边缘处进行适当的加深处理,结果如图9-142所示。重新载入当前图层的选区,用前面所讲的方法将选区收缩3像素,然后将选区反选,并在选区的边缘处进行适当的加深和减淡处理,为了便于观察将选区取消,效果如图9-143所示。

图9-142 加深处理后的效果

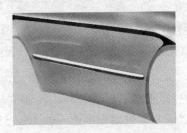

图9-143 加深和减淡处理后的效果

step 28 继续绘制如图9-144所示的封闭路径,并将其转换为选区,然后根据光学原理在该选区的左侧和上侧边缘处进行加深处理,在右侧和下侧边缘处进行减淡处理,这样就绘制出了凹陷的效果,结果如图9-145所示。

图9-144 绘制出的路径

图9-145 凹陷的效果

step 29 绘制如图9-146所示的封闭路径,并将其转换为选区,然后在"图层2"之上新建"图层14",在选区中填充灰色(R:195,G:193,B:216),最后使用前面所讲的方法将选区收缩8像素,并在选区中进行适当的加深和减淡处理,效果如图9-147所示。

step 30 使用"涂抹"工具 在选区中进行适当的涂抹处理,效果如图9-148所示,然后再使用"锐化"工具 .¹在选区中进行适当的锐化处理,完成后取消选区,效果如图9-149所示。

---

¹"锐化"工具:使用该工具可以锐化图像的部分像素,使其变得更加清晰。

图9-146 绘制出的路径

图9-147 加深和减淡处理后的效果

图9-148 涂抹处理后的效果

图9-149 锐化处理后的效果

**step 31** 在"图层 14"之上新建"图层 15"，然后选择"画笔"工具 ✐ 并设置前景色为浅灰色（R:230，G:229，B:232），按住【Shift】键，在图像窗口中绘制多条直线，结果如图9-150所示。

**step 32** 将刚绘制好的直线旋转90度，然后选择"滤镜"|"扭曲"|"切变"菜单命令[1]，在弹出的"切变"对话框中进行如图9-151所示的设置，完成后单击"确定"按钮将直线扭曲。

图9-150 绘制出的直线

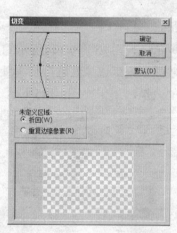

图9-151 "切变"对话框

**step 33** 再适当旋转直线并调整其形状和位置，结果如图9-152所示，然后为当前图层添加"斜面和浮雕"图层样式，具体的参数设置如图9-153所示。

**step 34** 载入"图层 14"的选区，然后将该选区收缩8像素并将其反选，按【Delete】键删除选区内的部分，完成后取消选区，最后在"图层"调板中将该图层的混合模式设为叠加，

---

[1] "切变"滤镜：该滤镜允许用户按照自己设定的弯曲路径来扭曲一幅图像。在该滤镜对话框中，单击并拖动曲线可改变曲线形状，利用"未定义区域"选项组可以选择一种对扭曲后所产生的图像空白区域的填补方式（重复边缘像素）。

结果如图9-154所示，这样一个小车灯就绘制出来了。

**step 35** 继续绘制如图9-155所示的三条封闭路径并将它们转换为选区，然后将"图层 2"设为当前图层，在选区中填充纯黑色，然后再将选区反选，在其中进行适当的加深和减淡处理，效果如图9-156所示。

**step 36** 用以上所讲的方法再绘制出如图9-157所示的效果。

图9-152　调整后的形状

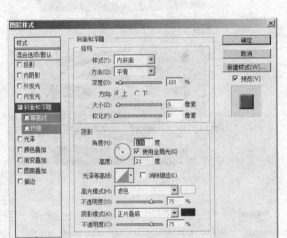

图9-153　图层样式的参数设置

图9-154　绘制出的小车灯

图9-155　绘制出的选区

图9-156　加深和减淡处理后的效果

图9-157　绘制出的效果

**step 37** 将"图层 7"设为当前图层，用以上所讲的方法绘制选区并进行适当的加深处理，效果如图9-158所示，然后将选区反选，再在其中进行适当的加深和减淡处理，绘制出金属质感，为了便于观察将选区取消，效果如图9-159所示。

**step 38** 分别对"图层 8"和"图层 9"中的图形进行适当的加深和减淡处理，效果如图9-160所示，然后将这两个图层进行合并，并载入合并后图层的选区，按住【Alt】键的同时拖动选区中的图形，对其进行四次复制，然后再适当调整它们的形状，并用"橡皮擦"工具擦除多余的部分，效果如图9-161所示。

图9-158　加深处理后的效果

图9-159　加深和减淡处理后的效果

图9-160　加深和减淡处理后的效果

图9-161　修改后的图形形状

图9-162　加深处理后的效果

**step 39** 将"图层 2"设为当前图层，载入"图层7"的选区并将该选区扩展4像素，然后在选区的边缘进行加深处理，结果如图9-162所示，完成后取消选区，这样就制作出了边缘的缝隙。

**step 40** 将"图层 4"设为当前图层，在图形的边缘处进行适当的加深和减淡处理，效果如图9-163所示，然后再将"图层 5"设为当前图层并载入其选区，在该选区中进行适当的加深和减淡处理，效果如图9-164所示。

图9-163　对边缘进行加深和减淡处理后的效果

图9-164　加深和减淡处理后的效果

**step 41** 将前景色设置为纯黑色，然后选择"滤镜"|"扭曲"|"玻璃"菜单命令[1]，在弹出的对话框中进行如图9-165所示的参数设置，完成后单击"确定"按钮，为当前图层添加玻璃效果。使用同样的方法为"图层 6"添加玻璃效果，效果如图9-166所示，这样前车灯便制作完成了。

---

[1] "玻璃"滤镜：该滤镜用来制造一系列细小纹理，产生一种透过玻璃观察图片的效果。在该滤镜对话框中，"扭曲度"和"平滑度"选项可用来平衡扭曲和图像质量间的矛盾，还可确定纹理类型和比例。

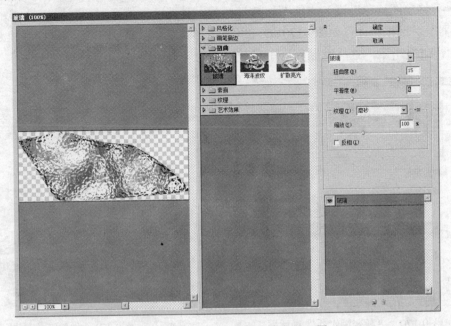

图9-165 "玻璃"对话框中的参数设置

step 42 在"图层 2"之上新建"图层 16"，使用"钢笔"工具绘制如图9-167所示的路径，然后选择"画笔"工具，并在其属性栏中设置画笔大小为尖角5像素，将前景色设为纯白色，设置完成后对路径进行描边。然后再使用"路径选择"工具将路径选中，稍稍向下移动其位置，并设置前景色为纯黑色，再次对路径进行描边，完成后将路径删除，这样就绘制出了缝隙效果，结果如图9-168所示。

图9-166 绘制出的车灯效果

图9-167 绘制出的路径

step 43 继续将"图层 2"设为当前图层，载入"图层 3"的选区并将其扩展8像素，然后在选区的边缘进行加深处理，效果如图9-169所示。

图9-168 绘制出的缝隙效果

图9-169 加深处理后的效果

step 44 将"图层 3"设为当前图层并重新载入其选区，选择"渐变"工具 ▊，并在"渐变编辑器"对话框中进行如图9-170所示的设置，然后从左到右在选区中创建线性渐变效果，效果如图9-171所示，这样就制作出了车前玻璃的效果。

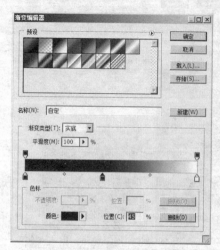

图9-170 "渐变编辑器"对话框

图9-171 创建渐变效果

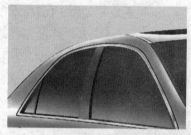

图9-172 车门玻璃及边框的效果

step 45 用以上所讲的方法，再制作出车门玻璃及边框的效果，最终效果如图9-172所示。

step 46 绘制如图9-173所示的路径用以制作车门间的缝隙，在"图层 12"之上新建"图层 18"，然后设置前景色为深灰色（R:100，G:100，B:100），用前面所讲的方法对路径进行描边，删除路径后对所描的边进行适当的加深和减淡处理，效果如图9-174所示。

图9-173 绘制出的路径

图9-174 加深和减淡处理后的效果

step 47 在"图层 18"之上分别新建"图层19"和"图层 20"，然后分别绘制出车镜座和车镜形状，并为其填充灰蓝色（R:182，G:180，B:207），最后再对其进行适当的加深和减淡处理，结果如图9-175所示。

step 48 在"图层 20"之上新建"图层 21"，设置前景色为蓝灰色（R:100，G:98，B:115），用"画笔"工具绘制如图9-176所示的图形，然后使用"涂抹"工具对其进行适当的涂抹处理，效果如图9-177所示，最后在"图层"调板中将该图层的不透明度设置为52%，这样就制作出了车镜的影子。

图9-175　绘制出的车镜座和车镜

图9-176　绘制出的图形　　　　　　图9-177　涂抹后的效果

**step 49** 将"图层 2"设为当前图层，使用"钢笔"工具绘制如图9-178所示的路径，然后将它们转换为选区并填充为纯黑色。

**step 50** 在"图层2"之上新建"图层 22"，然后绘制如图9-179所示的路径，将其转换为选区后填充为灰蓝色（R:182，G:180，B:207）。

**step 51** 对选区中的图形进行适当的加深和减淡处

图9-178　绘制出的路径

理，绘制出车把手，完成后取消选区，效果如图9-180所示。至此，汽车的金属质感就绘制完成了。

图9-179　绘制出的路径　　　　　　图9-180　车把手的效果

### 3. 绘制车轮、标志和车牌

**step 01** 按【Ctrl+R】组合键显示出标尺，然后创建两条如图9-181所示的辅助线，以便后面的制作。

**step 02** 选择"椭圆选框"工具 ◯，将鼠标移动到两个辅助线的交点上，按住【Shift+Alt】组合键的同时拖曳鼠标绘制一个圆形选区，然后在"图层 22"之上新建"图层 23"并在选区中填充浅灰色（R:204，G:204，B:204），结果如图9-182所示。

**step 03** 继续创建如图9-183所示的三条辅助线，然后用"钢笔"工具绘制如图9-184所示的封闭路径。

图9-181　创建辅助线

图9-182　绘制圆形选区

图9-183　创建辅助线

图9-184　绘制出的封闭路径

**step 04** 将路径转换为选区，按住【Ctrl+Shift+Alt】组合键，在"图层"调板中的"图层23"上单击鼠标左键得到交叉后的选区，如图9-185所示，然后将选区收缩24像素，在"图层23"之上新建"图层24"，并在选区中填充纯黑色，完成后按【Ctrl+T】组合键，为其添加自由变形框，并将旋转支点移动到如图9-186所示的位置处。

图9-185　修改选区的形状

图9-186　调整旋转支点的位置

**step 05** 在属性栏中设置旋转角度为45度，连续两次按【Enter】键旋转图形，接着再按住【Ctrl+Shift+Alt】组合键，连续按七次【T】键，将选区内的图形进行七次旋转复制，结果如图9-187所示。然后将"图层23"设为当前图层，并载入"图层24"的选区，删除选区内的图形，完成后将"图层24"删除并取消选区，结果如图9-188所示。

图9-187　进行连续的旋转复制

图9-188　删除选区内的图形

**step 06** 选择"橡皮擦"工具，在其属性栏中设置画笔大小为尖角30像素，然后在图形的中间位置进行如图9-189所示的擦除。再选择"画笔"工具，分别设置画笔大小为尖角60像素，前景色为深灰色（R:98，G:98，B:98），然后在如图9-190所示的位置处绘制圆形。

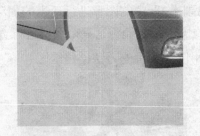

图9-189 擦除后的效果

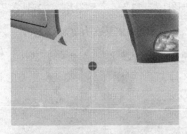

图9-190 绘制的圆形

**step 07** 用前面所讲的方法，对当前图层中的图形进行如图9-191所示的自由变形，然后使用"魔棒"工具制作出上一步绘制的圆形选区，最后选择"渐变"工具并按下属性栏中的"径向渐变"按钮，再在"渐变编辑器"对话框中进行如图9-192所示的设置，完成后在选区中制作如图9-193所示的渐变效果。

图9-191 自由变形后的效果

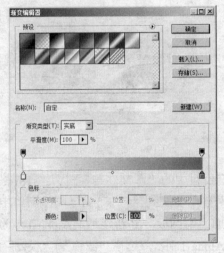

图9-192 对话框中的设置

图9-193 添加渐变效果

**step 08** 将选区扩展4像素，在选区的边缘处进行适当的加深和减淡处理，效果如图9-194所示。然后载入"图层23"的选区，按住【Alt】键同时分别按向左和向右的光标移动键将选区内的图形进行移动复制，效果如图9-195所示，完成后再将选区内的部分进行复制粘贴得到"图层 23副本"。

图9-194 加深和减淡处理后的效果

图9-195 移动复制后的效果

**step 09** 将选区收缩4像素，再将选区内的部分进行复制粘贴得到"图层 23副本2"，然后分别对"图层 23"、"图层 23副本"和"图层 23副本2"中的图形进行适当的加深和减淡处理，效果如图9-196所示。最后，为了便于后面的操作，我们将这三个图层进行合并。

**step 10** 在"图层 2"之下新建图层"图层 24"，用以上所讲的方法创建选区并填充为纯黑色，这样就制作出了轮胎，效果如图9-197所示。

图9-196　加深和减淡处理后的效果

图9-197　制作出了轮胎

**step 11** 分别将"图层 23"和"图层 24"进行复制，并适当调整它们的大小和位置，制作出如图9-198所示的后车轮。然后在"图层 1"之上新建"图层25"，选择"画笔"工具，适当调整画笔大小，绘制出如图9-199所示的阴影。

图9-198　制作出后车轮

图9-199　绘制出的阴影

**step 12** 下面再来制作标志和车牌，打开本书配套资料中的"源文件与素材\实例18\素材\标志.psd"文件，如图9-200所示。将其中的"图层1"移动复制到"汽车.psd"图像窗口中得到"图层 26"，载入该图层的选区，然后切换到"通道"调板，并新建通道Alpha 1，为选区填充纯白色后取消选区，然后再将该通道复制得到Alpha 1副本，选择"滤镜"|"模糊"|"高斯模糊"菜单命令，在弹出的对话框中设置半径为1.6，完成后再选择"滤镜"|"风格化"|"浮雕效果"菜单命令[1]，在弹出的对话框中进行如图9-201所示的参数设置。

**step 13** 载入通道Alpha 1的选区并将其扩展5像素，按【F3】键将选区内的图形进行复制，单击RGB通道将其激活，再切换到"图层"调板，按【F4】键粘贴得到"图层 27"，如图9-202所示。然后按【Ctrl＋M】组合键打开"曲线"对话框，在该对话框中进行如图9-203所示的设置，调整其色调。

**step 14** 将"图层 26"删除，然后适当调整标志的形状和位置，结果如图9-204所示，此时的标志看起来有点暗，选择"图像"|"调整"|"亮度/对比度"菜单命令，在弹出的对话框中进行如图9-205所示的参数设置，完成后单击"确定"按钮将其调亮。

---

[1] "浮雕效果"滤镜：该滤镜主要用来产生浮雕效果，它通过勾划图像或所选取区域的轮廓和降低周围色值来生成浮雕效果。

图9-200 打开的"标志.psd"文件

图9-201 "浮雕效果"对话框

图9-202 粘贴得到"图层 27"

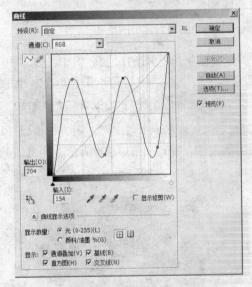

图9-203 "曲线"对话框

图9-204 调整标志的形状和位置

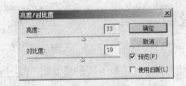

图9-205 "亮度/对比度"对话框

**step 15** 选择"圆角矩形"工具 □，在其属性栏中按下"路径"按钮 □，然后在图像窗口中创建如图9-206所示的路径，完成后在"图层 27"之上新建"图层 28"，将路径转换为选区并在其中填充深蓝色（R:16，G:2，B:151），完成后取消选区，最后为该图层添加"斜面和浮雕"图层样式，具体参数设置如图9-207所示。

**step 16** 选择"横排文字"工具 **T.**，在其属性栏中设置字体为方正大黑简体，字号为30点，颜色为纯白色，在图像窗口中输入"卓越"字样，并调整其位置到车牌的中央，然后在"图层"调板中将"图层 28"的图层样式移动复制到该文字层中。

图9-206　创建出的路径

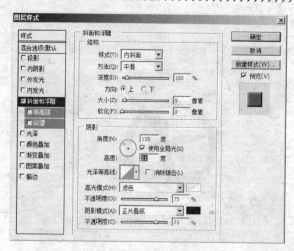

图9-207　图层样式的设置

**step 17** 为了便于操作，将"图层 28"和文字层进行合并，用自由变形的方法适当调整图像的形状和位置，使其与汽车相匹配，如图9-208所示。

**step 18** 下面为图像添加一张背景图片，以丰富其画面。打开本书配套资料中的"Ph4/42.jpg"文件，将其移动到"汽车"图像窗口中，得到"图层 29"，将该图层移动到"背景"图层的上面，结果如图9-209所示。至此，汽车就全部绘制完成了，按【Ctrl+S】组合键保存文件。

图9-208　变形后的效果

图9-209　绘制完成的汽车

## 设计说明

本例设计的是一款名为鹰王的轿车车型，该车为四门三厢型轿车，整体设计采用了比较圆滑的流线型，这样可以减小阻力，提高车的速度。该款车长长的引擎罩、平坦圆滑的挡风玻璃、宽阔的车门以及小巧玲珑的车尾，无不透露出稳重、大方、霸气和雄伟的气质，相信这款车将会受到成功人士的喜爱。

## 知识点总结

下面我们将对本例中运用到的"涂抹"工具、"浮雕效果"滤镜进行详细的讲解。

### 1．"涂抹"工具

选择工具箱中的"涂抹"工具，在图像上拖动鼠标指针，可使图像产生出模糊效果，它的工具属性栏如图9-210所示。

| | | | | | |
|---|---|---|---|---|---|
| | 画笔: | 模式: 正常 | 强度: 50% | □ 对所有图层取样 | □ 手指绘画 |

图9-210. "涂抹"工具属性栏

"涂抹"工具属性栏中各个参数的具体意义如下所示。

"画笔"：该下拉列表中有多个笔刷类型，选择笔刷的大小，直接决定了被模糊区域的范围。

"模式"：在此下拉列表中可以选择模糊时的混合模式，它们的具体意义详见后面的"图层混合模式"的讲解。

"强度"：该参数的设置可以控制模糊操作时的压力值，参数越大，模糊处理的效果就越明显。

"对所有图层取样"：选中该复选框，所进行的模糊操作将应用于所有图层，取消该复选框的选择，操作效果只作用于当前图层。

"手指绘画"：选中该复选框后，在图像中涂抹，将产生类似用手指蘸着前景色在未干的油墨上进行涂抹的效果。

2. "浮雕效果"滤镜

选择"滤镜"|"风格化"|"浮雕效果"菜单命令，可打开如图9-211所示的"浮雕效果"对话框。

对话框中各个选项的具体意义如下。

"角度"：该参数决定照射浮雕的光线角度。

"高度"：该参数用于确定浮凸的高度。

图9-211 "浮雕效果"对话框

"数量"：该参数用于决定边界上黑、白像素的量，值越高边界越清晰。

## 拓展训练

在本例中，笔者将详细讲解金属手表的绘制方法，在绘制过程中也是先用"钢笔"工具绘制轮廓，然后用"减淡"工具和"加深"工具绘制出金属实感。绘制手表的金属质感是本例的一个难点，在绘制时将"减淡"工具和"加深"工具的范围均设为"高光"，以增大亮部和暗部的反差，这样金属质感就逼真地表现出来了。本例的最终效果如图9-212所示。

图9-212 实例最终效果

1. 绘制表壳

**step 01** 新建一幅名称为金属手表、宽度为30厘米、高度为25厘米、分辨率为72的图像。打开本书配套资料中的"源文件与素材\实例18\素材\丝绸背景.jpg"文件，将其移动复制到"金属手表"图像窗口中，得到"图层 1"，适当调整图像的大小和位置，使其充满整个窗口，作为画面的背景。

**step 02** 选择"钢笔"工具，在图像窗口中绘制如图9-213所示的路径，并将该路径转换为选区，然后在"图层 1"之上新建"图层 2"，设置前景色为淡蓝色（R:201，G:208，

B:215），在该图层中为选区填充前景色，完成后将选区撤销。

**step 03** 选择"椭圆选框"工具，在图像窗口中创建如图9-214所示的选区，然后在"图层2"之上新建"图层 3"，并为选区填充前景色。

图9-213　绘制出的路径

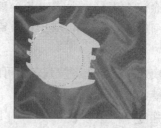

图9-214　创建出的椭圆形选区

**step 04** 切换到"路径"调板，在下方的"从选区生成工作路径"按钮  上单击鼠标左键，将选区转换为路径，然后用"添加锚点"工具  在路径上适当添加锚点，并用"直接选择"工具  将路径调整为如图9-215所示的形状，完成后将其转换为选区，在"图层 3"之上新建"图层 4"，并为选区填充前景色。

**step 05** 载入"图层 3"的选区，将其收缩30像素，并适当调整其位置，为了便于观察，暂时将"图层 2"和"图层 3"设为不可见，结果如图9-216所示，然后按【Delete】键删除选区内的图像。

图9-215　修改后的路径

图9-216　选区的位置

**step 06** 继续调整选区的位置，在"图层 4"之下新建"图层 5"，并为选区填充深蓝色（R:0，G:60，B:116），结果如图9-217所示。然后将"图层 2"和"图层 3"设为可见，并将"图层 3"设为当前图层，载入"图层 4"的选区并将其反选，在选区的内边缘进行适当的加深处理，效果如图9-218所示。

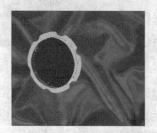

图9-217　填充颜色后的选区

图9-218　加深处理后的效果

**step 07** 继续载入"图层 3"的选区，为了便于观察再将"图层 2"和"图层 3"设为不可见，选择"选择"|"变换选区"菜单命令，对选区进行如图9-219所示的修改，完成后按

【Enter】键确定。然后结合反选的方法，对选区内外进行适当的加深和减淡处理，效果如图9-220所示。

图9-219 调整选区的形状

图9-220 加深和减淡处理后的效果

**step 08** 再次载入"图层 3"的选区，将其收缩3像素后反选，继续在选区的边缘进行如图9-221所示的加深处理，然后撤销选区，用"钢笔"工具在图像窗口中绘制如图9-222所示的路径。

图9-221 加深处理后的效果

图9-222 绘制出的路径

**step 09** 将路径转换为选区，继续在选区内外进行适当的加深和减淡处理，效果如图9-223所示。载入"图层 4"的选区，并将其扩展2像素，然后设置"图层 3"为当前图层，在选区的边缘进行适当的加深处理，撤销选区后的效果如图9-224所示。

图9-223 加深和减淡处理后的效果

图9-224 加深处理后的效果

**step 10** 再次载入"图层 3"的选区，并将该选区向右上方稍稍移动，结果如图9-225所示，然后将"图层 2"设置为当前图层，在选区的边缘进行适当的加深处理，将选区内的图像进行复制、粘贴，得到"图层 6"，效果如图9-226所示。

**step 11** 继续用"钢笔"工具绘制如图9-227所示的路径，然后将其转换为选区，并在其中进行适当的加深和减淡处理，效果如图9-228所示。

**step 12** 继续在图像窗口中创建椭圆形选区，用变换选区的方法调整其位置如图9-229所示，然后在选区中进行适当的加深处理，撤销选区后的效果如图9-230所示。

图9-225　调整选区后的位置

图9-226　加深处理后的效果

图9-227　绘制出的选区

图9-228　加深和减淡处理后的效果

图9-229　选区调整后的形状和位置

图9-230　加深处理后的效果

**step 13** 继续绘制如图9-231所示的路径，然后将其转换为选区，并在其内外进行适当的加深和减淡处理，撤销选区后结果如图9-232所示。

图9-231　创建出的选区

图9-232　加深和减淡处理后的效果

**step 14** 再继续绘制如图9-233所示的路径，然后将其转换为选区，同样在其内外进行适当的加深和减淡处理，效果如图9-234所示，完成后撤销选区。

**step 15** 继续用以上的方法创建选区，并在其中进行如图9-235所示的加深和减淡处理，然后撤销选区，在刚刚处理的区域再次创建一个选区，并在其中进行减淡处理，效果如图9-236所示。

**step 16** 继续创建选区，并在其中进行加深和减淡处理，效果如图9-237所示，然后将选区收缩3像素并反选，在选区的下边缘处进行适当的加深处理，结果如图9-238所示。

图9-233　创建出的选区

图9-234　加深和减淡处理后的效果

图9-235　加深和减淡处理后的效果

图9-236　减淡处理后的效果

图9-237　加深和减淡处理后的效果

图9-238　加深处理后的效果

**step 17** 使用同样的方法，继续对"图层 2"中的图像
进行如图9-239的加深和减淡处理。然后载入"图层 6"
的选区，将其向右稍稍移动，并在其右侧边缘处进行适当
的加深和减淡处理，效果如图9-440所示。

**step 18** 继续使用以上所讲的方法，对"图层 2"中图
像的另一侧进行适当的加深和减淡处理，效果如图9-241
所示。至此，表壳就绘制完成了。

图9-239　加深和减淡处理后的效果

图9-240　加深和减淡处理后的效果

图9-241　"图层 2"中图像的最终效果

## 2. 绘制调轮、表盘和指针

**step 01** 下面来绘制调轮，先用"钢笔"工具绘制如图9-242所示的路径，并将该路径转换
为选区，在"图层 2"之上新建"图层 7"，设置前景色为淡蓝色（R:201，G:208，B:215），

在该图层中为选区填充前景色，完成后将选区撤销。然后继续用"钢笔"工具绘制如图9-243所示的路径，完成后将该路径转换为选区。

图9-242 绘制出的路径

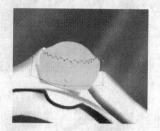

图9-243 绘制出的路径

**step 02** 分别用"加深"工具、"减淡"工具和"涂抹"工具，对选区内外的图像进行适当的处理，绘制出调轮的纹理，结果如图9-244所示。载入"图层 2"的选区，选择"套索"工具，在其属性栏中按下"从选区减去"按钮，然后对选区进行如图9-245所示的修改，完成后按【Delete】键删除选区内的图像。

图9-244 绘制出的纹理

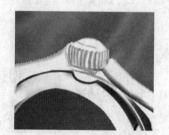

图9-245 修改后的选区

**step 03** 载入"图层 7"的选区，并将该选区扩展2像素，设置"图层 2"为当前图层，在选区的边缘进行如图9-246所示的加深处理，完成后撤销选区，然后继续用"钢笔"工具绘制如图9-247所示的路径。

图9-246 加深处理后的效果

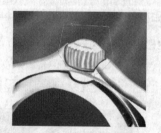

图9-247 绘制出的路径

**step 04** 将路径转换为选区，在选区的下边缘处进行适当的加深处理，撤销选区后的结果如图9-248所示。至此，调轮就绘制完成了，适当缩小图像窗口的显示比例，观察整体效果如图9-249所示。

**step 05** 下面继续来绘制表盘和指针，将"图层 5"设为当前图层，并载入其选区，选择"渐变"工具，在其属性栏中按下"径向渐变"按钮，然后打开"渐变编辑器"对话框，在其中进行如图9-250所示的设置，完成后将光标移动到选区中心位置处，按下鼠标左键向右拖动到选区边缘处释放，创建渐变效果，结果如图9-251所示，完成后将选区撤销。

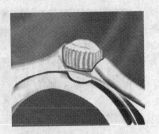

图9-248 加深处理后的效果

图9-249 手表的整体效果

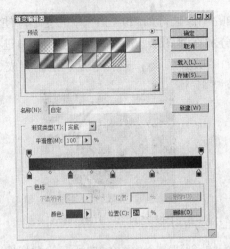

图9-250 "渐变编辑器"对话框

图9-251 创建出的渐变效果

step 06 在"图层 5"之上新建"图层 8",选择"画笔"工具,适当调节画笔的大小,在图像窗口中单击绘制一个如图9-252所示的圆点,然后打开"图层样式"对话框,在其中进行如图9-253所示的设置,单击"确定"按钮为当前图层添加"斜面和浮雕"效果。

图9-252 绘制的圆点

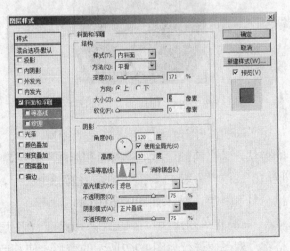

图9-253 "图层样式"对话框

step 07 载入"图层 8"的选区,按【Ctrl+T】组合键为其添加自由变形框,并将其中的旋转支点移动到如图9-254所示的位置,然后在属性栏的"旋转" △编辑框中输入30,连续两次按【Enter】键确定变形,最后按住【Ctrl+Shift+Alt】组合键的同时,连续11次单击【T】键,将选区内的图像进行旋转复制,结果如图9-255所示,这样就制作出了所有的刻度。

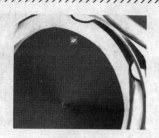

图9-254 调整旋转支点的位置

图9-255 旋转复制得到所有的刻度

**step 08** 继续按【Ctrl+T】组合键，对当前图层中的图像进行如图9-256所示的变形，使其产生透视感，完成后按【Enter】键确定变形，然后分别在"图层 5"和"图层 8"中进行适当的加深和减淡处理，绘制出亮部和暗部，效果如图9-257所示，这样表盘就绘制完成了。

图9-256 自由变形后的形状

图9-257 表盘的最终效果

**step 09** 选择"椭圆选框"工具，在表盘的中心位置处创建一个如图9-258所示的圆形选区，然后选择"矩形选框"工具，并在其属性栏中按下"添加到选区"按钮，继续在圆形选区处创建矩形选区，得到如图9-259所示的时针形状的选区。

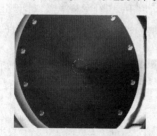

图9-258 创建的圆形选区

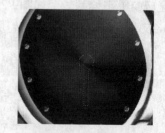

图9-259 修改后的选区

**step 10** 在"图层 8"之上新建"图层 9"，为选区填充前景色，撤销选区后用前面所讲的方法，为当前图层添加"斜面和浮雕"效果，具体设置如图9-260所示。然后分别新建"图层 10"、"图层 11"、"图层 12"3个图层，使用与前面相同的方法在这3个图层中绘制出分针和秒钟，结果如图9-261所示。

**step 11** 将"图层 9"、"图层 10"、"图层 11"和"图层 12"链接，按【Ctrl+T】组合键，对图像进行如图9-262所示的变形，使其产生透视感，完成后按【Enter】键确定变形，然后打开本书配套资料中的"Ph4/30.psd"文件，将其中的"图层 1"移动复制到"金属手表"图像窗口中，得到"图层 13"，在"图层"调板中，移动复制"图层 9"中的效果到当前图层中，并适当调整图像的形状，制作出标志，结果如图9-263所示。至此，表冠部分就全部制作完成了，为了便于管理，在"图层"调板中新建一个组，并更名为"表冠"，然后将除"背景"图层和"图层 1"以外的所有的图层都放置到该组中。

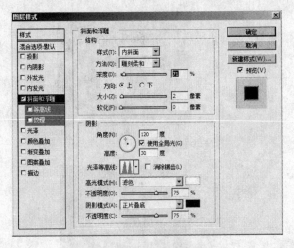

图9-260 "图层样式"对话框

图9-261 绘制出的指针

图9-262 变形后的效果

图9-263 制作出的标志

### 3. 绘制表链

**step01** 下面来进行表链的绘制，先用"钢笔"工具绘制如图9-264所示的路径，并将该路径转换为选区，然后在"图层 1"之上新建"图层 14"，在该图层中为选区填充前景色。同样的方法，继续创建如图9-265所示的路径并转换为选区，在"图层 14"之上新建"图层 15"，并填充前景色。

图9-264 绘制出的路径

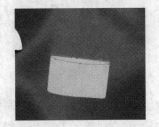

图9-265 绘制出的路径

**step02** 将"图层 14"设为当前图层，继续用"钢笔"工具绘制如图9-266所示的路径，然后将路径转换为选区，在其内外进行适当的加深和减淡处理，撤销选区后结果如图9-267所示。

**step03** 载入"图层 14"的选区并将其收缩2像素，按【Ctrl+Shift+I】组合键将选区反选，在选区的下边缘处进行如图9-268所示的加深和减淡处理，然后再将"图层 15"设为当前图层并载入其选区，向上稍稍移动选区的位置，结合反选的方法在选区内外进行适当的加深和减淡处理，结果如图9-269所示。

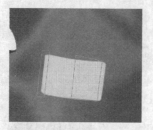

图9-266　绘制出的路径

图9-267　加深和减淡处理后的效果

图9-268　加深和减淡处理后的效果

图9-269　加深和减淡处理后的效果

图9-270　调整图像的位置

step 04 撤销选区，将"图层 14"和"图层 15"合层，并用"移动"工具调整图像到图9-270所示的位置。

step 05 使用同样的方法，继续绘制出如图9-271所示的链块，并将该图层移动到"图层 14"的下面，结果如图9-272所示。

step 06 将绘制好的链块进行多次移动复制，制作出表冠右侧的所有链块，在制作时注意链块之间的上下关系，结果如图9-273所示。

图9-271　绘制出的链块

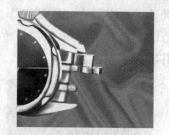

图9-272　调整图层的上下关系

step 07 使用同样的方法，继续制作出表冠左侧的所有链块，结果如图9-274所示。至此，表链就全部绘制完成了，为了便于管理，在"图层"调板中新建一个组，并更名为"表链"，然后将所有的链块图层都放置到该组中。

图9-273　制作出表冠右侧的所有链块

图9-274　制作出表冠左侧的所有链块

**4. 绘制倒影**

step 01 下面再来绘制手表的倒影，先将"表冠"图层组复制得到"表冠 副本"，然后将该图层组中的所有图层合层，同样将"表链"图层组也进行复制和合层，然后将得到的两个新图层合并为一个图层，更名为"影子"，并将该图层移动到"图层 1"的上面。

图9-275　翻转图像并调整其位置

step 02 选择"编辑"|"变换"|"垂直翻转"菜单命令将图像翻转，并用"移动"工具调整其到如图9-275所示的位置。选择"滤镜"|"液化"菜单命令，在弹出的对话框中对图像进行如图9-276所示的处理，完成后单击"确定"按钮。

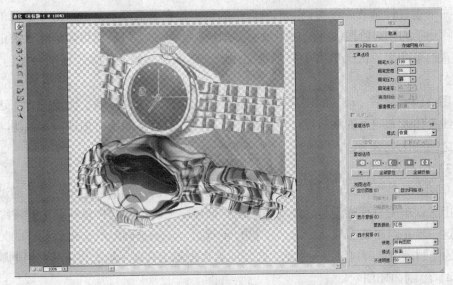

图9-276　"液化"对话框中的图像处理

step 03 在"图层"调板中，设置当前图层的混合模式为"柔光"、不透明度为50%，制作出倒影效果，如图9-277所示。至此，金属手表就全部绘制完成了，按【Ctrl+S】组合键保存文件。

图9-277　制作出的倒影效果

## 职业快餐

所谓轿车造型设计，简单一点说就是根据一款车型的多方面要求来设计汽车的外观，使其在充分发挥性能的基础上体现艺术化。好的轿车造型设计，一定要将空气动力学、乘坐舒适性和人们的审美情趣完美结合。汽车的造型好比人的长相一样，它是给消费者的最直观的印象，所以造型设计的好坏，将直接影响到产品的销量。下面笔者就来详细讲解汽车造型设计方面的相关基础知识，让读者对汽车造型设计有一个全面的了解和认识，为今后独立创作打好坚实的基础。

1. 轿车造型设计流程

在设计轿车造型时一般情况下可遵循以下7个步骤：

（1）绘制草图

轿车造型设计师首先使用铅笔把脑海中的创意绘在草稿纸上，这一步非常简单，仅仅是一个从脑到手的初级阶段，在绘制时没必要画得过于仔细，只需要用简洁的线条记录下脑海中的创意构思即可，因为脑海中的创意往往会一闪而过，绘制的过于仔细会使创意中断。

（2）标注说明

草图绘制完成后，最初的创意将会完整呈现出来，此时的思路会比较明确，这时候汽车的主体线条和大方向上的细节设计应该都有所表现，在适当的地方加进简单说明，比如车型各部分之间的比例关系，为下一环节做好准备。

（3）绘制效果图

以草图和标注为继续，对草图进行进一步的修饰，添加细节描绘和色彩，通过精致的绘画表现出这款车的直观感受和立体效果，这样就可以把设计师的构思和理念非常细腻地表现出来。这一步是汽车造型设计中最为重要的环节之一，它是确定汽车模型制作的关键。至于效果图的绘制，设计师可以用马克笔、色粉或者喷枪等工具来手绘，也可以利用电脑来制作。

（4）绘制内厢图

根据绘制出的车型效果图，绘制出与车型相匹配的内饰效果图。该效果图一定要详细地描绘出车内的各种细节和布局，并加上必要的说明，这是未来制作模型的基础。

（5）泥塑模型

根据前面绘制出的效果图，用一种类似橡皮泥的黏土，塑造出汽车的实体模型。在制作时，一般先要制作一个等比例缩小的模型，这样便于修改，等修改完成后再根据模型塑造一个与实物尺寸相同的模型。

（6）测量三维坐标

将前面制作出的与实物尺寸相同的泥塑模型放置到三维坐标测量仪的测量台上，测出它表面上足够多点的空间三维坐标，利用这些数据可以在电脑中创建三维模型。

（7）电脑制作

将上一步中测量出的数据输入电脑，使用相关软件制作三维模型，未来这些数据将用于控制数控机床。

以上就是制作汽车造型的全部过程。

### 2. 车身的组成部分

在设计汽车造型之前，先要搞清楚车身的各个组成部分及其作用，一般情况下，汽车车身从前到后由发动机盖、挡风玻璃、车顶盖、后备箱盖和翼子板5大部分组成。

（1）发动机盖

发动机盖又称发动机罩，是最能体现车型特点的车身构件。发动机盖由外板和内板两部分组成，一般情况下两者之间夹有隔热材料，主要是为了隔热和隔音。因为发动机盖是经常开启的，所以对它的要求是自身质量轻、刚性强。大多数的汽车发动机盖开启时一般是向后翻转，也有小部分是向前翻转。向后翻转的发动机盖打开至预定角度，不应与前档风玻璃接触，应有一个约为10毫米的最小间距。发动机盖前端要加一个保险锁，当车门锁住时发动机盖要同时锁住，这样是为了防止在汽车行驶时由于振动自行开启。

（2）挡风玻璃

挡风玻璃是车厢前端的整块玻璃，顾名思义，它的作用就是在汽车高速行驶时用于遮挡风速，因为汽车行驶的速度一般都比较快，所以挡风玻璃都是刚性比较强的钢化玻璃。为了减缓风的压力，挡风玻璃一般都设计为弧形。

（3）车顶盖

车顶盖就是车厢顶部的盖板，对于汽车的总体结构而言，顶盖不是很重要的构件，这也是允许有敞篷车的理由。车顶盖在设计时一定要与前、后窗框及支柱交界点之间平顺过渡，这样才能够达到最好的视觉感和最小的空气阻力。

（4）后备箱盖

后备箱位于车厢后部，是用于放置行李或物品的地方，后备箱盖的结构与发动机盖基本相同，也是由外板和内板两部分组成，为了增加其强度，在内板上通常放有加强筋。一些被称为"二厢半"的轿车，其行李箱向上延伸，包括后档风玻璃在内，使开启面积增加，形成一个门，因此又称为背门，这样既保持一种三厢车形状又能够方便存放物品。

（5）翼子板

翼子板是位于车轮两侧的车身外板，它可以遮盖车轮，以便对其产生保护作用。翼子板按安装位置可分为前、后两部分。前翼子板安装在前轮处，因此必须要保证前轮转动及跳动时的最大极限空间；后翼子板无车轮转动碰擦的问题，但出于空气动力学的考虑，后翼子板略显拱形弧线向外凸出。

### 3. 轿车外形的种类

现在的轿车种类很多，就车型特点可分为四门三厢车、两门三厢车、两厢车、旅行车、越野车、敞篷车和跑车等。

（1）四门三厢车

这是人们最为常见的一种轿车种类，共有四个车门，三厢指的是发动机厢、车厢和后备箱，这种车至少能载5个人，所以又成为房车，如图9-278所示。

（2）两门三厢车、

这种车型也比较常见，有两个车门，通常只载两个人，与四门三厢车相比，该车更富有时代感和运动感，深受年轻人的喜爱，如图9-279所示。

图9-278　四门三厢车

图9-279　两门三厢车

（3）两厢车

也被成为揭背式轿车，该种车的后备箱至于车厢底部，车尾上的门可向上掀起，外形小巧玲珑，如图9-280所示。通常情况下这种车的价格比较便宜，开起来也比较省油。

图9-280　两厢车

（4）旅行车

这种车的后备厢与车顶齐平，可以放置很多行李。它既有轿车的舒适，也有相当大的行李空间，外形也相当的稳重，比较适合长途旅行，如图9-281所示。

图9-281　旅行车

（5）越野车

这种车在我国也称为吉普车，它们大都是四轮驱动，所以有着极强的越野能力，如图9-282所示。

图9-282 越野车

（6）敞篷车

这种车采用可折叠的软篷或可拆卸的硬顶制成，而且侧窗通常也可拆卸，另外供检阅用的高级敞篷车还设有可升降的后排座椅和栏杆扶手。这类车的速度很快，年轻人喜欢驾驶这种车飙车或兜风，所以也被称之为跑车，如图9-283所示。

图9-283 敞篷车

# 反侵权盗版声明

电子工业出版社依法对本作品享有专有出版权。任何未经权利人书面许可，复制、销售或通过信息网络传播本作品的行为；歪曲、篡改、剽窃本作品的行为，均违反《中华人民共和国著作权法》，其行为人应承担相应的民事责任和行政责任，构成犯罪的，将被依法追究刑事责任。

为了维护市场秩序，保护权利人的合法权益，我社将依法查处和打击侵权盗版的单位和个人。欢迎社会各界人士积极举报侵权盗版行为，本社将奖励举报有功人员，并保证举报人的信息不被泄露。

举报电话：（010）88254396；（010）88258888

传　　真：（010）88254397

E-mail：　dbqq@phei.com.cn

通信地址：北京万寿路173信箱

　　　　　电子工业出版社总编办公室

邮　　编：100036

# 欢迎与我们联系

为了方便与我们联系，我们已开通了网站（www.medias.com.cn）。您可以在本网站上了解我们的新书介绍，并可通过读者留言簿直接与我们沟通，欢迎您向我们提出您的想法和建议。也可以通过电话与我们联系：

电话号码：（010）68252397

邮件地址：webmaster@medias.com.cn